U0078102

Swift 學習手冊 第三版
在 macOS、iOS 和其他平台上開發 App

Learning Swift
Building Apps for macOS, iOS, and Beyond

Jonathon Manning, Paris Buttfield-Addison, Tim Nugent 著

張靜雯 譯

目錄

第二部分　建立 Selfiegram

前言

歡迎閱讀本書！這本書將藉由實作一個功能豐富的 iOS 應用程式，來引導讀者學習 Swift 程式語言，這個應用程式的功能包括存取相機、操作檔案系統、臉部辨識以及操作 iOS 的圖形系統。在過程中，我們也會向你介紹 Swift 程式語言最新最先進的各種主題。

Swift 是一個令人驚艷的現代程式語言，汲取其他新程式語言的優點，讓它成為一個易寫、易讀且不易犯錯的程式語言。

我們覺得學習 Swift 最好的方法就是實作 app！實作 app 就需要 framework，而最好的 framework 之一，就是 Apple 提供的 Cocoa Touch，它能用來建立高品質、功能強大的軟體。本書的書名也可以改為《用 *Swift* 學習 *Cocoa Touch*》，因為 framework 的使用和 Swift 語言具有同等的重要性。本書撰寫時 Swift 是第 4 版，而且它的前途持續看好。

程式碼範例

我們建議你逐章撰寫自己的程式碼，不過如果你碰到困難或是想要保存範例程式碼的話，你也可以在我們的網站上找到範例程式碼（*http://www.secretlab.com.au/books/learning-swift-3e*）。

適用讀者

本書重點放在 Swift 4，並不會討論到 Objective-C 的部分。雖然我們可能會在書上提到它幾次，但我們並不預設你知道怎麼使用它。在書的開頭，我們會說明 Swift 4 的基本概念，然後接下來藉著在 iOS 上建構一個具拍照功能的 *Selfiegram* app，盡可能地利用它做語言以及 Cocoa Touch 的使用教學。

本書與你之前看過的書所追求的目標或有不同，如前面提到過的，我們相信最好的學習方法就是透過實作 app 來學習 Swift。我們假設讀者是會寫程式，對 macOS 和 iOS 的使用環境感到熟悉，但不假設你有使用 Swift 或 Objective-C 在 iOS 上做過程式開發的經驗。

本書架構

我們將在本書中說明 iOS 的 framework：Cocoa Touch，也會教你如何使用 Swift 的語法與功能。

第一部分 "**歡迎使用 *Swift***"，我們會看到用來開發的工具，還有 Apple 開發者計劃（Apple Developer Program）。接著說明 Swift 程式語言的基本概念，並在 Apple 平台上建立一個程式，以及一般程式的架構組成。

第二部分 "**建立 *Selfiegram***"，我們會開始建立 Selfiegram，它是一個 iOS 上的照相應用程式，也是本書的重心所在。在這部分中，我們會建立重要的基礎功能，像是拍攝一張照片並儲存在磁碟中。

第三部分 "**為 *Selfiegram* 增加功能**"，我們會為它加入一些有趣的功能，像是自訂相機視窗、臉部偵測、存取網路以及為該 app 加入佈景主題。

第四部分 "**開發 *Selfiegram* 之外**"，我們將會討論一些功能和工具，它們可以幫助你未來的開發工作，包括如何使用 Xcode 除錯以及側寫工具，以及一些可讓你人生更輕鬆地第三方工具。

本書編排慣例

本書使用以下的編排規則：

斜體字（*Italic*）
 代表新的術語、URL、電子郵件地址、檔案名稱及副檔名。中文以標楷體表示。

定寬字（Constant width）

代表命令列輸出與程式，在文章中代表命令與程式元素，例如變數或函式名稱、資料庫、資料型態、環境變數、陳述式與關鍵字。

 這個圖示代表提示或建議。

 這個圖示代表一般注意事項。

 這個圖示代表警告或小心。

使用範例程式

在 *http://www.secretlab.com.au/books/learning-swift-3e* 可以找到本書每一章節相關的資料及檔案。

本書的目的是協助你完成工作。一般來說，你可以在自己的程式或文件中使用本書的程式碼而不需要聯繫出版社取得許可，除非你更動了程式的重要部分。舉例來說，為了撰寫程式，而使用本書中數段程式碼，不需要取得授權，但是將 O'Reilly 書籍的範例製成光碟來銷售或散布，就絕對需要我們的授權。引用這本書的內容與範例程式碼來回答問題不需要取得許可。在你的產品文件中加入本書大量的程式碼需要取得許可。

如果你在引用它們時能標明出處，我們會非常感激（但不強制要求）。在指出出處時，內容通常包括標題、作者、出版社與國際標準書號。例如：“*Learning Swift*, 3rd Edition, by Jonathon Manning, Paris Buttfield-Addison, and Tim Nugent (O'Reilly). Copyright 2018 Secret Lab, 978-1-491-98757-5.”。

如果你覺得自己使用範例程式的程度超出上述的允許範圍，歡迎隨時與我們聯繫：*permissions@oreilly.com*。

致謝

Jon 感謝他的父母親,以及其他家庭成員的大力支持。

Paris 感謝他的母親,若不是因為她,Paris 無法做自己有興趣的事,更別提寫書了。

Tim 感謝他的雙親和家人能夠忍受他漫不經心的生活態度。

我們感謝本書編輯 Rachel Roumeliotis,因為他專業和寶貴的建議才有這本書。也感謝其他在本書寫作課上認識的 O'Reilly Media 同仁的指導。

特別感謝 Tony Gray 和 Apple University Consortium(AUC)(*http://www.auc.edu.au*)的傾力相助,若沒有他們的話,也不會有這本書。Tony 現在換你自己要寫書,必然能瞭解其中甘苦了。

也感謝 Neal Goldstein,他是我們為什麼要寫本書的貴人/該怪罪的人。

我們也對 MacLab 成員的傾力相助感到感謝(他們自己知道我在說的是誰),還有 Christopher Lueg 教授、Leonie Ellis 教授以及 Tasmania 大學裡其他的人一直容忍我們,另外我也要和 Mark Pesce "道個歉",他知道我為什麼要和他道歉。

謝謝 Mars G.、Dave J.、Rex S.、Nic W.、Andrew B.、Jess L. 以及每個啟發以及幫助過我們的人。另外,特別感謝 Steve Jobs,若沒有他的話,這本書(以及很多類似的書)就不會存在了。

也感謝技術審核 Chris Devers 和 Nik Saers 的細心和專業。

最後,非常感謝你購買這本書,我們真的很感激!如果你有任何的建議回饋,請讓我們知道,你可以 email 到信箱 *lab@secretlab.com.au* 或是透過 Twitter 帳號 @thesecretlab(*http://twitter.com/thesecretlab*)聯絡我們。

第一部分

歡迎使用 Swift

第一章

開始

歡迎閱讀本書！在這一本書中，我們要帶領完全不懂 Swift 怎麼寫的你，去寫出一個 iOS 11 適用的多功能 app。在過程中，我們會探索函式庫、framework 以及身為 iPhone、iPad 軟體開發者的你所有可用的功能。我們會為常見的困難提出實際的解決方法，也會詳細的講述 Swift 語言的使用。

在你開始使用開發工具之前，我們要先做一些重要的工作，特別是要先瞭解 Apple 的開發者計劃，並讓你取得你的帳戶，如此一來你才能在裝置上建立你的 app。

本書假設你已有兩樣東西：一台 Mac 以及一個 iOS 裝置（例如 iPhone 或 iPad）。

這兩樣東西之中，Mac 是必要的；如果沒有 Mac 的話，你無法執行 Xcode，Xcode 是用來寫程式碼、設計介面還有建置與執行你程式的工具。你的 Mac 需要能執行 Xcode 9.2 或更新版本，所以它必須要使用 macOS 版本 10.12 以上。

而 iOS 裝置不是必要，但如果沒有它的話，由於本書所要做的 app 使用了硬體功能，而這個功能不存在 iOS 模擬器中，所以會導致你無法跟著做完本書所有的內容。你的 iOS 裝置必須搭配 iOS 11 或更新的版本。

Xcode

Xcode 是 Apple 平台上所有開發工作的開發環境。當你閱讀這本書時,你大部分時間都會使用 Xcode,所以本章後面所有的內容都在說明如何取得 Xcode、安裝以及熟悉它的介面。

取得 Xcode

Xcode 是從 App Store 上取得,可以在 App Store 中搜尋 Xcode 或到 Apple 的開發者下載網頁(*https://developer.apple.com/download/*)中找到 Xcode,並點擊 Download 按鈕。

 如果不喜歡使用 App Store,你可以直接從 Apple 的 Apple Developers 中 Downloads 頁面(*https://developer.apple.com/download/more/*)下載,這個網頁上列有所有的 Xcode 版本,確認你下載的是最新版即可。

裝好了以後,就直接執行它吧。你會看到如圖 1-1 的歡迎畫面。

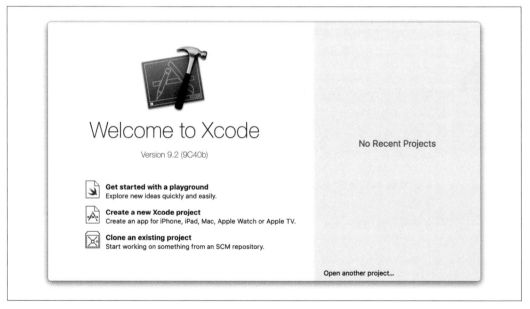

圖 1-1 Xcode 的歡迎畫面

建立你的第一個專案

由於我們要介紹 Xcode，所以會從建立一個完全空白的專案開始（我們在第 4 章建立本書 app 時又會再做一次）：

1. 點擊 "Create a new Xcode project"，然後會跳出樣板選擇（見圖 1-2）：

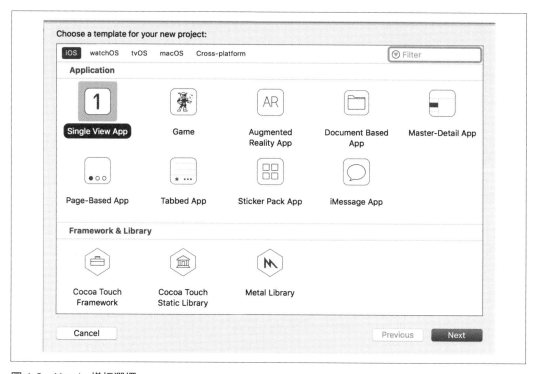

圖 1-2　Xcode 樣板選擇

2. 選擇 Single View App，並點擊 Next。

   Xcode 會要求你為新的 app 提供一些說明描述，由於你現在只是藉由建立這個 app 來熟悉 Xcode 的使用，並不是真的要用它來寫程式，所以隨意在欄位中填寫什麼都無所謂，不過在第 4 章時就不會隨意填了。

3. 完成了以後，點擊 Next，並選擇要存放專案的地點。

   現在你看到的是 Xcode 的主要介面，如圖 1-3。

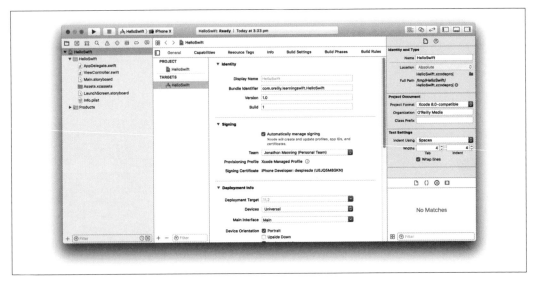

圖 1-3　Xcode 主要介面

Xcode 介面

Xcode 用一個視窗，將整個專案資訊顯示給你看，這個視窗被切為數個區域，你可以依想看的內容任意打開或關閉這些區域。

讓我們來看一下這些區域，並瞭解它們是用來幹嘛的。

編輯器

Xcode 的編輯器會是你最常用到的區域，所有的程式碼編輯、介面設計以及專案設定等都在這個區域，它會依你打開的功能顯示不同的內容。

如果你編輯的是程式碼，編輯器就變成文書編輯器，這個編輯器帶有程式碼自動補完、語法提示，以及所有一般開發該有的功能。如果你想要修改使用者介面檔案，此時編輯器就會變成視覺編輯器，讓你可以拖曳並放置想用的介面元件。編輯其他種類的檔案時，編輯器也會變成各種對應的樣子。

在新建專案時，編輯器會顯示的是專案設定，如圖 1-4。

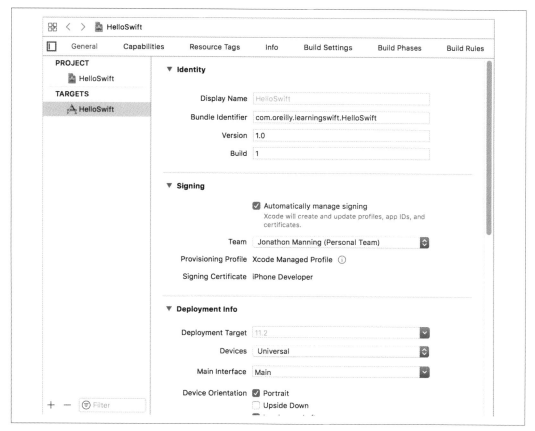

圖 1-4　顯示專案設定的 Xcode 編輯器

編輯器也可以將畫面拆成 *main editor*（**主要編輯器**）和 *assistant editor*（**輔助編輯器**）。當 main editor 開啟檔案時，assistant editor 會顯示相關檔案。它會一直隨著 main editor 當時所開啟的檔案，去切換顯示的相關檔案。

舉例來說，如果你開啟了一個介面檔，此時 assistant editor 就會顯示所有這介面相關的程式碼。如果你開啟另外一個介面檔，那麼 assistant editor 也會隨之更新它的內容。

在編輯器的上面，你會看到一個 *jump bar*，jump bar 的功能是讓你從正在編輯的內容，快速跳到另外某個相關內容，如：跳到同一個目錄中的其他檔案。使用 jump bar 是瀏覽專案的一個快速方法。

工具列

Xcode 的工具列（如圖 1-5）的角色像是整個介面的任務控制者，在你開發應用程式的過程中，它是 Xcode 中最不會變來變去的了，它提供了一個讓你控制你的程式動作的地方。

圖 1-5　Xcode 的工具列

從 macOS 視窗控制的右邊開始，工具列從左到右的功能是：

執行鍵（圖 1-6）

按這個鍵叫 Xcode 編譯並執行應用程式。

依所選的應用程式類型，以及你目前選擇的設定不同，該鍵會有不同的功能：

- 如果你建立的是 Mac 應用程式，新的 app 會出現在 Dock 裡，並且在你的機器上執行。

- 如果你建立的是 iOS 應用程式，新的 app 會在 iOS 模擬器或是已連結的 iOS 裝置（如 iPhone 或 iPad）上執行

此外，如果你按住這個鍵不放，可以把它從執行改為其他功能，例如：測試、側寫或分析。測試功能可執行任何你預先準備好的單元測試；側寫則會執行 Instruments（我們在第 17 章會提到）應用程式；而分析功能則會執行程式碼檢查並指出有潛在問題的地方。

圖 1-6　執行鍵

停止鍵（圖 1-7）

按下這個鍵會讓 Xcode 停止任何正在進行的動作──比方正在建置應用程式的話，就會停下來，如果正在執行除錯器的話，也會離開除錯。

圖 1-7　停止鍵

Scheme 選擇（圖 *1-8*）

Xcode 中的建置設定稱為 *scheme*，也就是要建置什麼、如何生成以及在哪裡執行程式（例如：在你的電腦上或是連結的裝置上執行）。

一個專案可以包含多個 app，可以從 scheme 選擇去切換想建置的目標是哪一個 app。

如果想要切換建置目標，從 scheme 的左側按下去即可。

你也可以設定應用程式執行的位置，如果你建置的是一個 Mac 應用程式，你只會在 Mac 上面執行。如果你建置的是 iOS 應用程式，可以選擇在 iPhone 或是 iPad 模擬器上執行（基本上是同一個應用程式，它只是會照你所選的 scheme 改變外形而已）。你也可以選擇在已連結設定好的 iOS 裝置上執行，這部分在第 14 頁 "執行你的程式碼" 中會有更多討論。

圖 1-8　scheme 選擇器

狀態顯示（圖 *1-9*）

顯示 Xcode 正在進行著什麼工作——例如正在建置你的應用程式、下載文件或是安裝應用程式到連結的裝備等等。

如果有多個工作同時進行，左側會出現一個小按鍵，可以輪流切換不同的工作狀態。

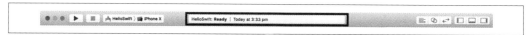

圖 1-9　狀態顯示

編輯器選擇器（圖 *1-10*）

可以用來決定編輯器顯示的樣子，你可以選擇單一編輯視窗、加上輔助視窗或變成版本編輯器。在你有使用版本控制系統（像 Git 或 Subversion）時，版本編輯器可以讓你比對檔案兩個不同版本間的差異。

圖 1-10　編輯器選擇器

 在本書中並不會談到版本控制系統，但它是一個很重要的課題。我們推薦讀者可以參考 Jon Loeliger 與 Matthew McCullough 的《*Version Control with Git*, 2nd Edition》（O'Reilly 出版）。

View 選擇器（圖 *1-11*）

透過 view 選擇器控制瀏覽、除錯與 utilities 畫面要不要顯示。如果你覺得畫面太過擁擠想要畫面乾淨些，可以快速的從這裡開關顯示。

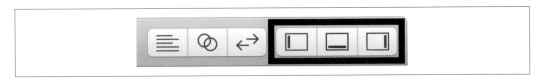

圖 1-11　view 選擇器

Navigator

Xcode 視窗的左側是 *navigator*，它會顯示你目前專案的資訊（圖 1-12）。

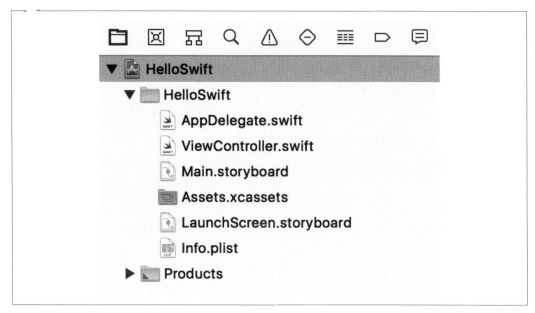

圖 1-12　Xcode 的 navigator 窗格

navigator 裡有 8 個分頁，自左而右分別是：

Project navigator（專案瀏覽）

是最常使用的 navigator，它可列出專案裡所有檔案，點選即可顯示在編輯器中。

Symbol navigator（符號瀏覽）

列出專案中所有類別與函式，如果你需要顯示所有類別，並快速進到某個類別的方法中時特別好用。

Search navigator（搜尋瀏覽）

讓你在專案裡找特定的文字。（快速鍵是 ⌘-Shift-F，若按 ⌘-F 則是搜尋目前開啟的文件。）

Issue navigator（問題瀏覽）

列出 Xcode 認為你的程式碼有問題的地方，包括警告、編譯錯誤與內建程式碼分析器認為有問題的地方。

Test navigator（測試瀏覽）

　　顯示所有專案中的單元測試，單元測試以前只是 Xcode 的選配元件，現在已經是預設內建的元件了，在第 130 頁的 "測試 SelfieStore" 小節中會介紹更多相關內容。

Debug navigator（除錯瀏覽）

　　在你執行除錯時才能用，它可讓你檢視專案中不同執行緒的狀態。

Breakpoint navigator（中斷點瀏覽）

　　列出所有你在除錯時所設定的中斷點。

Report navigator（報告瀏覽）

　　列出 Xcode 對專案做的動作結果報告（例如建置、除錯及分析）。你也可以查看之前 Xcode 進行建置的報告。

Utilities

對於正在編輯器中進行的工作，utilities 窗格（圖 1-13）可顯示更多的額外資訊。舉例來說，如果你正在編輯一個 Swift 程式碼檔案，utilities 窗格可以讓你檢視與修改該檔案的設定。

utilities 窗格又分為兩個區域：*inspector*（檢視器）與 *library*（元件庫）。inspector 可以顯示更多的所選項目資訊；而 library 是你可以加入專案的元件集合。這兩個工具在你設計使用者介面時一直會用到；而且，library 中還有其他一些有用的東西，例如檔案樣板或程式碼片段，可以直接拖曳使用。

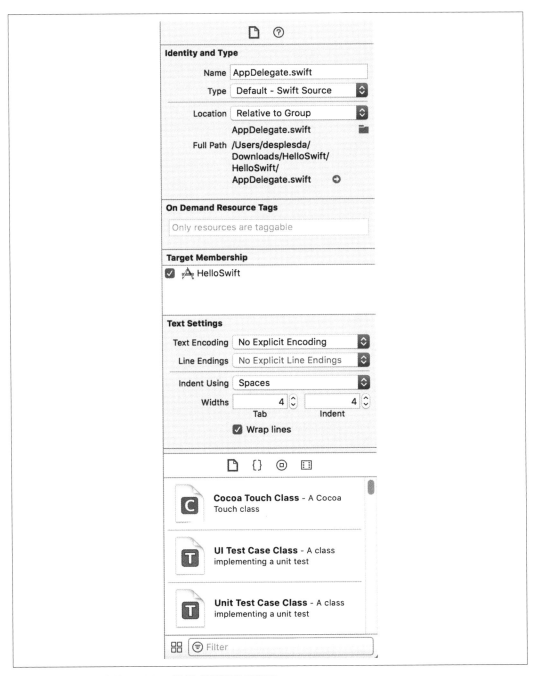

圖 1-13　utilities 窗格正顯示一個程式碼檔案的資訊

除錯區

在程式執行時，除錯區（圖 1-14）會顯示除錯器回報的資訊。你不論何時想看應用程式回報了什麼資訊，都可以在這個區域看到，預設在程式執行時才會出現除錯區。

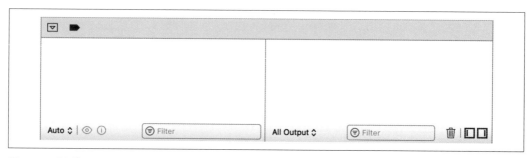

圖 1-14　除錯區

這個區域又分為兩個部分，應用程式被暫停時，左邊的區域顯示本地變數及其值，右邊則顯示除錯器即時生成的訊息，其中也包括了應用程式回報的訊息。

你可以藉由點擊視窗右上方的 view 選擇器，來開啟或關閉除錯區（圖 1-15）。

圖 1-15　view 選擇器中央的按鈕，可以隱藏或顯示除錯區

執行你的程式碼

當你建置一個 iOS app 時，你寫的程式碼並不會在你正用來開發的電腦上執行，你的程式碼是被設計來跑在 iOS 上的，這表示若你想測試你的程式碼的話，有兩種選擇：在 iOS 模擬器上執行它，或是在一個實際的裝置上執行它。

iOS 模擬器

由於 iOS 模擬器（simulator）不需要任何設定就可以使用，所以我們先從 iOS 模擬器開始說明。

Xcode 附帶許多的模擬器，每一個都是為了模擬支援中或最新的 iPhone 和 iPad 的特性而設計的。

Xcode 內建數種模擬器，打開 scheme 選擇器並從列表中選擇一種模擬器（見圖 1-16）。點擊 Build 按鈕，或按下 Command-R 進行建置；待建置完以後，app 就會在模擬器中被執行了。

圖 1-16　Xcode 9.2 中內建的模擬器列表

模擬器和真實的裝置有幾個很大的差別，例如，模擬器（ simulator）和硬體模擬器（emulator）是不一樣的東西；使用模擬器時，你的程式碼是由你 Mac 中的 Intel 晶片所執行，而在 iOS 裝置上則是由 ARM 晶片執行。

這個差異點代表，在模擬器上執行 app 的效能，和在實際裝置上執行的效能有落差。而且，通常模擬器會有更多的記憶體可用，如果你的 app 在模擬器上能夠正常執行，並不代表在真實的裝置上也會有一樣好的效能表現。

最後，模擬器缺少數種真實裝置的硬體功能，舉例來說，模擬器沒有相機，相機對我們在書中將要製作的 app 來說是非常重要的功能。

在實際裝置上執行

scheme 選擇器可以讓你選擇一個已連結的 iOS 裝置，以它為目標進行建置並在它上面執行你的 app。在一個真實的裝置上執行程式幾乎和在模擬器一樣地簡單，只差在一點，就是要在實際裝置上跑的程式碼，必須要經過開發者認證簽章。

開發者認證是用來識別寫程式碼的人或公司的東西，iOS 裝置只允許執行簽章過的程式碼，而用來簽章的證書必須經過 Apple 公司簽屬。

當你登入用來開發的 Apple ID 時，Xcode 就會自動地為你產生認證，你只要做完這幾步，就可以登入 Apple ID：

1. 打開 Xcode 選單，選擇 Preferences

2. 到 Accounts 分頁，點擊 + 按鈕

3. 登入你的帳戶

一旦登入帳戶後，你要將你的 app 和一個團隊（team）做關聯。團隊是 Xcode 用來組織開發者和其認證的方法；如果你是獨立一人開發的話，你的團隊就只會有你自己一人。

要設定關聯，請做以下步驟：

1. 在專案 navigator 中選擇最上層的專案（在最上面的項目，用藍色文件圖示標示的那個）。

2. 在 main editor 中的 Signing 節區，自 Team 下拉選單中選擇一個團隊。

接下來 Xcode 會為程式碼簽章做一些動作，結束後就可以開始在裝置上執行你的 app 了。

當你把一個專案和一個團隊做關聯時，如果你尚未有任何認證，也沒有任何設定文件（*provisioning profile*）的話（provisioning profile 是用來將 app 連結到你的認證用的一種檔案），此時 Xcode 會自動地為你產生一個認證。若不想讓 Xcode 幫你做這件事的話，你也可以手動透過 Apple 開發者網站（*https://developer.apple.com/account/ios/certificate/*）處理。我們會在第 333 頁的 "用 match 做程式碼簽章" 小節中討論更多細節內容。

要建置並執行你的 app，請做以下動作：

1. 確認你的裝置已連接到你的 Mac。

2. 自 scheme 選擇器中選取你的裝置，並點擊 Run 按鈕（或按下 Command-R）。

發布你的 App

在你自己的裝置上執行程式碼是免費的，除了 iPhone 或 Mac 安裝時就設定好的 Apple ID 之外，也不需要再登入任何東西。

不過，如果你想要發布你的 app 給別人，例如透過 Apple 的 TestFlight 或 App Store 給別人的話，你就必須加入 Apple 開發者計劃（Apple Developer Program）（*https://developer.apple.com/programs/*）。在寫書之時，加入開發者計劃的費用是每年 $99 美元，同時可存取像 TestFlight 以及 iTunes Connect 這樣的工具，TestFlight 讓你將 beta 版的 app 發布給測試者，iTunes Connect 則是一個讓你可以傳送 app 到 App Store 的控制台。

若只是想跟著本書的進度建置範例 app 的話，是不需要參加 Apple 開發者計劃的，但對於第 19 章和第 20 章的內容，就必須要參加了。

介面建立器

除了寫程式之外，Xcode 也是用來設計你 app 使用者介面的應用程式，對於 iOS app 來說，介面設計和程式碼都很重要，所以我們會花一些時間來練習使用介面建立器。

當你從專案 navigator 選取一個 storyboard 檔案後，就可以叫出介面建立器了。現在先選擇 *Main.storyboard* 檔，Xcode 會如圖 1-17 般叫出介面建立器。

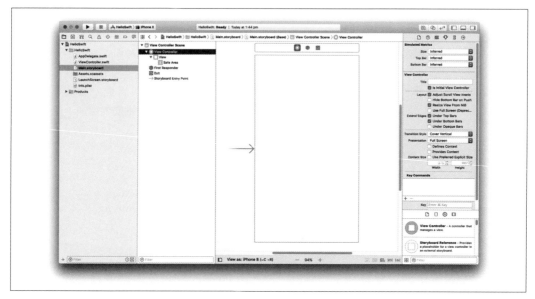

圖 1-17 介面建立器

關於介面建立器，還必須要知道幾個重要的功能：

- 在編輯器的左側，你可以找到 *outline*，它含有該文件中的所有物件，同時也會顯示這些物件的結構。

- 在 Xcode 視窗的右側，會被調整成可以顯示該介面中物件的屬性。此外，在 *library*（在 utilities 窗格中的底部），有可以用來建置介面的 UI 元素列表：你可以藉由點擊物件庫（Object Library）按鈕，來取得這個列表。物件庫按鈕是 library 窗格上方，從右方開始數第二個，它的圖示上有圓圈標示（見圖 1-18）。

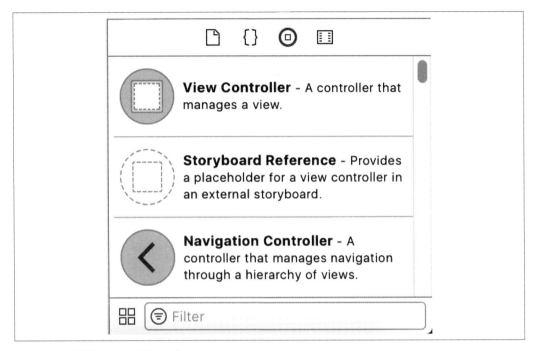

圖 1-18　物件庫（object library）

iOS 中的介面

在 iOS 中只要是看得見的東西都稱為 *view*，也就是說，只要在畫面上看得見或可以和使用者互動的任何東西包括按鈕、標籤和文字欄位等，都是 view。

view 也可以內嵌在其他 view 裡面，你在裝置上看到的每個 "畫面" 內容，都是一個 view，這個概念是 iOS 應用程式基本的設計概念。

這個最上層的 view 是由一個 *view controller* 物件所管理的；若要弄出一個新的畫面，你需要建立 `UIViewController` 的子類別物件，這個子物件會覆寫畫面生命週期中會呼叫的函式，而且也包含你建立畫面的功能所需要使用的方法。另外，你需要在介面建立器中準備 view controller 需要使用的介面，並且將該介面連結到你已加好的類別。

在本書的教學之中，我們會很常切換到介面建立器中，所以對 iOS app 介面有這個的基本瞭解是很重要的。

本章總結

在這一章中，我們安裝好並看過一輪用來建立 app 的工具——Xcode。在下一章中，我們要來討論 Swift 程式語言。

第二章

Swift 程式語言

Swift 程式語言在 2014 年 6 月 Apple 的 Worldwide Developers Conference（WWDC）首次面世。Swift 當時可是讓所有人都驚艷了：由 Apple 完全開發整個語言（以及所有支援的函式庫、開發工具和文件），而且讓它和既存的 Objective-C 語言無縫相容，對於一個身為 "1.0" 版的語言來說，它真的很棒。

Swift 在 2015 年 12 月 3 日開放原始碼，現在既是一個由社群運作的專案，也是一個由 Apple 運作的專案。我們可以預期 Swift 還會隨時間推移一直發展，並和 Swift Open Source 專案保持一致（*https://swift.org*）。

 Xcode 支援安裝多種版本的 Swift 語言，你可以從開源專案下載 Swift 語言的其他版本，這樣你就有不同版本的 Swift 語言了。如何下載一版 Swift，並在 Xcode 中使用，你可以到 Swift 專案的下載頁查詢（*https://swift.org/download/*）。

Swift 3.0 在 2016 年 9 月發行，這個版本的發行對 Swift 社群是件大事，而新的版本做了大量的語言以及標準函式庫上的變更。在寫書之際，到了 2017 年 9 月已進版到了 Swift 4.0。Swift 進版到 Swift 3.0 時，有很多變更是新版無法相容的，相較之下，從 Swift 3 進版到 Swift 4.0 痛苦就少多了，多數的變更都和程式存續期間的品質以及效能相關。

Swift 借鏡大量語言設計的歷史經驗，而且有一大堆非常酷的功能，這些功能讓軟體開發更容易、簡單而且更安全。在我們深入研究 Swift 語言之前，在本章開始之處，我們將會從高階的角度開始來看 Swift 的主要目標，以及它是如何做到的。

由於 Swift 還在發展，很有可能某些我們在書中用的語法會變得過時（這一點對於所有程式設計書籍都相同）。我們將會在我們的網站上（*https://www.secretlab.com.au/books/learning-swift*）盡可能地做更新，以持續追蹤這些內容的變更。

本書中的內容均使用 Swift 4.0。

Swift 語言

Swift 語言有以下主要目標：

安全

Swift 被設計成一種安全的語言，許多 C 的小問題，例如不小心用到 null 指標，在 Swift 中都很難碰到了。Swift 是非常強型態的語言，除非在非常特定的情況下，否則物件也不能為 null。

現代

Swift 含有大量現代語言的功能，讓你更容易表達邏輯。這些功能包括特徵匹配 switch 述句（見第 37 頁的 "Switch"、closure（見第 59 頁的 "Closure"），以及所有值皆為物件的概念，讓你可以搭配屬性或函式使用（見第 73 頁 "Extension"）。

強大

Swift 可以存取整個 Objective-C runtime 函式庫，而且可以無縫橋接到 Objective-C 的類別以及它的標準函式庫。這代表你可以立刻就用 Swift 開始寫完整的 iOS 和 macOS app，而不需要等待誰把 Objective-C 的功能轉為 Swift 後才能開始動作。如果你不曾使用 Objective-C 的話，你也不用擔心不熟 Objective-C ！用 Swift 可以在 Apple 平台上開發出任何你需要的東西。

Swift 的長相到底是怎樣的呢？

這裡有個例子：

```
func sumNumbers(numbers: Int...) -> Int { ❶
    var total = 0 ❷
    for number in numbers { ❸
        total += number ❹
    }
```

```
    return total ❺
}
let sum = sumNumbers(2,3,4,5) ❻
print(sum) ❼
```

以上的程式碼片段做了這些事：

❶ 首先，定義了一個叫 sumNumbers 的函式，這個函式可以接受一或多個整數 Int 值作為參數，並回傳一個 Int。程式碼中的 Int... 表示這個函式可以接受變動數量個數的 Int 參數；你可以透過 numbers 變數存取到這些整數，numbers 本身是個陣列。

❷ 在函式之中宣告 total 變數，你可以看到它並沒有被顯式地指定型態，不過接著它被指定為 0，所以編譯器會將這個變數以 Int 型態儲存。

❸ 接下來是一個 for-in 迴圈，將會跑過所有被傳入本函式的參數。再次注意變數 number 也沒有被指定型態，但是編譯器會依 numbers 陣列是 Int 陣列，來推測 number 的型態為 Int。

❹ 將 number 的值加到 total 裡。

❺ 迴圈結束時，回傳 total。

❻ 呼叫函式 sumNumbers 並傳入多個整數參數，並把結果儲存在新變數 sum 中。因為用了 let 關鍵字，指定該變數是個 *constant*，這代表我們告訴編譯器它的值不該被改變，任何企圖改變其值的行為都會造成錯誤。

❼ 最後結果用 print 函式顯示在 console 畫面上。

有幾件有趣的事值得注意：

• 通常你不需要為變數指定型態，編譯器會依你使用的值幫你決定型態。

• 即使 sumNumbers 函式可以接受不定數量參數，但不需要像 C/C++ 那樣要用奇怪的 va_start 語法才能處理。

• 用 let 關鍵字宣告的變數是個常數，以防止任意變數的值被不小心修改。重點是 Swift 中的常數不需要在編譯時就決定，可以把常數變數視為一個只能給值一次的普通變數。

Swift 3 和 Swift 4 的比較

從 3 到 4 中間的轉換，比 1 到 2 或 2 到 3 來的順暢，也沒有向後不相容的問題，也不需要大量修改程式碼。如果你用過 Swift 3，現在想要快速掌握 4.0 的話，以下是大略的進版說明：

- 字串被徹底修改，工作方式類似但更為高效。可以用新的 substring 函式來切開字串，不會像過去一樣造成大量的效能損耗。

- 集合類型被改良了，下標變得更通用，而且可以指定一側的邊界，讓人可以更快更容易的遊走於集合型態之中。其他還有多種提升集合類型的變更，包括給定 dictionary 型態的初始值等。

- 新增支援以協定基礎而且型態安全的序列化和反序列化類別、結構和列舉型態。

- 還有很多其他的修改，包括改良套件管理器。若想要知道完整的改變清單，請見 Swift 4.0 的發布網頁（*https://swift.org/blog/swift-4-0-released/*）。

如果你的程式碼是用 Swift 3 寫的，但還沒有打算要把它變成 Swift 4 的版本，你可以使用隨著 Swift 4.0 發行的 Swift 3.2，雖然你應該會很想快點改用 Swift 4。

Playground 與 Swift

使用 *playground* 是學習 Swift 最簡單的方法，playground 是一個環境，你可以在裡面寫 Swift 程式碼，並立即看到執行結果（或幾乎是立即），如果只是要快速測試一個東西時，你不需要弄出一個專案，然後編譯，最後才跑出結果。意思是如果你想要試一下 Swift 語言、一個函式、一個類別或甚至一個大專案中的一小部分，你不需要重開專案才能執行，playground 就是被設計用來對付這種快速測試的。

Apple 最近發布了 iPad 用的 Swift Playground，所以你現在甚至不用打開你的 Mac 電腦，就可以開始玩 Swift 了。

本章剩下的部分，都假設程式碼是在 playground 裡執行。快點熟悉一下跟著做吧！我們大力推薦你使用 playground 來體驗或學習 Swift。

在你學習 Swift 或之後用 Swift 開發時，若能有建立一個 playground 的快速連結將會很方便，我們建議你將一個 playground 檔案（到 Finder 裡從你儲存的地方拖曳檔案出來），拖曳移動到 macOS 的 Dock 上，這樣一來，你要測試 Swift 程式碼時，就可以輕鬆快速地使用它了。

你可以在 Xcode 啟動頁面 "Welcome to Xcode" 裡面建立一個 playground（如圖 1-1），或是從主選單中選擇 File → New → New Playground，然後建立一個空白的 iOS playground（圖 2-1）。

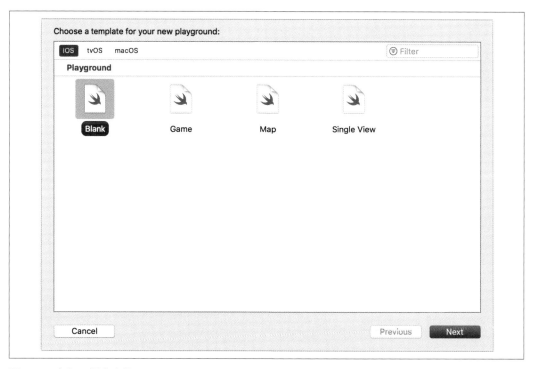

圖 2-1 建立一個空白的 iOS playground

 iOS 與 macOS playground 的差異，幾乎只在於它們使用的函式庫不同。接下來幾章所使用到的內容在哪個 playground 執行並無太大差別，如果你要測試只能在 iOS 上運作的程式碼，就得建立 iOS 的 playground。

建立了 playground 之後，你的畫面會如圖 2-2。視窗左側可以輸入 Swift 程式碼，右側可以看到你寫的每行程式碼的執行結果。現在就讓我們在說明 playground 時，同時也看一下 Swift 是怎麼寫的吧。

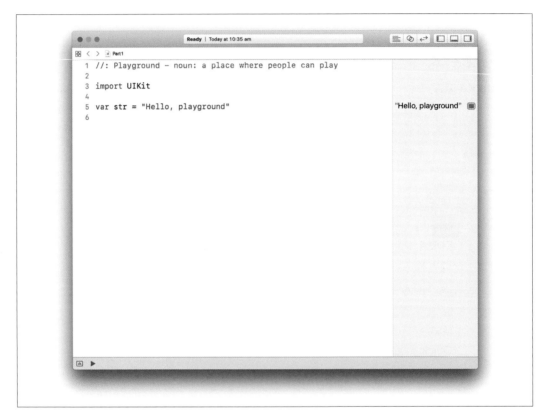

圖 2-2　空白的 iOS playground

註解

playground 中的第一行是註解，Swift 中的註解代表不可執行的文字，你可以用註解寫下筆記、解釋或提醒自己或別人的文字。我們在本書範例中很常使用註解（你在程式碼中也該這麼做），編譯器不會對註解做任何動作。

你可以用雙斜線（//）開頭做單行註解，或是使用代表開始（/*）與結束（*/）的符號做多行註解，多行註解可以做成巢式：

```
// 這是單行註解

/* 這是多行
註解
*/

/* 這是註解

  /* 這也是註解，被包在前面註解之中 */

這還是註解 !*/
```

 playground 可以支援豐富文本標記（rich text markup）的註解，你可以定義標題、列表、引用甚至是影像或連結。由於 playground 的功能是被設計來做教學或是探索功能之用，所以多樣的格式顯示可能讓你比用純文字更能清楚的解釋程式碼。技術上來說，我們的 playground 其實現在就已使用了這個技巧；在開頭的第一行 //：`Playground - noun: a place where people can play` 就是一個 rich text 的註解，雖然看起來不太像，但只要用 Editor → Show Rendered Markup 選項，切到 rich text 模式下就可以看見了。

對於不是寫在 playground 中的程式碼，Xcode 支援部分的標記，用來顯示 Apple 稱為 Quick Help 的東西，這東西被設計來解釋你的變數和函式。你可以用三條斜線的單行註解，寫出你自己的 Quick Help 註解。Quick Help 註解也可以在你的 playground 中使用。

這個部分並不是學習 Swift 的重點，所以我們就不再多談了，但如果你仍然好奇的話，可以到 Apple 的 Markup Formatting Reference（*https://apple.co/2Cp7hRk*）中得到更多訊息。

匯入

下一行是 import 述句，這是 Swift 中用來使用函式庫和外部程式碼的方法。這裡我們要求 playground 匯入的是 UIKit 函式庫，它是一個標準的 iOS 函式庫；它包括所有 Swift 基本的元件，例如 formatter、timer 以及整個 iOS UI 函式庫，例如按鈕（button）或開關（switch），我們將在第 102 頁的 "Swift 套件管理" 中討論更多關於匯入動作和各種函式庫。

變數

你可以使用 let 或 var 關鍵字在 Swift 中定義變數，在我們的 playground 中已經先定義好了一個變數：

```
var str = "Hello, playground"
```

這是一個名為 str 的新變數，它的字串值為 "Hello, playground"。我們可以很輕鬆地建立不同型態的新變數和常數變數：

```
var myVariable = 123
let myConstantVariable = 123
```

當你使用 var 定義變數時，你可以改變它的內容。如果你使用 let，那它的值就不可以再被更改了，這是編譯器的強制規定。Swift 鼓勵你盡量使用常數變數，因為常數變數更安全，所以如果你知道一個值不該再被改變得話，使用常數變數可避免在你不知道的情況下，變數值被改掉所產生的錯誤。而編譯器可以對常數變數做到以上的檢查，但是對 mutable 的變數就不行了。

```
myVariable += 5
str = "Hello there"
// 下面是個錯誤
// myConstantVariable = 2\
```

Swift 是一種靜態型態語言，而且還是非常強制型態的一種。一旦變數擁有型態之後，它就不可再被變更了，不過目前我們還沒有寫任何的型態就是了。若我們讓編譯器自己決定型態，表示我們的變數是隱式型態宣告（*implicitly typed*）；你也可以選擇直接告訴編譯器你的變數是哪一種型態，這樣就是顯式型態宣告（*explicitly typed*）：

```
let explicitInt : Int = 5
```

當你知道變數被初始的型態和之後會想使用的型態不同時，例如初始時是指定整數型態，使用時是倍精度型態，此時顯式型態宣告就派上用場了：

```
var explicitDouble : Double = 5
explicitDouble + 0.3
```

 在我們的程式碼中，我們在變數名稱、冒號和型態中間都放了空白，放這些空白只是因為我們覺得程式排版這樣比較好看而已，但是當你在寫自己的程式碼時，可以選擇不要放這些空白。

如果在上面範例中使用隱式型態宣告的話，explictitDouble 會是 Int 型態，由於整數不能和倍精度相加，所以後面把它加上 0.3 的時候就會失敗。不過，大多數寫 Swift 的時候，用隱式型態宣告就已足夠，我們不需要顯式的指定變數型態。

> Swift 的型態推測系統很強大，幾乎都能正確給出你所需型態。不過當你不確定你的隱式型態宣告出現什麼問題的時候，Xcode 有一個好用的工具，這個工具讓你可以取得變數的更多資訊。如果你按下 Option 鍵，並點擊一個變數的話，一個小的對話框會出現，顯示出完整的宣告，包括 Swift 推測出來的型態，以及該變數是在專案中的何處被定義的。如果該變數使用了 Quick Help 系統做了註釋的話，這些資訊也會同時被顯示。

用顯式型態宣告變數，可以不用給初始值，但你必須指定一個值給該變數後，才能從該變數中取值：

```
var someVariable : Int
// 這是錯誤的
// someVariable += 2

// 這是正確的
someVariable = 0
someVariable += 2
```

換句話說，如果你建了一個沒有值的變數，那接下來你只能做一件事，就是給它一個值。之後，你就可以正常使用它了。這個規定聽起來沒什麼太大作用，在 playground 中更是如此。但之後當你用 Swift 建立自己的類別時就有用處了，你可以在類別建立變數時不給預設值，而是在類別初始時才給預設值。

> 與多數語言不同，Swift 不需要在述句結尾處加分號或其他的分隔符號，以指定述句的結尾。不過如果你想加的話也是可以的。
>
> 不用加分號的情況只有一個例外，就是當你想把多行程式碼放在同一行時，在這種情況下，你就該利用分號來分開述句。
>
> ```
> var exampleInteger = 5; print(exampleInteger)
> ```
>
> 但實作上這樣寫不太好，應該把述句分開寫。
>
> 你也可以把你的一行述句拆成多行寫，像這樣：
>
> ```
> var anotherExampleInt
>     = 7
> ```

我們會在第 40 頁的 "型態" 中詳細說明型態。

運算子

運算子（*operator*）用來對變數內容做運算，在前面的範例中我們已經看過一部分運算子了。Swift 中內建的運算子種類很多，最常見的是算數（arithmetic）運算子，例如加或除：

```
1 + 7 // 8
6 - 4 // 2
8 / 2 // 4
3 * 5 // 15
```

 幾乎所有的運算子都是配合相同型態的兩個值使用，例如，你若試圖用一個字串去除一個數值的話，你就會得到一個錯誤。

除了基本的算術運算子之外，「相等（*equality*）運算子」也很常見，它們是用來檢查兩個值是不是相等：

```
2 == 2       // true
2 != 2       // false
"yes" == "no" // false
"yes" != "no" // true
```

和相等運算子有相關的是「比較（*comparison*）運算子」，它們用來比較兩個相似的變數之間的關係：

```
5 < 7  // true
1 > 4  // false
2 <= 1 // false
3 >= 3 // true
```

最後一種 Swift 中常用的運算子是 . 運算子，讓你存取變數的方法或屬性：

```
true.description  // "true"
4.advanced(by: 3) // 7
```

 我們將會在第 3 章中詳細介紹方法和屬性。

除了這些之外，Swift 另外還支援一大堆運算子，例如位元用的運算子或邏輯運算子，而且你還可以定義你自己想要的運算子。不過，這邊說到的這些運算子是最常見的，也是在你繼續閱讀之前必須先懂的一些運算子。

集合型態

Swift 有三種主要的集合型態，這三種型態你將會常用在你的程式碼中：它們是 array（陣列）、tuple（元組）和 dictionary（字典型態）。Swift 集合型態的有趣之處，在於它們本身也是一種類型，所以整數 array、字串 array 或整數在型態上是不同的。

Array

array 是一列連續的值，由於 array 太常被使用了，所以若要 Swift 中建立一個 array，只要用中括號（[]）即可：

```
let intArray = [1,2,3,4,5]
```

這樣會建立一個整數 array，Swift 的型態推測系統會認為它是整數 array，因為 array 中只有整數型態。如果我們想顯式地指定型態，可以這麼做：

```
let explicitIntArry : [Int] = [1,2,3,4,5]
```

 當你用中括號包夾數個用分號分隔的值建立陣列時，代表你要用一群常數初始化 array，這種寫法其實是一種精簡寫法：[42, 24] 實際上在編譯器眼中等同於 Array(arrayLiteral: 42, 24)。

若要從一個 array 中取得元素，我們就要用到下標（*subscript*）運算子和索引值，下標運算子一樣也是使用中括號，只是中間要放索引：

```
intArray[2] // 3
```

和多數的程式語言一樣，Switch 中的 array 是從 0 開始，在我們上方的範例中，我們要求放在索引位置 2 的整數，但實際上其實是拿到 array 第三個位置的元素。如果我們企圖存取 array 範圍（即從 0 開始到 array 長度 -1）外的元素的話，Swift 就會丟出一個錯誤：

```
// intArray[-1] // 如果我們執行這行的話，會得到一個錯誤
```

由於我們在這裡的 array 是 immutable（不可變）（因為定義 array 時用了 let），所以無法加入或移除任何元素，如果想要修改 array 值的話，必須在定義時就定義為 mutable（可變）：

```
var mutableArray = [1,2,3,4,5]
```

現在我們可以加入新的元素並從這個 array 中移除元素了，加入或移除元素有數種做法：

```
// 在 array 尾端加入元素
mutableArray.append(6) // [1, 2, 3, 4, 5, 6]
// 移除指定索引處的元素
mutableArray.remove(at: 2) // returns 3, array now holds [1, 2, 4, 5, 6]
// 換掉指定索引處的元素
mutableArray[0] = 3 // returns 3, array now holds [3, 2, 4, 5, 6]
// 插入元素到指定索引處
mutableArray.insert(3, at: 2) // array now holds [3, 2, 3, 4, 5, 6]
```

如果你要用 mutable 的 array，但又無法給它初始值的話，你可以先宣告一個空 array，留給之後再使用：

```
var emptyArray = [Int]()
// 這會建立一個空的整數 array
emptyArray.append(0) // [0]
```

若想知道 array 裡有多少元素，你可以使用 count 屬性：

```
// 回傳 array 中元素數量
intArray.count // 5
```

Tuple

tuple（元組）是一個資料簡單集合，tuple 的功能是讓你把任意型態任意數量的值給綁在單一個值上，若要建立 tuple 的話，你可以在小括號中寫下用逗號分隔的值：

```
let fileNotFound = (404,"File Not Found")
```

tuple 建好以後，你可以用索引取出值：

```
fileNotFound.0 // 404
```

和陣列一樣，tuple 的索引也是從 0 開始。除了可以利用索引從 tuple 中取值之外，還可以用 tuple 中值的標籤：

```
let serverError = (code:500, message:"Internal Server Error")

serverError.message // "Internal Server Error"
```

tuple 的一個主要功能，是當你需要從一個函式回傳多個回傳值時使用。這一點也是 Apple 為何使用 tuple 的原因。Swift 函式只能回傳單一值，但如果用 tuple 的話，你就可以將許多值包起來一次回傳。

 雖然 tuple 可以裝進任意數量的值，但實務上若你需要用 tuple 包裝六個以上的值，你可能必須想一下這樣做到底好不好。tuple 是被設計用來裝一些有相互有關聯的資料，而不是用來包裝雜七雜八資料的容器。

Dictionary

dictionary（字典型態）長得和 array 很像，但功能不同。dictionary 是不連續沒有順序的集合，用 key 做索引。這代表它和 array 不一樣，你不能假設元素有順序，但由於可用不同的 key 做索引，所以這一點上彈性比 array 更大。

建立 dictionary 和建立 array 非常相似，一樣使用中括號語法。假設你想要儲存太空站的機組員資訊，你可以像這樣利用 dictionary：

```
var crew = ["Captain": "Benjamin Sisko",
            "First Officer": "Kira Nerys",
            "Constable": "Odo"]
```

和 array 類似，當你想要存取元素時，你一樣使用下標運算子，但此時我們在中間不放索引，改放你要的元素的 key。舉例來說，若想在 crew 變數中取得 "Captain" 的值，你就得這樣寫：

```
crew["Captain"] // "Benjamin Sisko"
```

假設你的 dictionary 變數是 mutable 的，就像此處的 crew 一樣，你可以藉由給定一個 key，將新元素加入到既有的 dictionary 中：

```
crew["Doctor"] = "Julian Bashir"
crew["Security Officer"] = "Michael Eddington"
```

若你想要移除一個元素，做法也很簡單易懂：

```
crew.removeValue(forKey: "Security Officer")
```

 若你想存取的 key 不存在的話，dictionary 不會像 array 一樣丟出錯誤，而是會回傳 nil。如果你將一個既存的值設為 nil 的話，就等同於你將該元素從 dictionary 中移除：

```
crew["Science Officer"] = "Jadzia Dax"
crew["Science Officer"] = nil
crew["Science Officer"] // nil
```

nil 是一個 Swift 中的特殊值，我們將在第 40 頁的 "型態" 小節中進行更多的討論，現在你可以暫時把它想成 "空值"。

前面示範了 key 和 value 都是字串的情況，不過，並沒有限定只能放字串，dictionary 實際上可以放入任何值，key 也可以是任何型態。舉例來說，你可以製作一個 key 和 value 都是 Int 型態的 dictionary：

```
let arrayDictionary = [0:1,
                       1:2,
                       2:3,
                       3:4,
                       4:5]
arrayDictionary[0] // 1
```

這樣一來，這個 dictionary 用起來就會和我們前面做的第一個 array 一樣了。

 array 和 dictionary 都可以同時裝載不同型態的值，但使用時會迫使 Swift 認定它們是未知型態組成的集合型態，這樣一來，身為程式設計師的你就必須要去收拾後面隨之而來的一堆問題。在第 40 頁的 "型態" 中我們會有更多關於未知型態的討論，但總的來說，一個簡單的守則就是只在集合型態中，使用型態相同的值。

控制流程

所有你寫的程式都需要被控制在何時執行，或要不要執行。所以我們會用 if 述句、迴圈等等。Swift 中的流程控制很簡單易懂，而且含有額外的好用功能。

Swift 中 if 述句與其他程式語言差不多,只是條件式不需放在括號裡:

```swift
if 1+2 == 3 {
    print("The math checks out")
}
// 會印出 "the math checks out",表示一切正確
```

在 Swift 裡,if 以及迴圈的程式碼區塊一定要放在兩個大括號中({ 與 })。在 C、C++、Java 與 Objective-C 中,若程式碼區塊只有一行述句,可以忽略大括號。不過,這也造成這些老式語言容易產生錯誤,還有安全性漏洞的問題,因為程式設計師可能會在必須寫大括號時漏寫。所以在 Swift 中,大括號是一定要寫的。

只用 if 是可以的,但是用起來少了點功能,所以 Swift 也支援了可以配合 if 使用的 else if 和 else 分支:

```swift
let ifVariable = 5

if ifVariable == 1 {
    print("it is one")
}
else if ifVariable <= 3 {
    print("it is less than or equal to three")
}
else if ifVariable == 4 {
    print("it is four")
}
else {
    print("it is something else")
}
// 這邊會印出 "it is something else"
```

迴圈

迴圈是一種結構,用來做重複的工作若干次,Swift 中的迴圈也一樣。

當你有一組相同東西的集合,例如陣列,你可以使用 for-in 迴圈來遍歷裡面所有的東西:

```swift
let loopArray = [1,2,3,4,5,6,7,8,9,10]
var sum = 0
for number in loopArray {
    sum += number
}
sum // 55
```

迴圈中所使用的 number 變數，是隱式建立的一個變數，你不需要定義一個叫做 number
的變數就可以直接使用了。

你也可以使用 for-in 迴圈去遍歷一個範圍中的值，例如：

```
// 將計數重置為 0
sum = 0
for number in 1 ..< 10 {
    sum += number
}
sum // 45
```

注意第二行的 ..< 運算子，它是一個**範圍運算子**（*range operator*），是 Swift 中用來描
述數字從多少到多少的一個範圍。其實範圍運算子有兩種：小於左邊有兩個點 ..< 以及
三個點（...），前者被稱為**半範圍運算子**（*half-range operator*），使用 ..< 表示從第
一個值開始，遞增直到（但不包括）最後一個值。舉例來說 5..<9，包括了 5、6、7 以
及 8。如果你想要包括最後一個值，可以改用**全範圍運算子**（*close-range operator*）。
5...9 代表著數值 5、6、7、8 以及 9。你可以在 for-in 迴圈中使用這些範圍運算子：

```
// 將計數重置為 0
sum = 0
for number in 1 ... 10 {
    sum += number
}
sum // 55
```

你可以利用 for 迴圈和範圍運算子做到很多事情，但有時你需要迴圈執行時有更多的流
程控制，這時候 *stride* 就可派上用場。stride 函式讓你可以精細地控制如何遍歷一個序
列。舉例來說，你想要遍歷 0 到 1 之間，每次遞增 0.1：

```
var strideSum : Double = 0
for number in stride(from: 0, to: 1, by: 0.1) {
    strideSum += number
}
strideSum // 4.5
```

範例用的是 stride(from: to : by:) 格式，它的執行不包括最後一個數字。另外有
stride(from: through: by:)，它執行時會包括最後一個數字：

```
// 將計數重置為
strideSum = 0
for number in stride(from: 0, through: 1, by: 0.1) {
    strideSum += number
}
strideSum // 5.5
```

 也許根據你過往經驗，可能比較習慣把 for 迴圈寫成 for (int i = 0; i <= 10; i++)。這個樣式的迴圈曾經在 Swift 2 中使用，但是後來在 Swift 3 出現時，隨著 ++ 和 -- 的棄用，這個樣式也被棄用了。Swift 是一種有新規則的新語言，雖然它盡量配合既有的經驗，但它若覺得東西和語言本身的設計無法配合時（例如老樣式的 for 迴圈），就會被棄用。

一個 while 迴圈在特定條件式為真時，一直重複執行程式碼，舉例來說：

```
var countDown = 5
while countDown > 0 {
    countDown -= 1
}
countDown // 0
```

while 迴圈會在開始時檢查條件式是否為 true，如果為 true 就執行程式碼區塊（執行完後又回到開始處）。除了一般的 while 迴圈外，另外還有 repeat-while 迴圈，這種迴圈會至少執行一次以後才進行條件式檢查。

Switch

switch 在變數值不同的時候需要執行不同程式碼時很好用，其他的語言中也有 switch，但 Swift 把它弄得更好用了。若要依整數值去執行相對程式碼，你可以像這樣使用 switch 述句：

```
let integerSwitch = 3
switch integerSwitch {
case 0:
    print("It's 0")
case 1:
    print("It's 1")
case 2:
    print("It's 2")
default:
    print("It's something else")
} // 印出 "It's something else"
```

另外，switch 述句必須是**窮舉**所有可能值，意思是，如果你判斷式的型態是 Bool 型態，那你必須提供 true 或 false 的情況下執行的述句，如果缺乏的話，編譯器就會報錯。但有些情況不可能把所有的判斷式值都寫完，像是需要很長時間才能列完的整數值，這種情況下，你可以提供一個 *default* 區塊，給 "其他所有未分類" 的情況使用。總的來說，就是把所有可能值都列出來，否則就提供 default 情況。

Swift 中 switch 的另外一個好用小功能，是可以使用範圍，只要你的值落入範圍中就執行：

```
var someNumber = 15
switch someNumber {
case 0...10:
    print("Number is between 0 and 10")
case 11...20:
    print("Number is between 11 and 20")
case 21:
    print("Numer is 21!")
default:
    print("Number is something else")
}
// 印出 "Number is between 11 and 20"
```

如果 switch 中有兩個以上的情況都匹配，例如：case 0...10 以及 case 5...15，這種情況下會挑選第一個匹配的區塊執行。

依你之前寫程式的經驗，你可能會好奇 switch 中的 break 述句去哪了。這是 Swift 和其他語言不同之處：以預設行為來說，Swift 的 case 述句不會繼續向下執行，所以你也不需要寫 break 來終結 case 區塊，但如果你希望 case 述句可以繼續向下執行怎麼辦？Swift 有一個叫 fallthrough 的關鍵字，正是專門為這個用途設計的：

```
let fallthroughSwitch = 10
switch fallthroughSwitch {
case 0..<20:
    print("Number is between 0 and 20")
    fallthrough
case 0..<30:
    print("Number is between 0 and 30")
default:
    print("Number is something else")
}
// 印出 "Number is between 0 and 20" 以及 "Number is between 0 and 30"
```

正如我們前面提示過的，Swift 中的 switch 不僅能配合數值使用，你還可以配合所有 Swift 型態使用，一樣要遵守窮舉可能值的規則，舉例來說，一個 switch 述句配合字串使用時，就要像下面這樣寫：

```
let greeting = "Hello"
switch greeting {
case "Hello":
    print("Oh hello there.")
case "Goodbye":
    print("Sorry to see you leave.")
default:
    print("Huh?")
}
// 印出 "Oh hello there."
```

配合 tuple 使用時，此時 switch 就變得很特別了，你的 case 可以和該 tuple 元件部分匹配：

```
let switchingTuple = ("Yes", 123)
switch switchingTuple {
case ("Yes", 123):
    print("Tuple contains 'Yes' and '123'")
case ("Yes", _):
    print("Tuple contains 'Yes' and something else")
case (let string, _):
    print("Tuple contains the string '\(string)' and something else")
}
// 印出 "Tuple contains 'Yes' and '123'"
```

上面的程式碼裡還有幾樣有趣的東西，第一個是底線，它基本上意思是 "我不管"。所以第二個 case 的意思是，"只要 tuple 裡有字串 'Yes'，其他我不管它的數值是啥"。第二個有趣的東西是，第三個 case 述句中定義了一個變數，這樣的寫法，會把 tuple 中的字串元件中的值，抓到一個 string 的變數中。所以第三個 case 的意思是，"不管 tuple 中的字串值是什麼都可以，而且我要把字值存在一個新的 string 變數中，並且我不管它的數值元件"。

在搭配 tuple 使用時，我們沒有寫 default case，這是因為第三個 case 就可以抓到所有未定義的情況。通常當你寫 tuple switch 時，你還是需要寫 default case，除非你寫了像最後一個 case 的條件，也就是在數值元件處使用 _，並將所有的字串元件都放入 string 變數，有了這樣的條件，就必定能包含所有其他情況了。

型態

Swift 標準函式庫提供了大量常見和好用的型態，好讓你在程式中使用。我們在前面已使用過其中的一些，例如整數和字串：

- Int 代表整數（例如：1）
- Double 代表十進位小數（例如：1.3）
- String 代表一串字元（例如："Hello world"）
- Bool 代表布林值（例如：true）

但這不是 Swift 提供的所有型態，Swift 還有更多進階型態，例如集合（set）和列舉（enumeration），我們會在這一小節看到它們，不過上面提到的會是你最常用的型態。

> 視你在什麼裝置上執行程式，Int 會被對應成不同版本的整數。如果你需要明確地控制所使用的整數型態的話，Swift 也幫你準備各種整數型態，例如 Int64 或 Uint8，分別代表 64 位元有號整數，以及無號 8 位元整數。大部分時候你不需要擔心要用哪一種，就用 Int 即可，只是先知道這件事情，在你需要的時候就可以派上用場。

使用字串

字串比數值或布林值更複雜些，在 Swift 中的字串是一連串的 Unicode 字元，意思是它們足夠儲存人類用來溝通的所有文字，若你要把 app 翻譯成另外一種語言時，這一點會是個好消息。

建立一個字串很容易，你只要將空白字串常數指定給變數即可：

```
let emptyString = ""
```

你也可以用 String 類別的初始化函式來建立空白字串：

```
let anotherEmptyString = String()
```

> 特別注意一下，由於兩個變數宣告都用了 let 關鍵字，所以它們只能是空字串，不能再變成其他東西了。

和數值類似，字串也可以用 + 和 += 運算子來合併字串：

```
var composingString = "Hello"
composingString += " world" // "Hello world"
```

而且，由於它支援完整的 Unicode，所以將兩種字集合併在一起，也完全不會有問題：

```
composingString += " 100 " // "Hello world"
```

字串其實是由 character 物件所組成的集合，所以可以和集合型態一樣進行遍歷：

```
for character in "hello"
{
    print(character)
}
// "h"
// "e"
// "l"
// "l"
// "o"
```

或查看字串裡有多少字：

```
composingString.count // 13
```

雖然字串看起來和字元組成的 array 非常像，而且在許多其他語言裡，字串的確就是字元組成的 array，但在 Swift 中，事情並沒有那麼單純。在過去，前提必須先假定字元的定義是什麼，才能將字串視為一種 array，這也造成了非拉丁字母語言，在電腦上支援不佳的後果。其實字串是 Unicode 的可擴展字集（Unicode extended grapheme clusters）的集合，它可以讓你快樂地在一個字串中合併多種東西而不會產生任何問題，包括表情符號、拉丁文、數字和漢字字元等。但這種能力也伴隨著成本，Unicode 字元可能佔去 1 到 4 位元組，這也表示你不能假設自己知道一個字串中每個字元的大小。所以你不能像使用 "hello"[0] 這樣的下標運算字，來跳到字串的特定位置，它的行為不會如你預期。如果你真的需要跳到字串內部，並取得部分字串內容的話，Swift 提供了 *substrings*，讓你用來處理這樣的情況。幸運地，你需要這麼做的機會並不多；當你需要這麼做時，請參考 Apple 的 substrings 文件（*https://developer.apple.com/documentation/swift/substring*）以及 Strings 文件（*https://developer.apple.com/documentation/swift/string*）。

如果要改變字串的大小寫，你可以用 uppercased 與 lowercased 函式，它們的回傳值就是
修改過的字串結果。

```
"Café".uppercased() // "CAFÉ"
"Café".lowercased() // café
```

如果你需要對兩個字串進行比較的話，就和數值一樣使用 == 運算子：

```
let string1 : String = "Hello"
let string2 : String = "Hel" + "lo"
if string1 == string2 {
    print("The strings are equal")
}
```

由於 Swift 中的字串包含 Unicode 資訊，所以對兩個字串做比較時，Swift 會將個別字串
逐一匹配比較，舉例來說：

```
let café = "Café"
let cafe = "Cafe\u{301}"
if cafe == café {
    print("The strings are equal")
}
```

這種情況下，Swift 知道若將 Unicode 符號 \u{301} 放在 e 的後面時，等同於 é，所以最
後會覺得兩個字串相等。

依你過去的經驗不同，你可能會覺得 == 是用來比較兩個字是否相等，也
有可能覺得是用來比較兩個變數是否參照到同一塊記憶體空間。在 Swift
中，== 是用來比較兩個東西是否有一樣的值，如果你想要看看兩個變數
是否參照到同樣的物件時，你可以使用 === 運算子（註：不是 2 個等號，
而是 3 個等號）。

最後，Swift 有個搜尋字串的功能，不過通常你比較常會想知道的是，一個字串是否以
特定的字元開始或是結束。所以 Swift 可以檢查字串的前綴或後綴字：

```
if "Hello".hasPrefix("H") {
    print("String begins with an H")
}
if "Hello".hasSuffix("llo") {
    print("String ends in llo")
}
```

Swift 有一個快捷語法，可以快速的建立含有其他變數值的字串，這個功能稱為字串插值（*string interpolation*）。使用字串插值的話，你就可以在一個字串中使用 \()，這是一個建立字串最省力的方法：

```
let name = "Fred"
let age = 21
let line = "My name is \(name). I am \(age) years old."
// "My name is Fred. I am 21 years old."
```

集合

set（集合）讓你可以儲存相同型態的不重複值，不帶順序，可以使用整數、字串、類別或結構。你可以把 set 視為 array 的變形，使用和 array 一樣的方法來存取 set。

你可以使用 Set 型態建構子來建立一個空的 set，使用時要指定這個 set 中儲存值的型態：

```
var setOfStrings = Set<String>()
```

你也可以使用一堆常數來做初始化，Swift 會用常數的型態作為 set 的型態：

```
var fruitSet : Set = ["apple","orange","orange","banana"]
```

set 裡面的物件不可重複，如果你將相同的物件加入 set 兩次，實際上也只有第一個會生效。以前面的範例來說，四個字串中 **"orange"** 重複了兩次，此時如果來看 set 數量，結果會呈現如下：

```
fruitSet.count // 3
```

儲存在 set 裡的型態必須是可雜湊（hashable）的，前面提到可用的型態都是可雜湊的。不過，基本上只要符合 Hashable 協定，你也可以建立自己的雜湊型態，我們會在第 71 頁的 "Protocal" 會談到更多。

你可以使用一般常用的方法存取 set，包括使用 count 屬性，檢查是否為空以及增刪內容：

```
if fruitSet.isEmpty {
    print("My set is empty!")
}

// 新增一個東西到 set
fruitSet.insert("pear")
// 從 set 移除一個東西
```

```
fruitSet.remove("apple")
// fruitSet 內容現在是 {"banana", "pear", "orange"}
```

如果你需要從一個 set 中取得一個元素的話，你可以使用索引的方式去取得，但由於 set
有無序的天性，所以你不能直接像 array 那樣使用索引，你得先找到想要元素的索引，
然後再用該索引去取：

```
// 取得 "pear" 的索引
let index = fruitSet.index(of: "pear")
// 索引值現在是一個 optional Set.Index 型態
fruitSet[index!] // "pear"
```

你也可以像遍歷 array 或 dictionary 一樣遍歷 set，這也是你會最常對 set 做的事：

```
for fruit in fruitSet {
    let fruitPlural = fruit + "s"
    print("You know what's tasty? \(fruitPlural.uppercased()).")
}
```

你可能會好奇地想，到底 set 是要拿來幹嘛的，因為它看起來就像有點奇怪的 array，
用起來還有點怪。但由於 set 的元素都不重複，而且還沒有順序的這個有趣特性，所以
你也可以利用它快速地做很多有趣的操作，包括聯集、交集、補集等動作，也可以檢查
是不是父子集合。和 array 比起來，用 set 做這些動作時，效能更好（雖然 array 本身已
經很快），所以假設順序不重要，而且值也不重複時，也許可以考慮在你的程式中改用
set，而不是 array。

Enumeration

enumeration（列舉型態）是把一群相關的值或工作集合起來，然後可以安全又簡便的
使用它們。在你想把所有可能值都定義出來時，就應該選擇使用 enumeration。要定義
enumeration 很容易，只要使用 enum 關鍵字，為它取名，然後在括號裡把可能值放在
case 後面就可以了：

```
// 列舉未來一定不會有的 iPad 型號
enum FutureiPad {
    case iPadSuperPro
    case iPadTotallyPro
    case iPadLudicrous
}
```

定義好了以後，就可以像使用一般 Swift 變數的方式使用它了：

```
var nextiPad = FutureiPad.iPadTotallyPro
```

也可以設定它的值：

```
nextiPad = .iPadSuperPro
```

 有發現到這邊我們沒有指定 enumeration 的名字嗎？在 Swift 中，你可以用這種縮寫。只有在 Swift 搞不清楚你到底是在講哪一個 enumeration 時，你才需要講清楚，所以我們在首次宣告時不能用縮寫，但之後都可以用縮寫。

或是搭配 switch 述句使用：

```
switch nextiPad {
case .iPadSuperPro:
    print("Too big!")
case .iPadTotallyPro:
    print("Too small!")
case .iPadLudicrous:
    print("Just right!")
} // 印出 "Too big!"
```

你可能從其他的程式語言中學過 enum（或 enumeration）列舉值的使用，除了在 Swift 中不會自動給定對應的整數值之外，其他用法都差不多，Swift 中的列舉值成員會自訂自己的值，而它們型態也就是整個 enumeration 的型態。Swift 的這種作法更安全也更明確。

 Swift 中的 enumeration 是一種型態，不僅是將值包裝起來而已。藉由定義一個新的 enumeration，你同時也是為你的程式建立一個可用的新型態。

Swift 中的 enumeration 讓你可以儲存相關值（*associated value*），相關值可以是任意型態，而且 enumeration 裡的每一個成員，都可以有一組不同的值。舉例來說，如果你想用 enumeration 把遊戲中太空船的兩種武器定出來，你可以這麼寫：

```
enum BasicWeapon {
    case laser
    case missiles
}
```

使用相關值，你可以標註 laser 的功率等級，或是 missiles 的距離：

```
enum AdvancedWeapon {
    case laser(powerLevel: Int)
    case missiles(range: Int)
}
```

使用時就將關聯值一起指定給變數即可：

```
let spaceLaser = AdvancedWeapon.laser(powerLevel: 5)
```

你可使用 switch 述句搭配關聯值使用，可以讓你的特徵匹配更明確：

```
switch spaceLaser {
case .laser(powerLevel: 0...10 ):
    print("It's a laser with power from 0 to 10!")
case .laser:
    print("It's a laser!")
case .missiles(let range):
    print("It's a missile with range \(range)!")
}
// 印出 "It's a laser with power from 0 to 10!"
```

enumeration 並不包含關聯值，關聯值比較像是 enumeration 的補述。不要把 Laser(powerLevel: 5) 想成是 "裡面包含 5 的雷射"，應該把它當作是功率為 5 的雷射。

你的 enumeration 可以有預設值，或稱為*原始值*（*raw value*），它可以用來替代相關值。所有的原始值必須為相同的型態，而且每個 enumeration 都要有。

```
enum Response : String {
    case hello = "Hi"
    case goodbye = "See you next time"
    case thankYou = "No worries"
}
```

你可以像這樣取出原始值：

```
let hello = Response.hello
hello.rawValue // "Hi"
```

也可以用原始值建立一個 enumeration，不過要小心這個用法，它可能會失敗：

```
Response(rawValue: "Hi") // Response 是一個 optional 變數，裡面的值是 .hello
```

最後，可以用隱式方法宣告 enumeration 的原始值，這可以節省你的打字時間：

```
enum Nucleobase : String {
    case cytosine, guanine, adenine, thymine
}
Nucleobase.adenine.rawValue // "adenine"

// 也可以給一個初始值
enum Element : Int {
    case hydrogen = 1, helium, lithium, beryllium, boron, carbon, nitrogen
}
Element.lithium.rawValue // 3
```

型態安全和型態轉換

如前面提過的，Swift 是帶型態推測功能的靜態型態語言，這句話真正的含意是，大多數的時候 Swift 會依變數的內容值，推測出它們的型態（雖然你還是可以顯式地自行指定）。無論變數型態是怎麼被推測出來的，一旦型態被決定後，你就無法再改變型態了。

 Swift 中所有的變數都有型態，這個型態是在編譯時期就會被決定，此後再也不能被更改。

身為一個靜態型態語言，在需要混合用不同型態時，就會產生一些有趣的後果。從實際的角度上來看，這代表兩種不同的型態不太可能可以混用。舉例來說，假設你有兩個 Int 數值，你想把它們相加，出來的結果是毫無疑問的：

```
let firstInt = 3
let secondInt = 5
firstInt + secondInt // 8
```

但假設你想要將一個 String "hello" 和第一個數字相加，那會怎樣呢？出來的結果會是一個內容為 "3hello" 新的 String？還是 "hello" 被轉成數字以後，然後再和數字相加？還是字串中的每個字元會向後順移 3 個位置，變成新值 "khoor"？還是其他的？從一個語言設計者的角度來看，不管你選的是哪一種結果，都不是完美的解法。Swift 藉由限制可以混用的型別，解決了這個問題。一個 String 和一個 Int 相加，沒有一個很直接清楚的方法，所以結果就是不能相加。

這個解法帶來的好處是型態安全，你不需要擔心將字串和數值相加最後會怎樣，因為它們根本無法相加。這解法也有助於簡化測試：你無法去測試若把字串 "hello" 放到 Int 變數中的情況，因為根本不能這樣做。最後，它還有優化編譯器的好處，因為一旦它決定變數的型態後，就不用再擔心型態會改變得問題。

某些型態在混用上還有一些彈性，舉例來說，雖然 Int 不能裝 Double 值，但是反過來是可以的，所以你可以將它們相加，最後出來的型態會是 Double：

```
15.2 + 3 // 18.2
```

不過某些時候，你會需要做不同型態間的互動，此時你就要看一下如何做型態轉換了。

若想把一個型態轉換成另外一個，首要條件是它們必須相容，這表示將值轉換為新型態的動作，結果必須合情合理。所有的型態轉換都一樣，你必須呼叫目標型態的建構子，將要轉換的值傳入該建構子。舉例來說，你想把字串 "3" 轉換為整數 3：

```
let three = Int("3") // 3
```

不過這裡也有一個限制，當從一個載有較多資訊的型態，轉換後超過新的型態能處理的範圍時，就會損失精度。所以，舉例來說雖然你的腦袋中覺得將 41.999999 轉換成整數時，應該是 42，但真的進行轉換時，你會得到 41：

```
let almostMeaningOfLife = String(Int(41.999999)) // "41"
```

你也必須要注意你想轉換的東西，因為不是所有的值都可以做轉換。假如你有一個字串 "lorem ipsum"，Swift 將不知道如何把它轉換成整數，如果你堅持這麼做，你會得到一個有趣的結果：

```
let number = Int("lorem ipsum") // nil
```

這個動作出來的結果是 nil，而且沒有像你想像中的引發一個錯誤。如果你按著 Alt 鍵，並點擊 number 變數，你會看到一個有趣的東西出現在 Quick Help 對話框中：它不是顯示 let number: Int，而是顯示 let number: Int?。如果你也對前面三個範例做一樣的事，即使前面的範例可以正常動作，但你仍然看到顯示型態是 Int?。

那麼，到底發生了什麼事呢？我們將要介紹一個 Swift 中的功能，但這個功能在其他語言很少見，它叫做 *optional*。

Optional

到目前為止,我們用的都是某種型態的值,不論是我們手動輸入的值,或是從一個表達式取得的值。但在前一個範例中,當我們試圖將一個字串轉為整數時,我們得到的結果是 nil。

若變數可以呈現沒有值的狀態,通常是很好用的一件事。舉例來說,你也許有一個變數,它儲存了要顯示給使用者看的一個值,但你並不知道該值是什麼。如同我們前面看到的,Swift 的變數需要有一個值,所以一個可行的方案是用數字 0 代表"沒有值":確實,在很多語言中,這些語言包括 C、C++、Java 和 Objective-C,就是用 0 來代表沒有值。不過,這也造成了一個困擾:沒辦法分辨現在的值是 0,還是沒有值,萬一你想顯示的真的是 0 呢?

為了要解決這個問題,Swift 把"沒有值"和所有其他的值分得很清楚。"沒有值"就是 nil,和所有其他的值就是不一樣。

> 如果你原先使用的是 Objective-C,也許你記得 nil 被定義成為指向 0 的合法指標,這也代表它還是數值 0,所以在 Objective-C 中,你可以這麼做:
>
> ```
> int i = (int)(nil) + 2; // 等於 2(因為 0+2=2)
> ```
>
> 在 Swift 中就不能這麼做,因為 nil 和 Int 是不同的類別,不能相加。

別忘了 Swift 的變數是一定要給值的規則,如果你的變數想要享有偶爾被設定為 nil 的權利,就把它定成 *optional* 變數吧。在某些不確定的情況下,這方法還是蠻好用的(舉例來說,想從網路下載圖片時,你無法預期是否真的能得到圖片,還是會拿到一些垃圾)。想要定義 optional 變數,只要將問號(?)寫在型態宣告即可:

```
// optional 整數,可以被設定為 nil
var anOptionalInteger : Int? = nil
anOptionalInteger = 42
```

只有 optional 變數,可以被設定為 nil。如果變數不是宣告成 optional,它的值就不能被設定為 nil:

```
// 非 optional (一般),不可以設定為 nil
var aNonOptionalInteger = 42
// aNonOptionalInteger = nil
// 錯誤:只有 optional 才能設為 nil
```

如果你定義了一個可選變數，但沒給初始值，那預設值就會是 nil。

你可以用 if 述句查看 optional 變數中有沒有值：

```
if anOptionalInteger != nil {
    print("It has a value!")
}
else {
    print("It has no value!")
}
```

使用可選變數時，可以用！將值取出，但變數內容若本來就是空值，那你的程式就會出現執行時期錯誤，程式會當掉：

```
// Optional 型態要用！取值
anOptionalInteger = 2
1 + anOptionalInteger! // 3
anOptionalInteger = nil
// 1 + anOptionalInteger!
// 當掉：因為此時 anOptionalInteger = nil，不能對 nil 使用
```

如果不想每次使用時都要加驚嘆號，那可以把驚嘆號加在變數定義時，如下：

```
var implicitlyUnwrappedOptionalInteger : Int!
implicitlyUnwrappedOptionalInteger = 1
1 + implicitlyUnwrappedOptionalInteger // 2
```

被用隱式取值的 optional，它一樣還是個 optional：它仍然可能內含 nil 值，也有可能不是。差異是在這樣的寫了以後，編譯器就會每次自動幫你取值，這樣的寫法讓你可以直接使用它們的值，但這並不安全，因為裡面的值若還是 nil 的話，程式還是會當掉的。

隱式取值的 optional 讓你在使用時，不用做顯式取值的動作。這可能導致你忘了變數值可能為 nil 的事實，所以使用時請小心。

也可以使用 if-let 述句檢查 optional 變數是否有值，如果有值的話，將它的值指定給另外一個常數（普通）變數，然後再執行其他的程式碼。這個用法可幫你少寫幾行用來檢查 optional 變數是否有值的程式碼。

if-let 述句長得像：

```
var conditionalString : String? = "a string"
if let theString = conditionalString {
    print("The string is '\(theString)'")
}
else {
    print("The string is nil")
}
// 印出 "The string is 'a string'"
```

所以你的程式中會出現一堆 if-let，或一堆檢查什麼東西是不是 nil 的程式碼，你不會想要這些額外的負擔，但你還是需要一個用來使用 optional 值的方法。此時 *optional chaining*（可選鏈）就是一個可行的替代方案，幫你取出 optional 變數中的值。用法是將 ? 運算子放在 optional 變數的後面，然後像使用一般變數一樣使用這個 optional 變數，但若碰到值是 nil 的情況時，呼叫（或其他動作）會失敗，並回傳 nil，但此時就不會造成程式當掉了。optional chaining 用法如下：

```
var optionalArray : [Int]? = [1,2,3,4]
var count = optionalArray?.count
// count 是一個 optional Int 其值為 4
```

如果你把上面的 array 改為 nil，並重新執行程式，這次 count 就會是 nil，此時不會因為碰到 nil 而造成當掉：

```
optionalArray = nil
count = optionalArray?.count
// count 是 nil
```

如同 "optional chaining" 名稱的意思一樣，你可以串連許多個 optional，如果其中任何一個是 nil 的話，那述句就執行結束：

```
let optionalDict : [String : [Int]]? = ["array":[1,2,3,4]]
count = optionalDict?["array"]?.count
// count 是一個 optional Int 其值為 4
```

> 在 Swift 中有數個不同地方使用了符號 ? 和 !，但是意思都和搭配 optional 使用時差不多。一般來說，當你使用 ? 時，表示 "我想要試著執行這個，但若失敗也沒關係"，而使用 ! 時表示，"我知道這很危險，但我知道這行得通"。

Swift 也有一個 *nil-coalescing* 運算子，讓你可以在碰到 nil 時，改用另外一個預設值取代。舉例來說，假設你想要在一個 dictionary 中找一個特定的值，如果該值不存在，那你就改用預設值。你可以用 if 述句做到同一件事：

```
var values = ["name":"fred"]
var personsAge = "unspecified"

if let unwrappedValue = values["age"] {
    personsAge = unwrappedValue
}

print("They are \(personsAge) years old")
// 印出 "They are unspecified years old"
```

這樣寫是行得通的，不過對於這樣簡單的行為，寫成這樣顯得有點笨拙。你可以改為使用 nil-coalescing 運算子：

```
personsAge = values["age"] ?? "unspecified"
print("They are \(personsAge) years old")
// 印出 "They are unspecified years old"
```

這個用法不止是省下程式碼的量，而且它還可以生出一個非 optional 變數來當結果，接下來你就可以像使用一般變數一樣使用它了。

要做同一件事，還有另外一種作法值得一提。Swift 的 dictionary（但不止是 dictionary）支援了**預設**值的功能，這個預設值就是在指定的 key 找不到時，用指定的預設值取代。所以，以下的程式碼和前面一個範例是等效的：

```
personsAge = values["age", default: "unspecified"]
print("They are \(personsAge) years old")
// 印出 "They are unspecified years old"
```

 既然 dictionary 都已經有內建的方法可以處理這個情況了，為何我們還要用 dictionary 來示範 nil-coalescing 運算子的用法呢？我們這麼做的原因是因為，這是一個做出 nil 值最自然簡單的方法。採用 dictionary 的 default 是處理這個問題的最佳方法，但是其他的情況未必有相同的功能可以使用，這就是為什麼存在 nil-coalescing 運算子的原因。

轉型

Swift 是強型態語言，這代表當傳入物件到函式時，必須明確遵守函式宣告的參數型態。但有時你需要檢查物件實例的型態，或是依情況做型態轉換，此時就產生了轉型的需求。

使用 is 和 as 運算子可以檢驗型態，包括是否為繼承關係，即是不是某型態子物件的實例（我們會在第 70 頁的 "繼承" 裡再行說明）。你也可以用這些運算子來檢查一個型態是不是符合某個協定，在第 71 頁的 "Protocol" 裡會有更多說明。

一個你常會需要執行轉型和型態檢查的理由，是要處理 Any 型態的變數。Any 型態用來簡單代表 "我不知道這會是什麼型態"，通常會在集合型態裡裝載著多種混和型態時出現，舉例來說，下面是個 [String:Any] 型態的 dictionary：

```
let person : [String:Any] = ["name":"Jane","Age":26,"Wears glasses":true]
```

注意我們是顯式地宣告型態，通常在集合型態中使用混和型態元素不是個好主意，Swift 要求我們明確說明型態，以確認我們知道自己在做什麼。

由於 Any 型態讓你在變數中裝載任何值，所以可以做到以下這種少見的用法：

```
var anything : Any = "hello"
anything = 3
anything = false
anything = [1,2,3,4]
```

這在 Swift 中完全合法，但不是個好做法。在一個型態安全的語言中企圖繞過型態安全檢查將會導致錯誤，並很可能引發效能問題。別試圖去騙過 Swift 的型態系統，請好好善用它。

你可以使用 is 運算子去檢查變數是否為特定類別的實例，舉例來說：

```
let possibleString = person["name"]
if possibleString is String {
    print("\(possibleString!) is a string!")
} // 印出 "Jane is a string!"
```

as? 運算子可檢查變數是否屬於特定的類別，然後將它的值以該類別的 optional 值回傳：

```
if let name = person["name"] {
    var maybeString = name as? String
    // maybeString 是一個 optional String 值為 "Jane"

    var maybeInt = name as? Int
    // maybeInt 是一個 optional Int 值為 nil
}
```

使用 as! 運算子使用方法和 as? 一樣，除了它回傳的是指定型態的非 optional 值。如果回傳值不可被轉換成想要的型態，那就會讓程式當掉：

```
if let name = person["name"] {
    var maybeString = name as! String
    // maybeString 是一個 String 值為 "Jane"
}
```

 當你十分有把握自己正在轉換的值是正確的型態，而且不是 optional 時，你才去使用 as! 運算子，在你使用前先確認過，否則你將會讓自己的程式當掉！

函式和 Closure

在 Swift 中，你可用函式進行資料處理工作，函式讓你可以把程式碼編整成可重複利用的小塊區段，例如：

```
func sayHello() {
    print("Hello")
}
sayHello() // 印出 "Hello"
```

函式可以回傳一個值給呼叫它的人，當你定義一個會回傳值的函式時，你一定要用箭頭符號（->）指定回傳值的型態：

```
func usefulNumber() -> Int {
    return 123
}

let anUsefulNumber = usefulNumber() // 123
```

當 usefulNumber 函式被呼叫時，在兩個括號（{ 和 }）中間的程式碼會被執行。

你可以在小括中寫**參數**，藉以傳遞到一個函式中，參數就可以加入工作之中使用。當你為函式定義參數時，你一定也要定義參數的型態：

```swift
func addNumbers(firstValue: Int, secondValue: Int) -> Int {
    return firstValue + secondValue
}
let result = addNumbers(firstValue: 1, secondValue: 2) // 3
```

函式可以回傳單一個值，如同我們在前面所看過的，但如果做成 tuple 的型式，那麼函式也可以回傳多個值。而且，你可以為 tuple 中的值命名，讓它回傳之後更容易使用：

```swift
func processNumbers(firstValue: Int,
                    secondValue: Int) -> (doubled: Int, quadrupled: Int)
{
    return (firstValue * 2, secondValue * 4)
}
```

當你呼叫完一個會回傳 tuple 的函式後，你可以以索引或用名字（如果有名字的話）存取 tuple 中的值：

```swift
// 用索引數字存取：
processNumbers(firstValue: 2, secondValue: 4).1 // = 16
// 改用名字存取：
processNumbers(firstValue: 2, secondValue: 4).quadrupled // = 16
```

雖然你不一定要在回傳 tuple 裡做命名，但這樣是個好習慣。

預設上來說，Swift 函式的第二參數開始都要加名稱**標籤**，而且在呼叫時也必須加上標籤，你可以回顧上方範例的寫法：第二個參數前有 secondValue: 標籤，Swift 是故意加上這個規則的，目的是增加程式碼可讀性；當參數有標籤時，會更容易記得哪一個值對應到哪一個參數。不過，有時候參數意義很明顯時，你並不需要標籤來幫忙識別。此時你可以在宣告函式時，在參數名稱前面加上底線：

```swift
func subtractNumbers(_ num1 : Int, _ num2 : Int) -> Int {
    return num1 - num2
}
subtractNumbers(5, 3) // 2
```

在 Swift 裡如果看到底線的話，通常代表著 "我不在乎它是什麼" 的意思，其他的語言也有這樣相同的概念，如 Prolog。

預設來說參數的標籤就是參數名稱，不過你不想這麼做的話，可以另外自訂標籤。若複寫掉參數的預設標籤，方法是將自訂標籤寫在變數名稱的前面，像這樣：

```
func add(firstNumber num1 : Int, toSecondNumber num2: Int) -> Int {
    return num1 + num2
}
add(firstNumber: 2, toSecondNumber: 3) // 5
```

你也可以為參數設定預設值，這表示你在呼叫時可以忽略該參數。如果你這麼做了，在函式裡就可以直接使用預設值：

```
func multiplyNumbers2(firstNumber: Int, multiplier: Int = 2) -> Int {
    return firstNumber * multiplier;
}
// 呼叫時可以不傳遞帶有預設值的參數
multiplyNumbers2(firstNumber: 2) // 4
```

有些時候，你可能想要參數的數目不固定，這種參數稱為**不定數量參數**（*variadic parameter*）。使用不定數量參數的話，函式可以接受 0 到無限多個參數。要做出一個不定數量參數函式，就要使用 …（三個點）來指定參數數量不固定。而在函式的內部，不定數量參數會變成 array 的型式，你就可以像平常使用 array 的方法使用它：

```
func sumNumbers(numbers: Int...) -> Int {
    // 在這個函式中，'numbers' 是一個 Int 組成的 array
    var total = 0
    for number in numbers {
        total += number
    }
    return total
}
sumNumbers(numbers: 1,2,3,4,5,6,7,8,9,10) // 55
```

當使用不定數量參數時，可以愛傳多少就傳多少個參數。不過，你只能宣告一個不定數量參數，而且任何寫在不定量參數後面的參數，都必須有外部參數名稱。

一般來說，函式參數及回傳值是用傳值方法進行，也就是說參數值會在呼叫時進行複製，回傳值會在回傳時進行複製。不過，如果你用 inout 關鍵字來定義參數，你就可以傳參照，這麼一來，在函式中就可以直接變更變數的值，下面的範例就是使用這樣方法互換變數值：

```
func swapValues(firstValue: inout Int, secondValue: inout Int) {
    (firstValue, secondValue) = (secondValue, firstValue)
}
var swap1 = 2
var swap2 = 3
swapValues(firstValue: &swap1, secondValue: &swap2)
swap1 // 3
swap2 // 2
```

當你呼叫時，若想傳遞 inout 參數的話，你必須在前面加上 & 符號，這也能提醒你該值可能在呼叫函式後被改變。

把函式當成變數用

你可以將函式儲存在變數內，要怎麼做呢？首先你要宣告一個可以儲存函式及其參數與回傳值的變數。有了這種變數後，你就可將符合參數及回傳值的函式儲存進去了：

```
var numbersFunc: (Int, Int) -> Int
// numbersFunc 現在可以儲存任何宣告兩個 Int 參數並會回傳一個 Int 的函式了
// 使用之前定義的 'addNumbers' 函式
numbersFunc = addNumbers
numbersFunc(2, 3) // 5
```

函式參數也可以是其他函式，這表示你可以將函式合併起來：

```
func timesThree(number: Int) -> Int {
    return number * 3
}
func doSomethingTo(aNumber: Int, thingToDo: (Int)->Int) -> Int {
    // 從參數收到函式，在這個函式中被稱做 'thingToDo'
    // 將 'aNumber' 當作參數呼叫 'thingToDo' 並將結果回傳
    return thingToDo(aNumber)
}
// 指定 'timesThree' 函式給 'thingToDo'
doSomethingTo(aNumber: 4, thingToDo: timesThree) // 12
```

函式也可以用另外一個函式當作回傳值，所以你可以用函式來建立一個新的函式：

```
// 這個函式有一個 Int 參數，而且會回傳一個新函式，
// 新函式有一個 Int 型態的參數，並會回傳 Int
func createAdder(numberToAdd: Int) -> (Int) -> Int {
    func adder(number: Int) -> Int {
        return number + numberToAdd
    }
    return adder
```

```
    }
    var addTwo = createAdder(numberToAdd: 2)
    // addTwo 就是新函式，隨時可以被呼叫了
    addTwo(2) // 4
```

一個函式也可以 "保留住" 一個值，並且多次使用它。這個概念比較難懂一點，我們來
詳細說一下，請看下面的範例：

```
    func createIncrementor(incrementAmount: Int) -> () -> Int { ❶
        var amount = 0 ❷
        func incrementor() -> Int { ❸
            amount += incrementAmount ❹
            return amount
        }
        return incrementor ❺

    }
    var incrementByTen = createIncrementor(incrementAmount: 10) ❻
    incrementByTen() // 10 ❼
    incrementByTen() // 20
    var incrementByFifteen = createIncrementor(incrementAmount: 15) ❽
    incrementByFifteen() // 15 ❾
```

以下是範例程式的說明：

❶　createIncrementor 函式有一個 Int 參數，回傳值是一個沒有參數的函式，而且它要
　　回傳一個 Int。

❷　在函式中建立一個叫 amount 的變數，並且將值設為 0。

❸　在 createIncrementor 函式中，建了一個沒有參數並回傳 Int 的新函式。

❹　在新函式中，變數 amount 與 incrementAmount 相加，並且回傳，注意 amount 變數的
　　宣告是在函式之外。

❺　incrementor 函式現在回傳。

❻　現在 createIncrementor 函式已經準備好可以用來製作新的 incrementor 函式了。在
　　第一個例子中，建立了 incrementAmount 被設為 10 的新函式。

❼　每次呼叫時所建立的新函式，都會回傳上次回傳值再加 10。這其中的巧妙在於
　　createIncrementor 所回傳的函式保留了變數 amount 的值，所以每次它被呼叫時，
　　該值都會再加上 incrementAmount。

❽　　amount 變數並不會在不同函式間共用，所以當新的 incrementor 被建立時，就擁有自己的 amount 變數。

❾　　第二個函式回傳值每次增加 15。

這個 Swift 的功能可建立功能有如**產生器**的函式，每次呼叫都回傳不同的值。

Closure

Swift 另外一個特色是 *closure*（**閉包**），closure 功能是一個小範圍無名稱的程式碼區塊，用法類似函式，closure 適合用來傳入另外一個函式，以告訴另外一個函式該怎樣執行特定工作。為了理解 closure 的行為，我們先看一下內建的 sorted 函式：

```
let jumbledArray = [2, 5, 98, 2, 13]
jumbledArray.sorted() // [2, 2, 5, 13,98]
```

若要將一個 array 中小數字排在大數字之前，你可以提供一個 closure，然後使用該 closure 來決定兩個元素的排列關係，像這樣：

```
let numbers = [2,1,56,32,120,13]
var numbersSorted = numbers.sorted(by: {
    (n1: Int, n2: Int) -> Bool in return n2 > n1
})
// [1, 2, 13, 32, 56, 120]
```

closure 有一個特別的 in 關鍵字，這個關鍵字用來告訴 Swift 該如何區分 closure 的定義和程式碼實作。所以在這個例子中，定義部分是 (n1: Int, n2: Int) -> Bool，而實作的部分則為 return n2 > n1。

如果你熟悉 Objective-C，closure 和 block 很相似，in 關鍵字用法概念類似於 block 中的 ^ 語法。

closure 也可以和函式一樣使用參數，在前面的範例中，我們為 closure 指定參數名稱和型態。不過你也可以省略這動作，因為編譯器會為你推測參數的型態，模式和推測變數時一樣，注意看下方 closure 的參數型態被省略了：

```
let numbersSortedReverse = numbers.sorted(by: {n1, n2 in return n1 > n2})
//[120, 56, 32, 13, 2, 1]
```

你還可以更懶，連變數名稱都不給，如果你省略變數名稱的話，可以用數字來對應參數（第 1 個參數叫 $0，第二個叫 $1，以此類推），另外，如果你的 closure 只有一行程式碼的話，你可以忽略 return 關鍵字：

```
var numbersSortedAgain = numbers.sorted(by: { $1 > $0
}) // [1, 2, 13, 32, 56, 120]
```

最後，如果一個 closure 是呼叫函式時的最後一個參數，你可以將它放在括號外面，這純粹只是為了增加可讀性，完全不會改變 clousure 的行為：

```
var numbersSortedReversedAgain = numbers.sorted { $0 > $1
} // [120, 56, 32, 13, 2, 1]
```

要不要換行也是完全由你決定，你也可以寫成一行：

```
var numbersSortedReversedOneMoreTime = numbers.sorted { $0 > $1 }
// [120, 56, 32, 13, 2, 1]
```

和函式一樣，closure 可以被儲存在變數之中，也可以被呼叫：

```
var comparator = {(a: Int, b:Int) in a < b}
comparator(1,2) // true
```

一些便利的功能

身為一個新時代的程式語言，Swift 內建一堆的便利功能，其中 guard 和 defer 關鍵字是兩個特別有趣的功能。

Defer 關鍵字

有時候，你會想要等一陣子後才執行某些程式碼，舉例來說，如果你正在寫一段開啟檔案並改變檔案內容的程式碼，你應該要確認在你做完後，最後檔案會被關閉，這件重要的事很容易在工作間就被遺忘了。defer 關鍵字讓你寫的程式碼在稍後才被執行，讓你在寫啟動工作時，就在旁邊寫好收尾的程式。確切地來說，在目前程式流程離開有效範圍（scope）時（例如目前函式、迴圈等），才執行你放在 defer 區塊的程式碼：

```
func doSomeWork() {
    print("Getting started!")
    defer {
        print("All done!")
    }
    print("Getting to work!")
```

```
}
doSomeWork()
// 依序印出 "Getting started!"、"Getting to work!" 以及 "All done!"
```

事實上，defer 區塊是在最後一個 print 述句和結束括號中間執行的，這個功能在你前面做了一些暫時性的工作時特別好用，它可以去清理掉這些暫時性工作，然後再回傳值。

 defer 是資源管理技巧，並不是實作非同步程式碼的方法。

Guard 關鍵字

你經常會碰到需要先檢查特定情況是否存在後，再決定要不要執行程式碼狀況，舉例來說，如果你寫了一段程式想從銀行帳戶領錢出來，那你得先檢查銀行帳戶是否有足夠的錢。guard 關鍵字讓你可以定義一個必須通過的條件；相反地，如果這個條件沒有通過，就會執行另外一段程式碼。這聽起來和 if 述句很像，不過它的邏輯相反，也就是測試條件失敗了，guard 述句後面的程式碼才執行，否則就會中止目前流程。若身處在某函式之中，中止流程即表示立即從函式回傳，如果不回傳的話，將引發編譯器錯誤。guard 述句用來確保條件成立的話，後面的程式才可被執行：

```
func doAThing(){
    guard 2+2 == 4 else {
        print("The universe makes no sense")
        return
    }
    print("We can continue with our daily lives")
}
```

這個功能在你目前的工作必須要 optional 值存在時特別有幫助；你可以使用一個 guard 去取出 optional 值，讓函式後面的部分可以使用這個值。你也可以用 if-let 做到這件事，但使用 guard 的話，你可以避免程式縮排太多階層造成的問題，你可以保持程式縮排整齊、乾淨：

```
func doSomeStuff(importantVariable: Int?)
{
    guard let importantVariable = importantVariable else
    {
        // 變數必須要存在才能繼續
        return
    }
```

```
    print("doing our important work with \(importantVariable)")
}
doSomeStuff(importantVariable: 3) // 符合預期
doSomeStuff(importantVariable: nil) // 從 guard 述句離開函式的
```

Swift 風格程式碼

Swift 3.0 發布之後，Swift 社群也訂定一些規範，包括了如何命名你的程式與 API。完整的規範內容可以到 API Design Guidelines 網頁（*https://swift.org/documentation/api-design-guidelines/*）取得，它值得你一讀，不過總的來說重點就是要清晰，下面是一些可遵守的原則：

* 寫一個函式時，記得你雖然只寫它一次，但會用它許多次，所以取名時盡量簡單，而且取個不容易混淆的名字。舉例來說 remove(at:) 函式用來移除陣列中指定索引元素。程式碼在實際使用時長得像 anArray.remove(at: 2)，既清楚也不易混淆。但若我們只寫 anArray.remove(2)，將不容易分辨到底是要移索引 2 的元素，還是代表 2 的物件。

* 如果可以的話，讓你的函式名稱讀起來像是英文句子，anArray.insert(x at: y) 讀起來就比 anArray.insert(x index: y) 容易理解。另外，會改變原內容的函式命名成動詞，而將不改變值的函式以 "-ed" 或 "-ing" 結尾（例如：anArray.sorted() 會回傳改變後的陣列複本）。

* 最後，避免縮寫、簡稱或模擬兩可的字，只會讓程式以後更難懂，應避免使用，除非它是特定領域公認使用的字。

本章總結

在本章內容中，我們學習了 Swift 的基本程式概念，在下一章節中，我們將會繼續深入一些語言中更進階的部分，像是類別和結構、記憶體管理、資料處理與錯誤處理。然後我們會藉由建構一個 app 的方式繼續探索 Swift。

第三章

Swift 中的物件導向開發

前一章介紹完了 Swift 程式基礎後，在這一章我們要介紹 Swift 更進一步的功能，像是類別和結構、記憶體管理、檔案和外部資料處理以及錯誤處理，也會提到如何與 Apple 之前用的舊語言 Objective-C 間的互動。

Swift 是一種多範式程式語言，相容於多種不同的程式語言風格。這表示它可以用來當成物件導向程式語言使用，在撰寫物件導向程式時，你的工作大部分都在建立和操控物件，物件就是資料和程式碼的集合，用來代表一些要執行的工作或是儲存一些要用的資料。

類別和物件

Swift 就像 Objective-C、Java 和 C++（及其他程式語言）一樣，物件定義模板叫做類別，Swift 中的類別看起來像這樣：

```
class Vehicle {

}
```

每個程式語言（以及它相關的函式庫）都有一些偏好的物件導向特性，Swift 和 Cocoa 偏好在大多數時候使用 extension（擴展）和 protocol（協定），這兩種比使用繼承來的好。

類別包含了**屬性**（*property*）和**方法**（*method*），屬性是類別中的變數，方法是類別中的函式。在接下來的範例中的 Vehicle 類別會有兩種屬性：一種是 String 類型的 color 屬性，和 Int 類型的 maxSpeed 屬性，屬性的宣告方法和程式碼中變數宣告一樣：

```
var color: String?
var maxSpeed = 80
```

一個類別中的方法和一般的函式看起來一樣，只差它被定義在類別中而已。方法中的程式碼可以用 self 關鍵字存取同一類別的屬性，self 所參照到的是目前正在執行該段程式碼的物件：

```
func description() -> String {
    return "A \(self.color ?? "uncolored") vehicle"
}
func travel() {
    print("Traveling at \(maxSpeed) kph")
}
```

如果明確地知道該屬性屬於目前物件，你可以忽略 self 關鍵字。在前一個範例中，description 中使用了 self 關鍵字，但 travel 中就沒有使用。

> 在你自己的程式碼中，你應該統一自己使用 self 的習慣；例如只在必要時使用，或是一直都使用。維持一致性對於你在未來回頭閱讀自己的程式碼是很有用的一件事，而且其他人閱讀你的程式碼時，你也不見得能在旁邊解釋自己的程式碼是如何運作的。

當你將一個類別定義好時，你就可以用這個類別建立它的實例（稱為物件）了，每個實例都擁有各自的一套於類別中定義的屬性和方法。

舉例來說，若要建立 Vehicle 類別的實例，你必須建立一個變數，並呼叫類別的建構子，完成之後，你就可以開始使用該類別的函式和屬性了：

```
let redVehicle = Vehicle()
redVehicle.color = "Red"
redVehicle.maxSpeed = 90
redVehicle.travel() // 印出 "Traveling at 90 kph"
redVehicle.description() // = "A Red vehicle"
```

建構和解構

當你在 Swift 中建立一個物件時，會呼叫一個特別的**建構函式**，建構函式是一個方法，用來設定物件初始狀態用的，函式名稱為 init。

Swift 有兩種初始化建構器：**便利建構器**（*convenience initializer*）與**自訂建構器**（*designated initializer*），自訂建構器用來進行所有你必須做的事，使得物件達到可以使用的狀態，這些事通常都採用各種設定。而便利建構器如其名，藉由初始化過程中更多資訊的加入，將實例的準備工作變得更便利。便利建構器中必須呼叫自訂建構器。

除了建構器之外，你也可以在**解構器**（*deinitializer*）方法中，加入移除物件時想執行的程式碼。這個方法名為 deinit，解構函數在物件引用計數為 0 時執行（參考第 88 頁的 "記憶體管理"），從記憶體中移除物件之前呼叫，是物件被永久移除前最後動作的機會：

```swift
class InitAndDeinitExample {
    // 自訂建構器
    init () {
        print("I've been created!")
    }
    // 便利建構器，必須呼叫上方的自訂建構器
    convenience init (text: String) {
        self.init() // 這行一定要有
        print("I was called with the convenience initializer!")
    }
    // 解構器
    deinit {
        print("I'm going away!")
    }

}

var example : InitAndDeinitExample?

// 使用自訂建構器
example = InitAndDeinitExample() // 印出 "I've been created!"
example = nil // 印出 "I'm going away"

// 使用便利建構器
example = InitAndDeinitExample(text: "Hello")
// 印出 "I've been created!" 然後印出
//   "I was called with the convenience initializer"
```

當建構器無法建構物件時，建構器可回傳 nil。舉例來說，假設有一個 URL 類別，它的建構器能接收字串參數，並將該字串轉為 URL；如果傳入的字串不是合法的 URL，那麼建構函式就要回傳 nil。我們在稍早將一個型態轉換為另外一個型態時，就使用過了：

```
let three = Int("3") // 3
```

若想建立一個能回傳 nil 的建構器，也就是**可失敗建構器**（*failable initializer*），請將問號放在 init 關鍵字的後面，並在無法建構物件的情況 return nil：

```
// 這是允許失敗的便利建構器，失敗時回傳 nil
// 注意在 init 之後的 ?
convenience init? (value: Int) {
    self.init()

    if value > 5 {
        // 無法初始化物件，回傳 nil 表示有錯誤發生
        return nil
    }

}
```

在使用可失敗建構器，不論建構是否成功，它回傳的是都是 optional 變數：

```
var failableExample = InitAndDeinitExample(value: 6) // nil
```

屬性

類別將資料儲存在**屬性**（*property*）中，前面提過屬性存在類別的實例中，可能是個變數或常數，類別中的屬性通常長得像這樣：

```
class Counter {
    var number: Int = 0
}
let myCounter = Counter()
myCounter.number = 2
```

最基本的屬性，被稱為**儲存屬性**（*stored property*），這種屬性就是將一個變數當成是儲存在物件中的一個值，例如稍早 Vehicle 類別中的 maxSpeed 屬性。你在宣告儲存屬性時，並不需要給定它的值，但所有非 optional 的儲存屬性**必須**在自訂建構器結束工作前，擁有一個值。這個特性對於沒那麼重要的預設值，而且之後會從建構器取得該屬性正確值的情況特別好用：

```
class BiggerCounter {
    var number : Int
    var optionalNumber : Int?

    init(value: Int) {
        number = value
        // self.number 現在有值了
        // self.optionalNumber 沒有值
    }
}
var anotherCounter = BiggerCounter(value:3)
anotherCounter.number // 3
```

計算屬性

在前面例子中，屬性是儲存於物件中的簡單值，不過其實屬性還可以有更多變化，包括可以使用程式碼去算出屬性的值，這種屬性被稱為**計算屬性**（*computed property*），你可以利用它為儲存在你的類別中的資訊提供一個簡單介面。

舉例來說，若有個類別表示方形，它有 **height**（長）和 **width**（寬）兩種屬性，如果能有一個代表面積的屬性就很實用，但你又不想增加第三個屬性。此時，你可以使用計算屬性取代，從外部看來，計算屬性和一般屬性相同，但是在類別的內部其實是有一個函式在必要時進行計算。

要定義一個計算屬性的話，和宣告儲存屬性一樣，要先宣告一個變數，然後在它後面加上大括號（{ 與 }），在大括號中間，你要寫一個 **get** 節區以及一個 **set** 節區：

```
class Rectangle {
    var width: Double = 0.0
    var height: Double = 0.0

    var area : Double {
        // 取得計算
        get {
            return width * height
        }

        // 設定計算
        set {
            // 假設各維度上大小相等 （例如：正方形）
            width = sqrt(newValue)
            height = sqrt(newValue)
        }
```

```
    }

  }
```

幫計算屬性建立 set 節區時，你會透過一個叫 newValue 的常數變數，得到傳入 set 節區的新值。

在前面的例子中，我們將長寬相乘得到面積。該屬性也可以被設定（前提假定為方形），程式碼假設你要的是正方形，然後幫你將值開根號取長寬值。

計算屬性在使用時與儲存屬性相同：

```
let rect = Rectangle()
rect.width = 3.0
rect.height = 4.5
rect.area // 13.5
rect.area = 9 // 長和寬都是 3.0
```

很多種計算屬性，都不適合設定值，例如集合型態的 count 屬性。在這些情況下，你只要建立簡化版的計算屬性即可：

```
var center : (x: Double, y: Double) {
    return (width / 2, height / 2)
}
```

存取方法也仍然和其他屬性一致，只差在不能進行值設定而已：

```
rect.center // (x: 1.5, y: 15)
```

屬性監視器

在使用屬性時，你常會想在某個屬性值改變時配合執行一些程式碼。為了要知道屬性有沒有改變，Swift 讓你增加屬性監視器（*observer*）。它是一小塊程式碼，可以在屬性改變前或後執行。要建立屬性監視器的話，就在屬性名稱後面加上大括號（和建立計算屬性時一樣），然後加上 willSet 與 didSet 節區，這兩節區分別都有一個參數，willSet 會在屬性改變前被呼叫，參數值是要被設定的值，而 didSet 的參數則是舊的值：

```
class PropertyObserverExample {
    var number : Int = 0 {
        willSet(newNumber) {
            print("About to change to \(newNumber)")
        }
        didSet(oldNumber) {
            print("Just changed from \(oldNumber) to \(self.number)!")
```

```
            }
        }
    }
```

屬性監視器不會干涉你操作屬性，它只是單純的讓你在屬性被改變前或後加上更多功能
而已：

```
var observer = PropertyObserverExample()
observer.number = 4
// 印出 "About to change to 4" 然後再印出 "Just changed from 0 to 4!"
```

延遲屬性

你也可以讓一個屬性延遲，延遲屬性（lazy property）是一種首次存取時才讓屬性達到
可用程度的一種屬性。可讓你分散類別的初始化工作以爭取時效。定義延遲屬性的方法
就是將 lazy 關鍵字放在宣告之前即可。不重要或非常吃資源的類別屬性，延遲載入這
一招對於節省的資源花費十分有用；在屬性尚未需要被使用前就急著將它們準備好並沒
有太大意義，特別是對那些幾乎很少用的屬性來說更是如此。

在下面的範例中可以看到延遲屬性的行為。範例中有兩個型態相同的屬性，其中一個是
延遲屬性：

```
class SomeExpensiveClass {
    init(id : Int) {
        print("Expensive class \(id) created!")
    }
}

class LazyPropertyExample {
    var expensiveClass1 = SomeExpensiveClass(id: 1)
    // 注意我們真的有建構這個類別
    // 只是它標示了 lazy
    lazy var expensiveClass2 = SomeExpensiveClass(id: 2)

    init() {
        print("Example class created!")
    }
}

var lazyExample = LazyPropertyExample()
// 先印出 "Expensive class 1 created"，然後再印出 "Example class created!"

lazyExample.expensiveClass1 // 什麼也不印，因為它已被建構了
lazyExample.expensiveClass2 // 印出 "Expensive class 2 created!"
```

在這個範例中，當 lazyExample 變數被建立時，它會馬上建立 SomeExpensiveClass 的第一個實例，不過第二個屬性 expensiveClass2 則要實際存取時，才會去建立實例。

延遲屬性只能宣告為 mutable 變數；你不能在程式中使用 lazy let 宣告變數。

繼承

當你定義一個類別，你可以再定義另外一個類別去**繼承**（*inherit*）它。當一個類別繼承了其他的類別（或稱**父**類別），它會得到父類別的方法與屬性。在 Swift 中，類別只能單一繼承。這一點與 Objective-C 是相同的，但是與能**多重繼承**的 C++ 則是不相同的。

由於 Swift 大量使用 extension（擴展）和 protocol（協定），所以不能多重繼承影響並不大，而且還可以讓你避免多重繼承所可能引發的陷阱。

若要讓一個類別繼承另外一個類別的話，你就在類別後面加上父類別名字，如下：

```
class Car : Vehicle {
    var engineType = "V8"

}
```

一個類別繼承父類別之後，可以**覆寫**（*override*）父類別的方法，這表示子類別可以藉由繼承得到大部分的功能，也可以建立屬於自己的功能。舉例來說 Car 類別擁有 engineType 屬性，唯有 Car 的實例才會擁有這個屬性。

若要覆寫一個方法，就在你的類別中加上 override 關鍵字並且重新宣告方法，如此一來編譯器就會知道你不是不小心用到與父類別同名的方法，而是有意為之。

在被覆寫的新函式中，常常會需要呼叫父類別裡的既有函式，你可以透過 super 關鍵字來呼叫父類別的方法：

```
// 繼承類別可以複寫方法
override func description() -> String  {
    let description = super.description()
    return description + ", which is a car"
}
```

Protocal

可以把 *protocal*（協定）想成是對一個類別的要求列表，當你定義一個 protocal 時，其實是在列出類別必須宣告的一堆屬性和方法。若沒有照 protocal 規定進行實作的話，就會引發編譯器錯誤。

 在 Swift 和 Cocoa 函式庫中大量的使用 protocal。語言中許多功能都是通過遵守各種 protocal 建構的，最常見的一個設計模式就是 *delegation*（委派），就是透過 protocal 實作的。

protocal 看起來和類別很像，除了你不需要撰寫任何程式碼之外——你只需要建立用來描述要實作哪些屬性和函式，以及規範它們的存取介面即可。

舉例來說，如果你想要建立一個 protocal，這個 protocal 描述一個物件閃爍，你可以這麼做：

```
protocol Blinkable {
    // 這個屬性（至少要）可以被讀取
    var isBlinking : Bool { get }

    // 這個屬性可以被寫入以及讀取
    var blinkSpeed: Double { get set }

    // 這方法要存在，但實作程式內容由實作者決定
    func startBlinking(blinkSpeed: Double) -> Void
}
```

有了 protocal 之後，你就可以建立 *符合* protocal 的類別了。當一個類別符合一個 protocal，就是向編譯器保證，它會依 protocal 實作了所有方法和屬性。除了 protocal 規定的內容之外，它還可以寫更多其他內容，也可以宣告符合多種 protocal。

繼續我們上面的範例，你可以建立符合 `Blinkable` protocal 的 `TrafficLight` 類別。要記得，protocal 的主要功能就是規定類別必須做到 *什麼*，至於 *怎麼* 實作功能由新類別自行決定：

```
class TrafficLight : Blinkable {
    var isBlinking: Bool = false

    var blinkSpeed: Double = 0

    func startBlinking(blinkSpeed: Double) {
```

```
        print("I am a light and I am now blinking")

        isBlinking = true

        self.blinkSpeed = blinkSpeed
    }
}
```

使用 protocal 的好處是，你可以使用 Swift 的型態系統，只要是符合指定 protocal 的物件，就可以參照。這很好用，因為你只在意一個物件是否符合 protocal，不管實際上是哪種物件，只要它符合 protocal 就可以參照：

```
class Lighthouse : Blinkable {
    var isBlinking: Bool = false

    var blinkSpeed : Double = 0.0

    func startBlinking(blinkSpeed : Double) {
        print("I am a lighthouse, and I am now blinking")
        isBlinking = true

        self.blinkSpeed = blinkSpeed
    }
}

var aBlinkingThing : Blinkable
// 可以指定任何符合 Blinkable protocal 的物件

aBlinkingThing = TrafficLight()

aBlinkingThing.startBlinking(blinkSpeed: 4.0)
// 印出 "I am a light and I am now blinking"
aBlinkingThing.blinkSpeed // = 4.0

aBlinkingThing = Lighthouse()
```

 由於 protocal 本身也是個型態，所以也可以去符合另外一個 protocal，這個特性讓你可以藉由組合大量 protocal，建構出一個複雜的 protocal。要讓一個 protocal 符合另外一個 protocal 的做法，和讓一個類別符合一個 protocal 類似：

```
protocol ControllableBlink : Blinkable {
    func stopBlinking()
}
```

Extension

在 Swift 中,你可以**擴展**既有的型態並增加方法或計算屬性,這個功能在 Swift 中大量的被使用,也是一般在為一個類別加上新功能時,比繼承更為人採用的方法。在大部分的標準函式庫以及 Cocoa 中,都以 extension 取代繼承,這個特點在以下兩種情況特別好用:

- 你用了其他人寫的類型,你無法存取或是不想修改他的原始碼,但是又想加新功能時。

- 你用了自己寫的類別,想將功能區分開以增進可讀性。

extension 讓你輕鬆地做到以上兩種事。

即使在大部分時間中,你應該選 extension,但繼承仍然有它的功用。總的來說,如果你想做的功能,和現有類別互動的方法不同,那麼就該用繼承。如果你只是想加入一些額外功能,並不會改變該類別的核心的話,那就該用 extension。

UIKit framework 裡的 UIButton 類別是一個很好的範例;它代表一個你可以點擊的按鈕,是 UIView 的子類別。要為 view 加上一個按鈕的互動功能,讓你改變對它的觀感,雖然按鈕只是一個可以互動的 view,但由於它讓你覺得是不同的東西,所以在這個情況使用繼承會比較適合。

在 Swift 中,你可以對**任何**型態做擴展,也就是說你可以擴展你寫的類別,也可以擴展內建的型態,如 Int 或 String 等。

Swift 中有更多關於哪些你可以擴展,哪些不能擴展的規定;我們會在第 75 頁的 "存取控制" 中討論更多。

要建立一個 extension,請在你想擴展的型態前使用 extension 關鍵字。舉例來說,如果想為內建的 Int 型態加入方法和屬性,那你應該這麼做:

```
extension Int {
    var double : Int {
        return self * 2
    }
    func multiplyWith(anotherNumber: Int) -> Int {
```

```
        return self * anotherNumber
    }
}
```

完成一種型態的擴展後，你在 extension 中所增加的方法與屬性，這型態的每個實例都可以使用了：

```
2.double // 4
2.multiplyWith(anotherNumber: 5) // 10
```

 你只能增加 extension 中的計算屬性，在目前你不能增加儲存屬性。

你可以擴展類別使它符合協定。舉例來說，你可以做以下修改讓 Int 型態符合之前用過的 Blinkable 協定：

```
extension Int : Blinkable {
    var isBlinking : Bool {
        return false;
    }

    var blinkSpeed : Double {
        get {
            return 0.0;
        }
        set {
            // 啥也不做
        }
    }

    func startBlinking(blinkSpeed : Double) {
        print("I am the integer \(self). I do not blink.")
    }
}
2.isBlinking // = false
2.startBlinking(blinkSpeed: 2.0)
// 印出 "I am the integer 2. I do not blink."
```

extension 和 protocal 好用的功能，是讓你可以為你的協定提供**預設實作**。一個預設實作是讓你在協定中寫部分的實作，讓想要符合協定，但又不打算實作該協定的功能時使用：

```
extension Blinkable
{
    func startBlinking(blinkSpeed: Double) {
        print("I am blinking")
    }
}
```

有了 Blinkable 的預設實作後，如果我們建立一個新的類別，但沒有撰寫裡面的方法的話，還是可以正常工作：

```
class AnotherBlinker : Blinkable {
    var isBlinking: Bool = true

    var blinkSpeed: Double = 0.0
}
let anotherBlinker = AnotherBlinker()
anotherBlinker.startBlinking(blinkSpeed: 3) // 印出 "I am blinking"
```

提供預設實作和實作協定中 optional 部分，是不同的兩件事。協定中 optional 部分，並不一定要實作，而預設實作則是當你沒有實作時執行的程式碼。Swift 不支援宣告部分協定為 optional，但你還可以使用 optional 關鍵字，這個關鍵字是 Objective-C 用來處理 optional 的部分所用的。意思是如果你將你的 protocol 中某部分宣告為 optional，除非你用的是 Objective-C 並搭配 runtime 函式庫，否則你無法使用。

存取控制

Swift 有數種不同的存取控制層級，在我們進入這個主題之前，先要簡單的說明 *module* 和 *source* 檔案。一個 module 是建置時的一個連續程式碼區塊，例如一個函式庫，或是像一個應用程式。你的應用程式一般會有自己的 module，所使用的函式庫也會有自己的 module。在 Swift 中你匯入的任何東西都是一個 module。依你過去寫程式的經驗，你可能習慣在程式碼中使用 include 述句，以確保不會重複匯入同一個東西很多次。在 Swift 中你不用擔心這件事。module 可以聰明地處理潛在的匯入衝突，讓你可以專注在做好 app 這件事上！source 檔就很好懂了；它是一個你寫了 Swift 程式碼的實際檔案。module 和 source 檔案是 Swift 中存取控制可以操作的兩種不同程式碼區塊。

Swift 定義了五階的存取控制，用來決定哪些程式可以存取哪些資訊：

open 和 public

open 和 public 兩者間很相似：目前 module 以及匯入目前 module 的 module，它們的程式碼，可以存取所有的類別、方法和屬性。舉例來說，你用來建立 iOS app 所用的 UIKit 中的所有類別，它們都是 public。

internal

定義為 internal 的項目（資料與方法）只能在它們被定義的同一個 module 內存取。這就是你不能存取 UIKit 內部的原因，它們都被定義成只能在 UIKit framework 才能使用。internal 也是預設的存取層級：如果你沒有指定層級的話，那預設就會被訂為 internal。

fileprivate

被定義為 fileprivate 的項目只能在目前同一個 source 檔案中被存取，這表示你所建立的類別可以對其他同 module 內的類別隱藏自己的內部內容。這有助於保持這些類別相互曝露的部分最小化，同時仍允許你在同一個檔案中散布和使用你的類別實作。

private

被定義為 private 的項目，只能在同一個 scope 中存取（這也是最嚴格的一個存取層級）。這表示你建立的函式和物件內部內容，在同一個 module 或檔案裡的其他任何東西保持隱形。藉由設定 private，你可以不讓別人碰觸到你的程式碼內容，只有同一個檔案中的擴展是例外，這表示你可以將一個類別中的方法或屬性宣告成 private，就沒有其他程式可以存取這個方法了。

 如果你好奇 open 和 public 間的差異為何，它們之間的差異在於，當被匯入其他 module 時兩者的運作不同。

如果你的類別被標記為 public，它雖然可以被其他 module 使用，但只限於繼承本身 module 的那些 module，而被標記為 open 類別，則不限定一定要有繼承關係，就可以被其他 module 使用或繼承。

方法和屬性可以使用的存取層級，必須考慮它們所屬類別的層級，比方說，你不能把一個方法的層級定的比它的類別還開放。舉例來說，你不能在一個 private 類別中，把方法定為 public。

若要指定一個類別的存取層級，你要將適當的關鍵字，放在 class 關鍵字前面。例如要設定一個叫 AccessControl 的類別存取層級為 public，你就這麼寫：

```
public class AccessControl {

}
```

所有的屬性和方法預設層級都是 internal，不過，你還是可以顯式地定義一個項目為 internal，不過這是多此一舉：

```
internal var internalProperty = 123
```

不過，如果將類別定義成 private 或 fileprivate 類別時，若你未宣告成名的存取層級的話，那成員的層級就被設為 private 或 fileprivate，而不再是 internal 了。因為成員的層級不能比類別的層級還要公開。

如果你將方法或屬性定為 private，它就只能在同一個 scope 中被存取：

```
private class PrivateAccess {
    func doStuff() -> String {
        return "Private Access is doing stuff"
    }
}
private let privateClass = PrivateAccess()

func doAThing()
{
    print(self.privateClass.doStuff())
}
```

如果你試圖去使用它，就會由 public 和 internal 包裝函式去處理這次的存取：

```
let accessControl = AccessControl()
accessControl.doAThing() // 印出 "Private Access is doing stuff"
// accessControl.privateClass
// 違規存取，它不能從
// AccessControl 的外部被存取
```

private 和 fileprivate 的差異不容易一眼就看穿，但 private 遠比 fileprivate 還隱密，只能在一個 scope 內存取，而 fileprivate 較為寬容。舉例來說，假設我們建立另外一個和前面 private 類別相似的類別：

```
fileprivate class FileAccess {
    func doStuff() -> String {
        return "File private access is doing stuff"
```

```
        }
    }
    fileprivate let fileClass = FileAccess()
    func doAFilePrivateThing()
    {
        print(self.fileClass.doStuff())
    }
```

我們用和前一個範例相同的方法去使用它，但由於它的可存取層級限定在 source 檔案層級，所以我們可以存取到它的內部，和只能在同一個類別內部存取的 **private** 類別不同：

```
accessControl.doAFilePrivateThing()
accessControl.fileClass.doStuff()
```

最後，你可以利用 private 將屬性的介面設定為唯讀：

```
private(set) var privateSetProperty = 234
```

這表示你可以自由地讀取該屬性值，但在類別的外部不能變更它：

```
accessControl.privateSetProperty // 234
// accessControl.privateSetProperty = 4
// 試圖執行上面那一行會得到錯誤！
```

 如果屬性的設定介面不用 private，而改用 fileprivate 的話，你還是可以在同一個 source 檔案中去改變該屬性的值，這在你開發你的程式碼時很好用，但想想在 playground 中快速使用它就變困難了！

雖然技術上來說不算是個存取層級，但 Swift 讓你也可限制繼承子類別方法和屬性，**final** 關鍵字可避免子類別中的成員或類別被覆寫：

```
final class FinalClass {}

// class FinalSubClass : FinalClass {}
// 錯誤：繼承自 final 類別 'FinalClass'
```

如果只想限制部分的話，也不需要鎖定整個類別：

```
class PartiallyFinalClass {
    final func doStuff(){
        print("doing stuff")
    }
}
```

```
class PartiallyFinalSubClass : PartiallyFinalClass {
    // override func doStuff() { print("Doing different stuff") }
    // 錯誤：實例方法覆寫了 'final' 實例方法
}
```

運算子多載和自訂運算子

運算子實際上是一個函式,這個函式運作時可以接受一或兩個值,然後回傳一個值。一如其他的函式一樣,運算子也可以做多載。舉例來說你可以改變 + 號處理 Int 時的行為:

```
extension Int {
    static func + (left: Int, right: Int) -> Int {
        return left * right
    }
}
4 + 2 // 8
```

 這個改寫範例是很糟的主意;實際上請不要這麼做!

Swift 讓你定義新的運算子,或是為你的型態對既有的運算子做多載,也就是說如果你有新類型的資料,你可以用已存在的運算子或是你自己寫的新運算子對資料進行動作。

舉例來說,假如你有個叫 Vector2D 的物件,它能儲存兩個浮點數:

```
class Vector2D {
    var x : Float = 0.0
    var y : Float = 0.0

    init (x : Float, y: Float) {
        self.x = x
        self.y = y
    }
}
```

如果你想要用 + 號將你的實作相加的話,你需要提供一個 + 函式實作:

```
func +(left : Vector2D, right: Vector2D) -> Vector2D {
    let result = Vector2D(x: left.x + right.x, y: left.y + right.y)

    return result
}
```

然後就可以用了：

```
let first = Vector2D(x: 2, y: 2)
let second = Vector2D(x: 4, y: 1)

let result = first + second
// (x:6, y:3)
```

你也可以建立新的運算子，你需要先定義運算子是哪一種，可以是**中序**（*infix*）、**後序**（*postfix*）、或**前序**（*prefix*）：

```
infix operator •
```

 中序運算子就是寫在兩個變數中間（例如 var1 * var2），後序運算子寫在一個變數後面（例如 var1!），而前序運算子則是寫在變數前面（例如 -var1）。

然後，和改寫 + 運算子時一樣，你需要提供新功能的程式碼：

```
func •(left : Vector2D, right: Vector2D) -> Vector2D {
    let result = Vector2D(x: left.x * right.x, y: left.y * right.y)

    return result
}
```

然後就可以開始使用了：

```
first • second // (x: 6, y: 2)
```

 我們只簡單的介紹 Swift 中關於運算子的簡單功能，更多關於運算子的詳情和進階功能，請看官方文件中 "Advanced Operators"（*https://apple.co/2CDTaI0*）小節。

下標

當你使用 array 和 dictionary 時，你會用中括號（[和]）去告訴 Swift 你想要用的東西是集合型態中的哪部分，這個方法稱為**下標**（*subscript*）。下標也可以應用在你自有的類別與型態上。

你必須使用 subscript 關鍵字，為下標定義取得和設定值的意義為何。比方說，如果我們想要取得 UInt8 中的某一個位元，你可以利用下標來實作：

```
// 擴展 unsigned 8-bit 整數型態
extension UInt8 {
    // 允許對 UInt8 型態執行下標動作
    subscript(bit: UInt8) -> UInt8 {
        // 這是當你做 "value[x]" 時會執行的事情
        get {
            return (self >> bit & 0x07) & UInt8(1)
        }

        // 這是當你做 "value[x] = y" 時會執行的事情
        set {
            let cleanBit = bit & 0x07
            let mask : UInt8 = 0xFF ^ (1 << cleanBit)
            let shiftedBit = (newValue & 1) << cleanBit
            self = self & mask | shiftedBit
        }
    }
}
```

有了這些程式碼後，你就可以藉由讀或寫來存取一個值中的各個位元了：

```
var byte : UInt8 = 212

byte[0] // 0
byte[2] // 1
byte[5] // 0
byte[6] // 1

// 變更最後一個位元
byte[7] = 0

// 值被改變了
byte // 84
```

泛型

Swift 是一種強型別語言，意思是 Swift 的編譯器必須明確的知道你程式碼中所使用的型態。

不過，這相對來說也損失了一些彈性，假設你現在想要寫一個叫做 Tree 的類別，要寫一堆程式碼處理字串，另外一堆處理日期，另外一堆處理整數，另外一堆處理布林值，另外一堆…，實在是很煩人。

所以，這時就要用**泛型**（*generic*）了，它讓你寫程式時不用精確的指定要處理的資訊是**什麼**。拿陣列打比方好了：它不關心儲存的東西是什麼型態，只關心要把東西照順序放好，陣列就是一個泛型。

要建立一個泛型型別，你一樣將你的類別取好名字後，在類別名稱後面加上 <>，裡面寫一種型態，通常裡面那個型態會寫 T，不過其實你可以放任何你想放的文字。舉例來說，若想建立一個 Tree 泛型物件，內容包括了一個值與任意個子 Tree 物件，你可以這麼寫：

```
class Tree <T> {
    // 在類別內，現在 'T' 會被當成一種類型

    // 'value' 是 T 型態的變數
    var value : T

    // 'children' 是一個裝載 Tree 物件的陣列
    // 該陣列的型態和本物件是相同的
    private (set) var children : [Tree <T>] = []

    // 我們支援用 T 型態的一個值初始化這個物件
    init(value : T) {
        self.value = value
    }

    // 也可以加入一個子節點到我們的子清單中
    func addChild(value : T) -> Tree <T> {
        let newChild = Tree<T>(value: value)
        children.append(newChild)
        return newChild
    }
}
```

 當使用泛型時，為泛型取一個能搭配的好記名字是很值得的一件事。

建好泛型之後，你就可以搭配不同型態使用了。比方說，剛才建立的 Tree 泛型，就可以建立一個指定接受 Int 變數，再建另一個指定接受 String 變數：

```
// Tree 搭配整數使用
let integerTree = Tree<Int>(value: 5)

// 可加入內含整數的子項
integerTree.addChild(value: 10)
integerTree.addChild(value: 5)

// Tree 搭配字串使用
let stringTree = Tree<String>(value: "Hello")

stringTree.addChild(value: "Yes")
stringTree.addChild(value: "Internets")
```

結構

到目前為止，我們講過的東西都可以用在類別上，不過 Swift 中還有另外一種概念：結構（*structure*）。結構大部分都和類別非常相似：你可以放入屬性和方法、它們有建構器、通常它們的行為都像是物件，這些就跟類別一樣。迄目前為止我們討論過的每樣東西——泛型、下標、建構器、協定遵守和 extension，都和類別一模一樣。不過結構和類別還是存在兩個主要的不同：

- 結構不能繼承，你不能製作一個結構去繼承另外一個結構的方法和屬性。
- 當你把結構在程式碼裡傳來傳去時，永遠都是用複製的方法進行。

 我們在本章中創建的許多類別，如果改為建立成結構會更適合，特別是 Vector2D 和 Rectangle 類別。

結構長得像這樣，它使用 struct 關鍵字：

```
struct Point {
    var x: Int
    var y: Int
}
```

此外，如果沒有自行提供建構器的話，結構會從編譯器取得一個建構器，稱為**成員建構器**（*memberwise initializer*）：

```
let p = Point(x: 2, y: 3)
```

 在 Swift 中，結構是屬於一種值型態，它在傳遞時總是以複製的方法進行。Swift 中的一些型態如 Int、String、Array 與 Dictionary 都是由結構實作而成的。

結構是值型態，而類別是參照型態，它們之間的差異在多重參照到單一值時就變得很明顯了。假設我們有內容幾乎相同的一個結構和一個類別：

```
struct NumberStruct {
    var number : Int
}
class NumberClass {
    var number : Int

    init(_ number: Int) {
        self.number = number
    }
}
```

如果我們各取得它們的兩個實例，一開始它們表現的很平常：

```
var numberClass1 = NumberClass(3)
var numberClass2 = numberClass1
numberClass1.number // 3
numberClass2.number // 3

var numberStruct1 = NumberStruct(number: 3)
var numberStruct2 = numberStruct1
numberStruct1.number // 3
numberStruct2.number // 3
```

不過，當我們改變其值時，我們可以看到此時結構和類別的差異：

```
numberStruct2.number = 4
numberStruct1.number // 3

numberClass2.number = 4
numberClass1.number // 4
```

錯誤處理

電腦程式有錯誤是很正常的事，當錯誤發生時，你必須要妥善處理它們，Swift 把錯誤處理設計的很簡單又可靠。

如果你使用 Objective-C 或是 Swift 1.0，那麼錯誤處理的系統是不同的。在之前的版本中，可以將 NSError 物件的指標傳來傳去；當錯誤可能發生處，你可以將 NSError 物件當成參數傳進去，如果真的發生錯誤時，你就將相關訊息填寫到 NSError 中。

 這個行為在 Cocoa 函式庫中仍然存在，你未來時不時還是會遇到它。

這個行為曾經很強大，因為它可以將一個方法的回傳值與可能的錯誤訊息分離，不過它的缺點是很容易會忘了查看 NSError 物件。Swift 2.0 換掉了這個系統，雖然新方法讓程式開發者多做一點事情，不過也增加了程式碼可讀性，藉由確認所有錯誤都有被補捉，所以也更安全，又不需要和指標糾纏（也就是說**不會再指標亂用問題**）。

在 Swift 中，錯誤就是符合 Error 協定的任何型態東西。Error 協定不需要實作任何函式或屬性，這也表示任何類別、列舉或結構也可以當成錯誤來使用。所以當你的程式碰到錯誤情況時，就拋出錯誤即可。

 Swift 為了相容性，將 Objective-C 的 NSError 也定義成符合 Error 協定，表示它也可以像其他的錯誤一樣被丟出。

舉例來說，讓我們定義一個 enumeration，列舉出一個銀行帳戶可能會碰到的所有問題。藉由將該 enumeration 定成符合 Error 協定，我們可以它當成錯誤丟出：

```
enum BankError : Error {
    // 餘額不足
    case notEnoughFunds

    // 餘額不能為負值
    case cannotBeginWithNegativeFunds

    // 提款及存入金額不能為負值
    case cannotMakeNegativeTransaction(amount:Float)
}
```

在實作可以拋出錯誤的函式時，必須在函式回傳值後加上 throws 關鍵字：

```swift
// 一個簡易的帳戶類別
class BankAccount {

    // 帳戶裡的餘額
    private (set) var balance : Float = 0.0

    // 將帳戶初始為一個金額
    // 如果指定負值則拋出錯誤
    init(amount:Float) throws {

        // 確保金額不為負值
        guard amount > 0 else {
            throw BankError.cannotBeginWithNegativeFunds
        }
        balance = amount
    }

    // 存入一些錢
    func deposit(amount: Float) throws {

        // 確認我們存入的是非負金額
        guard amount > 0 else {
            throw BankError.cannotMakeNegativeTransaction(amount: amount)
        }
        balance += amount
    }

    // 從帳戶中提取金額
    func withdraw(amount : Float) throws {

        // 確認提取的金額非負值
        guard amount > 0 else {
            throw BankError.cannotMakeNegativeTransaction(amount: amount)
        }

        // 確認有足夠額餘
        guard balance >= amount else {
            throw BankError.notEnoughFunds
        }

        balance -= amount
    }
}
```

當你呼叫帶有 throws 宣告的函式、方法或建構器時，你需要將呼叫程式碼包夾在 do-catch 區塊中，在這個 do 區塊中，你呼叫可能會丟出錯誤的方法；每次你這麼做時，你需要在可能丟出錯誤的那一行呼叫前加上 try，如果該方法丟出一個錯誤時，do 區塊會停止執行，跳到 catch 子區塊執行：

```
do {
    let vacationFund = try BankAccount(amount: 5)

    try vacationFund.deposit(amount: 5)

    try vacationFund.withdraw(amount: 11)

} catch let error as BankError {

    // 抓任何可能丟出的 BankError
    switch (error) {
    case .notEnoughFunds:
        print("Not enough funds in account!")
    case .cannotBeginWithNegativeFunds:
        print("Tried to start an account with negative money!")
    case .cannotMakeNegativeTransaction(let amount):
        print("Tried to do a transaction with a negative amount of \(amount)!")
    }

} catch let error {
    // （可寫可不寫：）抓取其他型態的錯誤
}
```

不過，把可能拋出錯誤的程式碼都用 do-catch 包起來，有時候總覺得麻煩。偶爾我們其實只想知道有沒有錯誤被拋出，而不是很關心是哪種錯誤。這時候就可以使用 try? 述句，如果你將 try? 寫在一個可能拋出錯誤的呼叫之前，而它真的拋出了錯誤，那麼該呼叫回傳值將會是 nil：

```
let secretBankAccountOrNot = try? BankAccount(amount: -50) // nil
```

這代表你使用 try? 所進行的呼叫，其回傳型態會是個 optional。

最後，若有時候你會需要特定函式一定要成功執行，而且一定要有回傳值，此時可以使用 try!。如果目標函式拋出錯誤的話，就會讓程式當掉。等同於使用 try? 回傳 optional 變數後，再對該 optional 變數使用 ! 是一樣的：

```swift
let secretBankAccount = try! BankAccount(amount: 50)
// 如果我們放的是不合法的金額，這個呼叫會中斷或使程式當掉
```

try? 和 try! 述句不需要被包夾在 do-catch 區塊之中，如果你硬是要放入 do-catch 的話，catch 區塊不會抓到任何錯誤；它們仍然只會評估是不是 nil，以及讓程式當掉。

記憶體管理

Swift 物件的記憶體使用是有管理機制的，物件還需要使用時，就保留在記憶體中，不再使用時就移除。

Swift 用來追蹤哪個物件還要使用，哪些物件不再使用的技術，稱為**參照計數**（*reference counting*）。當物件被指定給變數時，**保留計數**（*retain count*）就會加 1。當物件不再被該變數使用時，就減掉計數。如果計數為 0 時，就表示物件不再被使用，可以被移除了。

最棒的事情是 Swift 在編譯期就做完這些事情了。當編譯器讀取完你的程式碼後，就會追蹤物件有沒有被指定個變數，並且修改保留計數。你不太需要顧慮這件事情；編譯器都幫你做完了。

你不應該太關注參數計數的細節，因為太關注這裡的細節，容易使你去思考「我有三個物件參照到 var1，兩個參照到 var2」這樣的事情，因此會使你一直卡在試圖要追蹤所有的計數變化小細節上，使你昏頭轉向。請你從所有權的角度去思考，當你使用一個物件時，你便擁有它。當你做完事情後，你就放棄所有權，當沒有任何物件擁有它時，它就消失了。你只需要負責去想你現在擁有的物件就好，當你不再有擁有權時，它們就不干你的事了，這是一種更為簡單的思考方式。

不過呢，你得特別注意一件事，就是記憶體管理系統有個叫做**循環引用**（*retain cycles*）的隱形陷阱。

循環引用就是你有兩個物件，它們互相參照到對方，而接下來的程式就沒有其他的人需要參照它們。因為它們互相參照，所以計數器不會是 0，就表示它們會一直在記憶體之中。不過，由於接下來沒有變數會去參照它們，所以它們不會被存取（也沒有實際的用途）。

Swift 使用*弱參照*（*weak reference*）來解決這件事。弱參照就是在變數使用一個物件時，不會增加計數器的值。在你的程式不介意物件是不是在記憶體之中時，你就可以使用弱參照（例如：你的程式並不擁有該物件管理責任的時候）。

用範例來看就很清楚了，假設我們有兩個類別，一個代表人，另外一個代表狗：

```
class Human {
    var bestFriend : Dog?

    var name : String

    init(name:String){
        self.name = name
    }

    deinit {
        print("\(name) is being removed")
    }
}
class Dog {
    var friendBeast : Human?

    var name : String

    init(name:String){
        self.name = name
    }
    deinit {
        print("\(name) is being removed")
    }
}
```

在範例中我們用了 deinit，這樣一來我們就可以看到它們何時從記憶體中被移除。

每個人都可以有一條狗，每條狗也都可以有個主人。所以我們可以建立一個新的人以及一條新的狗，將它們設為 nil 之時，就會促使 deinit 被執行：

```
var turner : Human? = Human(name:"Turner")
var hooch : Dog? = Dog(name:"Hooch")
turner = nil // 印出 "Turner is being removed"
hooch = nil // 印出 "Hooch is being removed"
```

 我們的兩個變數都是 optional 變數，所以我們可以將它們設為 nil，這也是除去變數所有權最簡單的方法。

現在將 turner 和 hooch 設為 nil 的程式碼刪掉，然後將人和狗做互相參照：

```
turner?.bestFriend = hooch
hooch?.friendBeast = turner
```

如果我們將剛才兩個變數設為 nil 的程式碼再加回去，會發生有趣的事：

```
turner = nil // 什麼也沒發生
hooch = nil // 什麼也沒發生
```

由於 deinit 沒有被執行，所以我們的訊息不會印出，在這個範例中，turner 是**強參照**（*strong reference*）到 hooch，而 hooch 也是強參照到 turner；它們互相擁有彼此。這表示當我們把兩個變數設為 nil 後，即使是變數不再擁有這些類別的實例，但它們還是被對方擁有，這就是循環引用。

要解決這個問題，我們可以使用 weak 關鍵字，如果我們將兩個類別都使用 weak 的話，它們就不會強參照到彼此了：

```
class Human {
    weak var bestFriend : Dog?

    var name : String

    init(name:String){
        self.name = name
    }

    deinit {
        print("\(name) is being removed")
    }
}
class Dog {
```

```
    weak var friendBeast : Human?

    var name : String

    init(name:String){
        self.name = name
    }
    deinit {
        print("\(name) is being removed")
    }
}
```

當我們將設 nil 給變數時，物件就會如預期地被刪去了：

```
turner = nil // 印出 "Turner is being removed"
hooch = nil // 印出 "Hooch is being removed"
```

使用弱參照有一個副作用，就是變數必須是 optional，這一點是必要條件。萬一碰到另外一種情況，就是你有兩個物件需要參照到對方，但兩個物件中的一個的存活時間至多與另外一個物件生命週期相同，這時該怎麼辦呢？我們拿人和護照的關係來舉例，一個人可以有一本護照（也可以沒有），而一本護照必須屬於一個人（不能沒有），而且一本護照最長只會與該人存在時間相同（而且通常還比較短）。在這個假設下，一本護照會知道只要自己存在的期間，它的主人必定不會是 nil，所以把主人設定為 optional 變數並不合理，此時就出現了**無主參照**（*unowned reference*）：

 我們放棄用前面人和狗的範例繼續說明下去，因為使用該例子並不合理，由於這裡的邏輯會暗指主人死亡時狗也無法繼續活下去，我們不希望用這樣的邏輯。

現在，我們可以用和之前一樣的程式，但會有點不合理。一本護照一定要有主人：否則它就不是一本護照了，所以我們用 unowned 宣告 passport 類別中的 person 屬性：

```
class Person {
    var name : String
    var passport : Passport?

    init(name: String) {
        self.name = name
    }

    deinit { print("\(name) is being removed") }
}
```

```swift
class Passport {
    var number : Int
    unowned let person : Person

    init(number: Int, person: Person) {
        self.number = number
        self.person = person
    }

    deinit { print("Passport \(number) is being removed") }
}
```

這只是一個範例，千萬不要在你的 app 中像這樣儲存護照號碼。不僅因為護照號碼可能不止含有數字，而且這樣做一點都不安全！當在你的 app 中處理像護照號碼這種個人重要識別時，請仔細思考該怎麼做，並且問問自己是否有必要這麼做。

現在如果我們建立一個新的人，並給這人發一本護照，我們就會得到一個長得很像含有循環計數的結構：

```swift
var viktor : Person? = Person(name: "Viktor Navorski")
viktor!.passport = Passport(number: 1234567890, person: viktor!)

viktor?.passport?.number // 1234567890
```

但如果我們移除 viktor 的所有權的話，我們會看到兩個 deinit 都被呼叫：

```swift
viktor = nil
// 印出 "Viktor Navorski is being removed"
// 印出 "Passport 1234567890 is being removed"
```

這是因為護照參照到它主人用的是無主參照，而護照只有一個所有權人，所以當人消失以後，護照也會消失。

如果你搞錯無主物件和它的所有權人之間的關係，那麼在你的程式碼還在使用無主物件時，它就被刪去，將會造成你的程式碼當掉！

要選用 unowned 或是 weak，是依你喜好與你的設計決策。唯一的限制是 unowned 使用時，該物件存續的時間，比它參照的另外一個物件來的短，或是相等才可以。

Swift 中的設計模式

Cocoa 內建有多種設計模式，這些設計模式存在的目的，是要讓身為開發者的你的人生更能堅持下去，以及（希望可以）更有生產力。三種主要的設計模式的第一種是 *model-view-controlller*（MVC）模式，這也是建構 Cocoa 和 Cocoa Touch 的主要模式；*delegation* 模式讓你的程式和 Cocoa 自由地決定由誰執行什麼程式碼，還有 *notification* 模式，讓你的程式碼監看 app 中發生的重要事件。在本書的後面章節（第 11 章），會動手實作 notification（通知）。現在讓我們先來看看 MVC 和 delegation 兩種模式吧。

Model-View-Controller

model-view-controller 設計模式是 Cocoa 的主要設計模式之一，讓我們看看它的三個構成元件：

Model

是一種內含資料的物件，或是負責儲存、管理與輸出資料到其他物件的物件。資料可以單純的如一個字串，或是複雜到像一整個資料庫——model 的主要目的是儲存資料並提供給其他物件使用，它們並不管資料給出去以後被怎麼使用，它們只在意資料如何被儲存。

View

和使用者直接互動的物件，提供使用者資料或是取得使用者的輸入。view 並不負責管理它們顯示的資料，它們只負責顯示給使用者看。當使用者與程式進行互動時，view 負責通知其他的物件。就像資料與 model 的關係一樣，view 在通知應用程式裡的其他部分之後，不會在乎接下去會發生什麼事，它的責任已結束了。

Controller

model 與 view 之間的中介，內容包含被稱為應用程式中 "業務邏輯"（business logic）的部分，也就是應用程式面對使用者操作時，該怎麼回應的邏輯。

controller 至少要回應 model 取得資訊的要求，並將該資訊提供給 view；當它被 view 告知使用者互動發生時，它也負責去通知 model。

為了要舉出 model-view-controller 設計模式實際例子，請你想像現在有一個簡單的文字處理程式。在這個例子中，應用程式會從磁碟載入一個文字檔，並將文字檔的內容顯示在文字欄位中呈現給使用者看，使用者進行編修後，又會將結果存回磁碟。

我們可以將上述應用程式拆解成 model、view 與 controller 物件：

- model 是個負責從磁碟載入文字檔，並將結果寫回磁碟的物件。它也負責將文字以字串的型態提供給所有需要的其他物件。

- view 是文字欄位，它會要求其他物件提供字串，並顯示該字串。它也接受使用者從鍵盤輸入訊息；只要使用者做了輸入，它就會通知其他物件文字被改變了。當使用者要儲存變更時，它也可以通知其他物件。

- controller 是一個要求 model 物件從磁碟載入文字的物件，它也會把文字傳遞給 view。它也接受 view 通知文字改變，並且把變更傳給 model。最終，當使用者要進行存檔的話，view 會告知 controller；它就會指示 model 執行寫出檔案到磁碟的動作。

像這樣把應用程式的功能，依責任區分為不同的區塊，讓我們程式開發比較容易。

舉例來說，如果開發者想要在下一版的應用程式中，增加上傳文字檔案到網路空間功能的話，那麼只要改寫 model 類別就可以了，controller 和 view 都不需要修改。

同樣地，清楚定義各個物件的職掌，使得專案結構保持清楚，在修改應用程式時也會比較容易。如果使用者想要在應用程式中加入拼字檢查的功能，就應該將拼字檢查加入到 controller 中，因為很顯然地拼字檢查與如何顯示以及如何儲存資料都無關（你該把拼字錯誤的指示加到 view 中，不過主要功能應該仍然要加到 controller 中才是）。

這章節中主要討論到的類別，如 Data、Array 和 Dictionary 類別，是屬於 model 類的類別。它們的主要功能是儲存與提供其他物件資料。NSKeyedArchiver 是 controller 類的類別，它會取得資訊並作業務邏輯控制。NSButton 和 UITextField 是 view 類的類別；它們顯示資訊給使用者看，不在乎其他資料處理動作。

在你開始看更進階的 Cocoa 功能（例如文件架構以及綁定）之前，瞭解 model-view-controller 這個設計模式是很重要的一件事。

委派

delegation（委派）這個字在 Cocoa 中，代表的是將物件負責要做的事交給另外一個物件做。UIApplication 物件就是個例子，它代表 iOS 上的應用程式。這個物件需要知道應用程式被移到背景執行時，需要做些什麼。許多其他語言是用繼承來處理這個問題，舉例來說，其他的程式語言中，UIApplication 類別會為 applicationDidEnterBackground 定義一個空的方法，身為程式開發者的你應該去繼承 UIApplication 並且覆寫該空的方法。

不要擔心上面提到的類別是幹嘛的；我們會在第 98 頁的 "建構一個 App" 中詳細的說明它們。

不過，這種做法很繁瑣，而且也帶來其他的問題；它會增加你程式碼的複雜度，而且如果你想同時覆寫兩個類別的行為，你就必須為兩個類別各別作繼承的實作[1]。Cocoa 對這個問題的解法基於這個概念：一個物件在執行時可以判斷另外一個物件是不是有能力回應一個方法。

假設物件 A 想讓物件 B 知道有件事即將要發生或已發生，而且 A 物件擁有一個參照到 B 的實例變數，這個指到物件 B 的參照被稱為 *delegate*。當事件發生時，物件 A 就會去檢查它的 delegate 物件（也就是物件 B），是否有回應這個事件的方法的實作。如果拿 UIApplication 的 delegate 來舉例，應用程式的 delegate 物件會詢問是否有實作 applicationDidEnterBackground 方法，如果它有的話，該方法就會立即被呼叫。

這樣鬆散耦合的設計，使得我們可以同時 delegate 多個物件。舉例來說，假設一個物件可以接受聲音播放以及圖片物件的 delegate，那麼在相機拍照時，以及播放聲音時，這個物件都會收到通知。

由於 model-view-controller 模式是以充滿著鬆散耦合為核心概念，所以它有助於將物件介面定義的很嚴格，所以在你的應用程式中，一個物件對其他物件的行為要求就更清楚了。

delegate 所要用的訊息格式，通常會被清楚定義在協定裡。舉例來說，如果你的物件想要能夠接受 AVAudioPlayer 物件的 delegate，那它就要符合 AVAudioPlayerDelegate 協定。

在 Swift 中使用 delegate 是很容易的一件事，假設你有兩個類別，而你想要其中一個可以接受另外一個的 delegate：

```
// 定義一個擁有名為 handleIntruder 函式的協定
protocol HouseSecurityDelegate {

    // 這裡我們不實作函式內容
    // 而是讓想符合 HouseSecurityDelegate 協定的類別去實作 handleIntruder() 函式
    func handleIntruder()
}

class House {
```

1　C++ 對這個問題的解法是多重繼承，但這種解法也有它自己的問題。

```
    // 只要是符合 HouseSecurityDelegate 協定的物件就可以接受委派
    var delegate : HouseSecurityDelegate?

    func burglarDetected() {
        // 如果委派函式存在，那就呼叫它
        delegate?.handleIntruder()
    }
}

class GuardDog : HouseSecurityDelegate {
    func handleIntruder() {
        print("Releasing the hounds!")
    }
}

let myHouse = House()
myHouse.burglarDetected() // 什麼也不做

let theHounds = GuardDog()
myHouse.delegate = theHounds
myHouse.burglarDetected() // 印出 "Releasing the hounds!"
```

burglarDetected 方法會先檢查有沒有 house 可用的 HouseSecurityDelegate，然後才執行它的 handleIntruder 方法。它使用了 Swift 的 *optional chaining* 功能來做檢查工作，這功能是讓你不用先對 optional 變數做檢查，就可以在 optional 變數有值的情況下才存取該變數。如果 optional 有值，表示 HouseSecurityDelegate 存在，那麼就呼叫它的 handleIntruder 方法。如果 optional 為 nil，那麼就什麼也不做。你一樣也可以使用 optional chaining 存取屬性、方法、你的類別下標、結構下標與列舉下標。delegate 模型最棒的部分，就是物件間的鬆散耦合。由於 house 只關心 delegate 是否符合 HouseSecurityDelegate 協定，所以我們可以在不改變 house 的情況下，將狗狗安全系統改為機器人安全系統：

```
class KillerRobot : HouseSecurityDelegate {
    func handleIntruder() {
        print("Deploying T-800 battle chassis")
    }
}

let killerRobot = KillerRobot()
myHouse.delegate = killerRobot
myHouse.burglarDetected() // 印出 "Deploying T-800 battle chassis"
```

Swift 函式庫

你在 Swift 中使用的不同功能，主要來自於四個不同函式庫，來自哪一個主要取決於使用的平台，下面是主要四種你會用到的函式庫：

Swift 標準函式庫

包括了你會用到的所有低階型態以及可用的函式，包括 Int、String、數學函式、array 和 dictionary。你不需要特別做什麼就可以使用標準函式庫；所有的 Swift 程式都可以直接使用它。

Foundation

稍微高階一點的函式庫，提供更多工具和型態，例如：用來在 app 中廣播通知的 NSNotificationCenter，以及存取 JSON 資料用的 JSONSerialization。許多在 Foundation 中的類別，名稱都以 "NS" 開頭，這是因為歷史造成。Foundation 中部分以 Objective-C 撰寫，部分以 Swift 撰寫；不過 Foundation 已經努力在改寫為 Swift 版本的過程中了，目前已進展到你可以安心的認為只要 Swift 存在的地方，就可以使用 Foundation 物件的地步。在檔案的頂端使用 import Foundation 述句，就可以匯入 Foundation 函式庫。

Cocoa

macOS 專用，這個函式庫提供像是按鍵、視窗、影像檢視、view 和選單功能。所有的 Cocoa 類別名稱也都是以 "NS" 開頭（例如：NSButton）。使用 import Cocoa 述句就可以匯入 Cocoa，而 Cocoa 會匯入 Foundation。

Cocoa Touch

也被稱為 UIKit，這個函式庫為 iOS 提供與 Cocoa 同質的工具和功能：view、觸控輸入、感知器功能等等。所有的 Cocoa Touch 類別名稱也都是以 "UI" 開頭（例如：UIButton），使用 import UIKit 述句就可引用 Cocoa Touch，Cocoa Touch 會匯入 Foundation。

tvOS、watchOS 和 Linux 也有自己對應的函式庫，以及 Swift 可用的第三方工具和函式庫，不過它們已超過本書討論的範圍了。

Swift 還有其他一大堆適用於不同作業系統的函式庫，例如 CoreLocation，這個函式庫提供你取得和操作地點資料的功能（包括使用 iOS 上的 GPS 硬體），AVFoundation 用來播放電影或聲音檔。和 Cocoa 與 Cocoa Touch 一樣，許多函式庫都會將函式庫名稱縮寫作為物件名稱的開頭；舉例來說 CLLocation 是 CoreLocation 中代表地點的物件，這裡只稍微提到一點可用的函式庫而已；請到 Apple library and API 文件（*https://developer. apple.com/documentation*）中找尋更多資訊。

> 在本書中，我們會用 "Cocoa" 這個名詞，來統稱不同作業系統上的 Cocoa 函式庫（macOS 上的 Cocoa、iOS 上的 Cocoa Touch/UIKit、watchOS 上的 WatchKit 等等），它們之間非常相似，這樣稱呼它們只是為了方便而已。

本書中大部分內容都著重在使用 Cocoa Touch，這個函式庫一些核心元件以及所用的設計模式，都值得多花一些篇幅討論，我們會在下一節繼續這些討論。

建構一個 App

iOS 和 macOS 是以**事件導向程式設計**（*event-driven-programming*）為概念建造的，你在 app 中做的任何事都為了要回應某種事件。在 macOS 上，事件包括滑鼠移動或點擊、鍵盤輸入、視窗大小改變；在 iOS 上，事件包括觸控輸入、傳感器輸入。在 iOS 和 macOS 上，事件也可以包括計時器觸發或畫面重繪。

app 的核心是一個 *run* 迴圈，它是一個無限循環的迴圈，等待事件發生，然後採取適當的回應動作。大多數的動作是由你 app 中內建的部分負責處理；舉例來說，用手指掃過一個清單會引發清單調整它的位置。不過，仍有幾個事件需要你的程式做處理，舉例來說，當一個按鈕被點擊時，你寫的一個方法，可能會被當成處理這個事件的其中一個動作。

Application 和 delegate

從程式碼的角度來看，`UIApplication` 類別有一個實例 application 物件，任何 iOS app 都是用 application 物件代表 app 本身。由於這件事情是作業系統幫你處理的，所以你很少會需要和 application 物件本尊互動，多數時間你會用到的是 `UIApplicationDelegate` 類別。

這個類別是 application 的一個 delegate，以 iOS 的 app 為例的話，會在重要事件發生時告知這個 delegate，例如應用程式啟動、準備要關閉或是退出前景執行。在預設上，在使用 Xcode 樣板後，你會得到一個新的 **UIApplicationDelegate** 的子類別，該類別中會有用來回應重要 app delegate 事件的空白方法，你要在這些方法裡寫程式，在事情發生時你的程式就會執行。

View

當要顯示什麼東西在螢幕上時，你總需要一個方法才能做到顯示這件事。此時就需要用到 **UIView** 和 **UIWindow**，**UIWindow** 是應用程式用的視窗，上面會畫出各式各樣的 view。在 iOS 開發過程中，你的應用程式裡只會有一個視窗，所以沒什麼好擔心的；多數的時間你將花在處理 view 上。

在特殊情況下，iOS 上可能會有多個視窗，例如你連接了外部的顯示器。

UIView 是一個物件，用來代表視窗中的 view，view 其實只是畫在視窗中的一個矩形（外觀通常會被定的複雜一點）。

其實 **UIView** 是將多種 **CGRect** 物件再做一層包裝，**CGRect** 物件呈現矩形，用來顯示在畫面上，**CGRect** 定義在 Core Graphics 函式庫中。

它有一個**外框**，用來在畫面上表示它的（x, y）位置，還有它相對於視窗的寬度和長度。它也有一個**邊界**（*bound*）值，也是一個矩形，是用 view 自己的座標系統來描述 view 的方法。

在 iOS 視窗中的位置（0,0），表示畫面右上角。若將 x、y 一直加大的話，會向右下角移動。這個行為和（0,0）是左下角的 macOS 以及多數的圖形系統都不相同，除了這一點之外，iOS 畫面的行為模式，和一般的笛卡爾平面一樣。

在 iOS 中大多數時間你的 view 會用 *constraint* 來定位，constraint 是一種正式的語言，用來描述一個 view 和另外一個 view 的關係。藉由使用 constraint，你可以描述你的 view 要放在哪，以及它的大小。假設 constraint 是以中文寫成的話，你的 constraint 看起來可能會像："我想要我的 view 被放在畫面左側 16 點，上方向下算 8 點的位置，它會是 44 點長 80 點寬。它距離下一個 view 至少要相隔 8 點。" constraint 處理器接著會開始依這些 constraint，去設定各個不同 view 的位置。這個系統存在的原因，是它可以有彈性地布局，應用程式不受所在的裝置尺寸影響。

UIView 類別本身比較少被使用；你比較常會使用它的子類別的其中一種。一個 iOS 應用程式顯示在畫面上的所有東西——從按鈕到文字欄位到 switch、捲動 view 以及圖片容器等，皆會是 UIView 或是某種 UIView 的子類別。

技術上來說，若你要的話，你也可以直接在視窗上畫東西，不需要使用 UIView，不過這個用法很少見。

view 被設計為階層式構造，最上層是一個單一的 view，它會含有數個子 view，每個子 view 還可以含有數個子 view。任何會改變父 view 的事件，例如移動它的位置或隱藏它，將會影響到它的子 view，然後再向下層傳遞下去，這個行為讓你可以將你的 UI 依邏輯分組。

UIViewController

view controller 用來在 iOS 和 macOS 上管理 view 的內容，view controller 是一種在 model-view-controller 模型中特殊的 controller，被設計來管理你 app 中一個單一的 view。每個 view controller 都具備有一個名為 view 的屬性，這個屬性是它負責的主要 view，這個 view 也可以含有其他子 view。在 iOS 上，一個 view controller 通常為全螢幕，但在 macOS 上則不是這樣（不過 controller 所管理的 view，通常也會佔據整個可用空間）。

一如應用程式 delegate 一般，在 view 相關事件發生時，負責管理該 view 的 view controller 會接收到通知，例如 view 被載入到記憶體，或是出現／消失時。

預設的 view controller 類別是 UIViewController，它天生就要被別人繼承，以提供應用程式一部分特定的功能。view controller 有數個預先做好的子類別，例如 UITableViewController，用來顯示資料清單。view controller 可以管理其他的 view controller；舉例來說，navigation controller 是一種用來管理多個子 view controller 的 view controller。

view controller 在 iOS 及 macOS 開發中，是一個重要的基礎元件；我們在本書所要做的工作中，有一大堆會用到 view controller 或其子類別。

由於 view controller 的設計，以及 model-view-controller 架構容易有一大堆 view controller，但其中大部分並不需要使用。這讓 MVC 成為 "massive view controller"（一大堆 view controller）的諷刺縮寫。和寫程式的原則一樣，你應該永遠去試著和確認你的程式已依邏輯分區，將功能全部塞到一個類別，通常都不是個好主意。

Storyboard 和 nib

當一個應用程式開始時，它需要載入它的介面。介面以兩種型態的檔案之一被儲存：*nib* 或 *storyboard* 檔案。兩者都可在 Xcode 的介面建立器中使用，用來設計和布局介面。

nib 檔案是一堆物件的集合，通常代表一個視窗或 view；在需要時，它也可以含有隱形的物件，如 controller 物件。

任何你的 nib，檔案都會被取名像 *\<filename>.xib*── 雖然副檔名是 *.xib*，但它們通常被稱為 nib。原因是因為它們原來使用的是 *.nib* 的客製檔案格式，但後來 Apple 將它們轉換為 XML 格式的版本。為了要能在程式中區分出這兩者，所以副檔名就被改成新的了。

storyboard 取其精神並發揚光大，它可以儲存多個介面資料，也就是可以儲存多個視窗與 view，並且也讓你描述如何從一個介面過渡到另外一個介面，這種描述稱為 *segues*（過場）。每個在 storyboard 中的介面，被稱為 *scene*（場景），基本上，在你的應用程式中就是一個單一的 view controller。

storyboard 是更新的東西，也是目前用來建立介面的預設方法，已被大多數應用程式採用。nib 仍被少量的使用著，用不同 nib 檔案代表各種 view controller 的時代已經過去了。

如果要的話，你可以用程式碼建構完你的 UI，我們之後也會在範例程式碼中小做示範，但最好是使用 storyboard 建立應用程式介面的大架構。我們極度建議你習慣使用 storyboard 去建立 UI。在大多數時間中，它是一種更快的方法，即使在一開始使用時，你可能覺得直接用程式碼做 UI 會比較快。

Swift 套件管理

有句古老的格言說 "不要重新發明輪子"，在軟體開發中，有大量高效能和優秀的第三方輪子等待被使用。當你遇到問題時，很有可能某人已經解決過同一個問題了，你要做的就是去整合他人的解法到你的程式碼中。

如果你使用其他的程式碼，你必須遵守他們程式碼授權條款。有許多種不同的授權方法，不同授權方法還有多種方案，這些方案是身為開發者的你，希望其他人如何使用你的程式碼。例如，Swift 是採用 Apache 授權，藉由使用 Swift，等於你同意該授權中的條款（*https://github.com/apple/swift/blob/master/LICENSE.txt*）。

不論何時，當你下載其他人的程式碼就等於你同意遵守他們所選擇的條款。如果你不同意該條款，那你就不能使用它——就這麼簡單。

如果你到了要選擇自己程式碼的授權種類時，可參考 GitHub 做的說明 *https://choosealicense.com*。

當你需要取得其他人的程式碼和函式庫時，你可以手動下載 Swift 檔案，並將檔案加到你的程式碼中。但這種做法很容易出錯，而且需要你下載程式碼，以及所有該程式碼所需的東西才能執行，過程中還要解決所有可能發生的相依性問題。對於 Cocoa 開發而言，有兩個常用的工具幫你解決這個問題：Carthage 和 CocoaPods。但 Apple 想要大家使用同一種工具，所以他們製作了 Swift 套件管理（Package Manager）。

你可能會好奇地想，為何需要套件管理；下載和建置檔案所造成的一點點不便，應該不需要這麼一個複雜的工具來做啊。你甚至可能會想 "我花一個小時，使用 cURL 和 shell 腳本就可以完成了" ── 基本上你是對的，下載和建置第三方軟體是最簡單的部分，套件管理工具所要解決的真正問題，是相依性問題，這個問題比想的還嚴重。

如果你只要取得單一函式庫，而且它也沒有相依函式庫的話，這種情況你要建立自己的套件管理功能很簡單，但你若必須考慮到函式庫間不同要求相互間的關係，這時就會出現很棘手的問題。Swift 套件管理器會處理這個問題；它會知道什麼是需要的，而什麼是不需要的，它會搞清楚哪些版本可以搭配使用，最後它會處理下載和建置。如果套件管理不能解決相依性問題的話，它也會丟出錯誤，讓你知道你的需求無法被滿足。

Swift 套件管理使用起來很容易，你只要建一個套件檔，用來描述你想要的東西，然後讓套件管理去解決相依性問題並下載程式碼，套件管理接著就會下載程式碼，並且它編譯成函式庫，你便可將函式庫加到專案中使用了。現在，讓我們使用套件管理專案的範例，這個範例是 Apple 建立的公開範例，使用 Apache 授權，讓大家體驗用的，它被放在 GitHub 上（*https://github.com/apple/example-package-dealer*）。

撰寫本書的時候，Swift 套件管理沒有被整合進 Xcode，不過下一版很可能就會被整併進去了。

我們將會重新建立新的專案，而不是使用既有的專案；我們的目標將會是建立一個 Swift 程式，這個程式是個撲克牌程式，它可以洗牌、發牌與顯示每張牌。大部分的功能都已完成，我們只要把東西拼起來就可以了。我們要下載的函式庫叫 DeckOfPlayingCards，我們的專案只有使用 DeckOfPlayingCards，不過它卻有兩個相依函式庫：PlayingCard 和 FisherYates。PlayingCard 用來代表一張牌，而 FisherYates 是用來將一個 array 洗成隨機順序的小功能。

Swift 套件管理被設計由命令列執行，我們仍然會使用 Xcode 來做編輯，但從 Terminal app 裡去控制套件管理還是比較容易。

如果你非常不習慣使用命令列，不用擔心，我們會完整地逐步說明。你不需要懂任何 *bash* 就可以做到這件事，雖然對你自己的專案來說，掌握這個技能還是很有價值的。

請跟著下面的步驟,然後把範例程式建立並執行起來:

1. 建立一個名為 *Dealer* 的新目錄,這個目錄會是我們存放程式碼、套件管理下載程式碼以及建置要執行專案的地方。

2. 從 Terminal app 中打開該目錄,要打開該目錄最簡單的方法是,從 Finder 中拖曳該目錄到 Terminal 圖示上,你也可以在 Terminal 裡輸入以下的文字以切換到目錄:

   ```
   cd path/to/where/you/saved/the/dealer/folder
   ```

   將 path/to/where/you/saved/the/dealer/folder 換成你前面所建的 *Dealer* 目錄路徑,並接下 Return 以執行這個命令。

3. 將這個目錄初始化為一個新套件,在 Terminal 中,輸入以下的文字並按下 Return:

   ```
   swift package init --type executable
   ```

   這會執行 Swift 的命令,以產生套件管理器要使用的目錄和檔案。

    注意前面命令中的 --type executable 部分——這是一個旗標,當你想要讓一個程式使用套件管理(也就是我們正在做的事)就設定這個旗標。預設上 Swift 套件管理器假設你是在做一個讓其他程式使用的函式庫,如果你只是建立一個函式庫,你可以不要加這個部分。

這些目錄中,最引人注意的是 *Source* 目錄,這是所有程式碼放置之處,包括我們自己的。其他建出來的檔案中,最相關的是 *Package.swift* 檔案,這個檔案是套件描述資訊(package manifest);套件管理器將會讀取它,才能知道要為它下載哪些程式碼。

 你必須將你的套件檔命名為 *Package.swift*,而且它必須存放在你專案的根目錄下,否則 Swift 套件管理就會找不到它!

4. 打開 *Package.swift* 後,填入以下內容:

   ```
   import PackageDescription

   let repo = https://github.com/apple/example-package-
       deckofplayingcards.git

   let package = Package(
       name: "Dealer",
       dependencies: [
   ```

```
        // 這個套件要用的其他套件
        // 那些套件的相依性宣告
        // .package(url: /* package url */, from: "1.0.0"),
        .package(url: repo,from: "3.0.0")
    ],
    targets: [
        // Targets 放的是一個套件中要建立的基本單位
        // 一個 target 可以是一個模組或是一套測試
        // 可以依靠本套件中的其他 target
        // 也可以依靠本套件的相依套件
        .target(
            name: "Dealer",
            dependencies: ["DeckOfPlayingCards"])
    ]
)
```

只要你在 Terminal 中，輸入 open <filename> 並按下 Return 的話，它會打開你要求的檔案，如同你在 Finder 中做滑鼠雙擊一樣。

讓我們來看一下裡面做了什麼事，首先，我們匯入了 PackageDescriptoin 模組；這個模組讓我們可以去定義一個能告訴套件管理要下載什麼的 Package。然後我們建了一個新的 Package，它有兩個參數：套件的名字（Dealer），以及我們套件所需要依靠的東西的 array。在我們範例中，我們只需要依靠 DeckOfPlayingCards，所以我們提供可以取得想要套件的 URL 位置和它的版本號碼。

所有的 Swift 套件都使用 semver 版本格式系統（*http://semver.org*），所以我們可以指定 major、minor 和 patch 版本，但我們現在只需要 major 版號為 3 以後的版本。值得注意的是相依模組設定是一個集合，可以指定需要多個套件，而且對下載的模組還可以做更多控制，包括排除特定模組，指定版本區間或甚至讓多個編譯目標連結在一起。不過在現在這個範例之中，我們還是先保持簡單吧。

我們此處的目標是去說明，你會最常用的套件管理器功能，也就是取得第三方函式庫。我們現在只會展示基本功能，但它其實是一個相當複雜的工具。如果你對於它還有什麼彈性，或是想做到一些超過我們在此處所做的事，請參考 GitHub 網頁上，關於套件管理器的完整說明（*http://bit.ly/2HDw6MV*）。

接著，我們需要寫一個小程式，這個程式會用到我們即將要下載的所有模組。

5. 從 *Sources/Dealer* 目錄打開 *main.swift*，並用以下內容取代掉它的內容：

```swift
import DeckOfPlayingCards

var deck = Deck.standard52CardDeck()
deck.shuffle()

for _ in 0...4
{
    guard let card = deck.deal() else
    {
        print("No More Cards!")
        break
    }
    print(card)
}
```

這個程式很直覺：首先匯入 DeckOfPlayingCards 模組，然後我們建立一個新的牌堆，並洗牌。接著我們進入一個 for 迴圈，這個迴圈執行 5 次，簡單檢查牌是否發完後，印出牌。

套件準備好了，我們的程式也使用它之後，就到了要建置專案的時候了，我們即將透過命令列建置並執行這個程式。

6. 再度打開你之前開過的 Terminal 視窗。

7. 輸入 `swift build`，並按下 Return。

Swift 套件管理器將會下載任何所需的檔案，並進行建置，好了以後我們就可以執行程式了。

在這個範例中，我們要求套件管理器下載任何需要的套件，並將那些套件建置為一個我們可以執行的程式。如果你只需要下載套件檔，而且你打算自己建置它們的話，就改為使用 `swift package resolve` 命令。

8. 輸入命令 `swift run Dealer`，來執行我們的程式（還記得 Dealer 是我們在 *Package.swift* 檔案中設定的名稱吧），程式輸出將會長得像：

```
♠8
♣7
♠9
♣2
♢5
```

你也可以手動執行建置出來的執行檔。專案目錄中有一個隱藏的 *.build/* 目錄，這個目錄是建置工具放置它所編譯出來的執行檔以及函式庫的地方。

在這目錄中，還有兩個目錄，一個叫 *debug*（debug 建置用），另外一個叫 *release*。所以，如果你想要的話，你可以輸入 `./.build/debug/Dealer`，這個命令會和之前用的命令做一樣的事。

剛才我們已使用 Swift 套件管理程式與自己寫的一點點程式完成了一個小專案。不過這僅僅是套件管理程式功能的一小部分，它是一個非常強大的工具，還有幾百個功能選項，值得你參考 GitHub 上的官方網站（*https://github.com/apple/swift-package-manager*）。

現在套件管理器沒有和 Xcode 完全整合，如果要的話，你可以要求套件整理器為你的套件產生一個 Xcode 專案。要使用的命令是 `swift package generate-xcodeproj`。不過請記得，如果你更新相依套件的話，你將會需要重新再產生一次專案檔。

本章總結

這一章你已看到了 Swift 中的物件導向語言，並且使用 Swift 以及相關函式庫所提供的功能，做了一些實際的例子。本書的下一個部分，我們開始將這些提過的東西用來建構一個實際的 app。

第二部分

建立 Selfiegram

第四章

建立我們的 App

在第一部分中，我們看過了你在 Apple 平台上用來建立應用程式的工具 Xcode、Apple 開發者計劃以及 Swift 語言。現在我們要用它們來實際建立一個 app 了！

在這一章中，我們將開始建立 *Selfiegram*，它是一個 iOS 的 app，用來拍新的自拍照，並瀏覽已拍的自拍照片。雖然它不是一個創新的 app，但它讓我們探索 Swift 以及多種 Apple 提供用來建立 app 的 framework 的功能。在本部分結束之前，我們將會有一個基本的應用程式，這個應用程式可以使用 iOS 的照片、地點、檔案系統、通知以及地圖 framework；然後在第三部分，我們會繼續發展並強化它。

 我們的目標並不是你讀完這本書以後，就可以擁有一個取代 Instagram 的 app；我們只是想要展示給你看，如何建立一個這樣的應用程式，同時讓你看到建立 app 時，有多少工作不需要你動手的。所以，即使 Selfiegram 不具原創性，但你還是可以從中學到很多東西。

建立這個應用程式的過程將會被分成很多小步驟，每個小步驟裡有一點點程式碼，還要做一點 UI 的工作。我們已在 GitHub repo（*https://github.com/thesecretlab/learning-swift-3rd-ed*）中 tag 了每一個步驟，這樣方便你看到它的不同進展。

在本書中，我們需要呼叫一些名稱超長得方法──例如：func tableView(
_ tableView: UITableView, cell ForRowAt indexPath: IndexPath) ->
UITableViewCell，然而紙張和電子出版品，例如 PDF，是有寬度限制的。
所以，在本書中少數幾個地方，為了頁面印刷美觀，我們不得不將我們的
程式切分為多行。你不想要的話，不需在你的程式碼中這麼做；將這種超
長方法呼叫寫在同一行，和把它們切成數行都一樣可以正常工作。

我們將會從建立 Selfiegram 的骨架開始，這個骨架提供我們後面幾節的程式碼切入點。

設計 Selfiegram

當我們開始想應該做怎樣的 app 時，我們只想到 "來做個自拍 app 吧"，這是一個很發散的目標。為了要讓工作更明確，我們開始動手畫線框稿（wireframe）。

線框稿是一個把你將要做的 app，非常粗略的描繪出來。把你的想法在紙
上（數位或實際的紙）表示出來，遠比實作 app 本身快很多，而且畫出
你的想法還能幫助你的思考。

你可以在圖 4-1 中看到 Selfiegram 原來的線框稿。

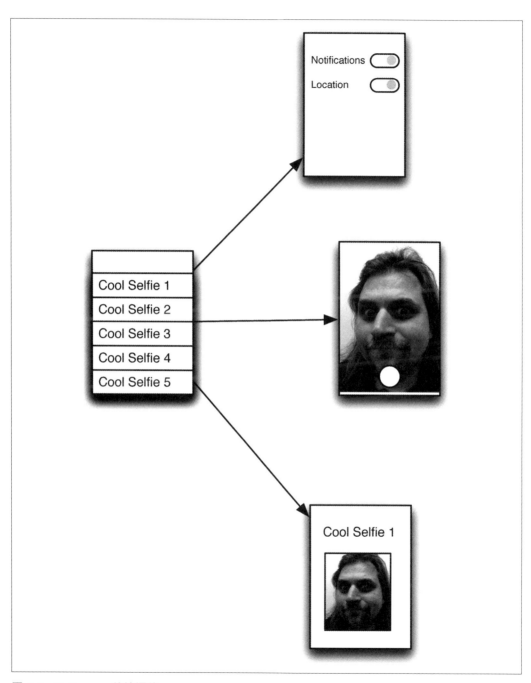

圖 4-1 Selfiegram 的線框稿

線框稿並沒有一個所謂正確的畫法，我們線框稿是用一個叫 OmniGraffle 的工具畫的，它有一組模板用來做這類工作。你可能會發現，若和你第一次做的線框稿相比，這些框線圖相當的逼真，不過我們的第一版線框稿可是在白板上畫的，由於我們需要在書中使用線框稿，所以才把它們移到 OmniGraffle 中。每次重繪線框稿，都會有一點點變化，這是一件好事，因為你往往會發現在第一輪遺落掉的一些東西。你不需要將線框稿像我們在書中做的那麼逼真：只要團隊中的每個人都搞的清楚裡面的東西是什麼，那麼用手繪線框稿也沒有什麼錯。

這個 app 的重點是你拍的自拍照清單，這個清單也會是這個 app 中所有功能集中的地方。自拍照會以時間順序，以反序列在清單中，最近拍的在清單最上面。點擊一張自拍照可讓你編輯它的名字、瀏覽照片以及照片說明。從自拍照清單上的功能，也可以讓你拍一張新的自拍照或打開設定來設定該 app。

在第二部分結束前，我們將會完成在圖 4-2 線框稿中的 app 功能。

圖 4-2　初版

建立專案

我們需要做的第一件事情，是在 Xcode 中為 Selfiegram 建立專案。我們將在本書接下來大部分的內容中使用這個專案。如果你需要回憶 Xcode 以及開發工具的話，請看第 4 頁的 "Xcode"，如果你準備好了，我們就開始囉：

1. 執行 Xcode，你會看到 Xcode 歡迎畫面，如圖 4-3。

圖 4-3　"Xcode 歡迎" 畫面

2. 點擊 "Create a new Xcode project" 按鈕，然後一列專案樣板會出現。選擇最上面一列中的 iOS（這一列包含 Apple 其他平台分類，例如 macOS、tvOS 以及 watchOS），並選擇 Master-Detail App 樣板（圖 4-4），按下 Next。

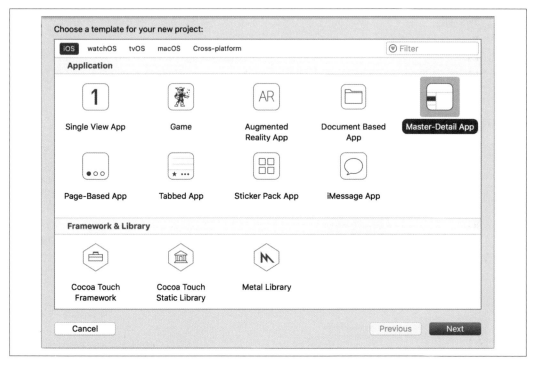

圖 4-4　選擇 Master-Detail App 樣板

樣板為不同型態的應用程式提供預設設定。如果你要的話，你也可以手動
做到樣板提供的東西；它們只是將已提供的檔案和程式碼集合起來而已，
我們擷取畫面上的樣板，是 Apple 隨 Xcode 發行的樣板。

3. 你將會被要求提供專案名稱和一些額外資訊，請使用以下設定：

- **Product Name**：Selfiegram

- **Organization Name**：你的公司名稱，如果你不是幫一間公司建立這個 app 的
  話，就輸入你自己的名字。

- **Organization Identifier**：你的網域名稱，以反序輸入；舉例來說，如果你的網
  域是 *mycompany.com*，那就請你輸入 com.mycompany（請依你的網域名稱來輸入
  此項，如果你沒有網域的話，請輸入 com.example）。

公司名字和產品名字會被用來建立 app 的 *bundle ID*（*bundle identifier*）。bundle ID 是一個用句號分隔的字串，是一組程式碼和資源的維一識別。舉例來說，如果你用了 `com.example` 當作你的公司名稱，那麼 bundle ID 就會是 `com.example.Selfiegram`。

bundle ID 會被用在所有 macOS 和 iOS 生態圈中。一個 bundle ID 是你 *app ID* 的主要組成，app ID 是你 app 在 App Store 中的唯一識別。你 app 的 bundle ID 也是其他 ID 的主要組成，例如文件為主的 app 的文件唯一型態識別（document uniform type identifier）。基於上述種種原因，把這個 ID 記好是值得的。

- **Language**：Swift
- **Devices**：Universal
- **Use Core Data**：Off

Core Data 是一個 Apple 提供的 framework，這個 framework 讓你可以在一個類似資料庫的地方儲存資料，但這個地方位在你的 app 內部。我們在本書中不會使用 Core Data，因為它是一個足夠自己出一本書的主題。另外，Core Data 使用上也很容易碰到限制。而且，為你的 app 從頭打造一個儲存架構，會更有用，也更有助於學習。如果你打開 Use Core Data 選項的話，那麼 Core Data 的虛擬函式（stub）以及資料模型都會被加到 Xcode 幫你產生的專案中。如果你是個受虐狂，你可以從文件（*https://apple.co/2GEID1B*）中學到更多 Core Data 的相關內容，千萬別說我們沒有事先警告過你！

- **Include Unit Tests**：On
- **Include UI Tests**：On

將這兩個選項保留在 On，分別會使單元測試和 UI 測試建立它們的虛擬函式。我們將會第 130 頁的 "測試 SelfieStore" 中講述這兩個主題。

4. 點擊 Next 按鈕，Xcode 將會問你要將專案存放在何處（將會建立一個新目錄，名稱與你在 Product Name 欄位中輸入的一樣）。

Xcode 會問你是否要為你的專案建立一個 Git repository，我們建議你將這個專案儲存在 Git 中，或是類似的版本控制系統中。探索 Git 功能的這個主題超過本書的範圍，但如果你還不熟的話，我們強力建議你花一點時間學習 Git。Xcode 內建就支援 Git。

然後它就會為你建好可用的專案了（見圖 4-5）。

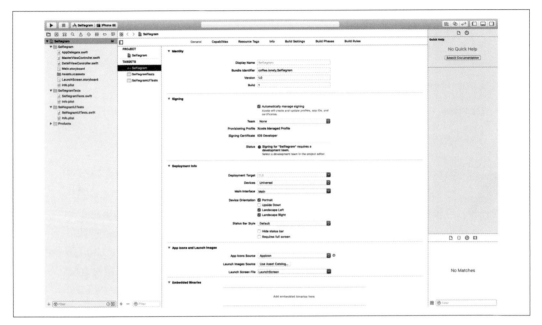

圖 4-5　我們的專案

架構

Master-Detail 樣板是你在 iOS 上做開發時，最常用的樣板。它提供你一個基本、馬上可用的 UI，內含多個 view controller。最上層的 view controller，是一個 split view controller，被設計來表示 Master-Detail 樣式資訊；它有兩個小孩，一個 master view controller 和一個 detail view controller。這個 split view controller 並沒有自己的外觀；它取用附在自己身上的兩個 view controller 的外觀，它可以依設定，將兩個子 view controller 用多種方法顯示。預設上來說，在小裝置上時，master 和 detail view controller 會在各自顯示時，佔去全部畫面，然而在大裝置上顯示時，master view controller 會覆蓋在 detail view controller 的上方。

在 split view controller 的下方，是它擁有的兩個 navigation controller，會需要兩個的原因，是因為 split view controller 天生就需要兩個；一個用來指到 master view controller，另外一個用來指到 detail view controller（見圖 4-6）。navigation controller 提供好幾個很好用的功能：它預設會給我們一個 navigation bar，而且還會給我們一個 navigation 階層讓我們可以操作。master view controller 含有一個 *table view*，table view 是最常用來顯示資料清單的方法；這個清單就是我們自拍照清單顯示的地方。而 detail view controller 只含有一個標籤——這將會是我們放置自拍照詳細資訊的地方。點擊在 master view controller 上的項目會過場到 detail view controller，上面顯示該項目的詳細資訊。

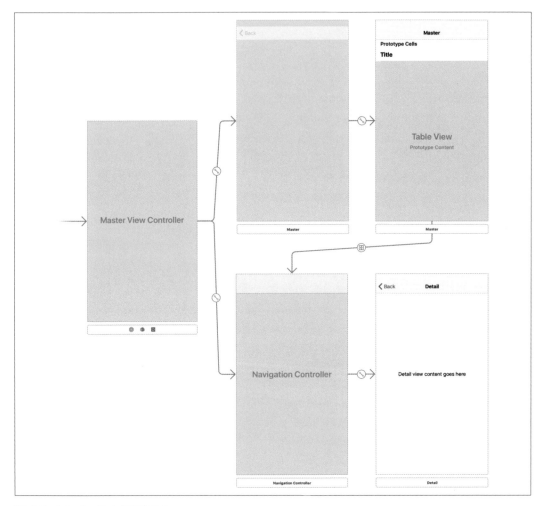

圖 4-6　Master-Detail 樣板 UI

重新命名 View

儘管模板所提供的 UI 和我們要的已十分相近,但它所用的一些名稱對我們的 app 來說卻不是很適用,所以讓我們做一些更名的工作:

1. 打開 *Main.storyboard*

2. 自 Document Outline 中選擇 master view controller，裡面會有兩個 view controller，你要選擇裡面有個 table view 的那一個。

3. 在 Attributes inspector 中，選擇 Title 屬性，將它改為 SelfiesList。

4. 自 view controller 中選擇 navigation 項目。

5. 使用 Attributes inspector，將它的標題改為 Selfies，圖 4-7 是改完的結果。

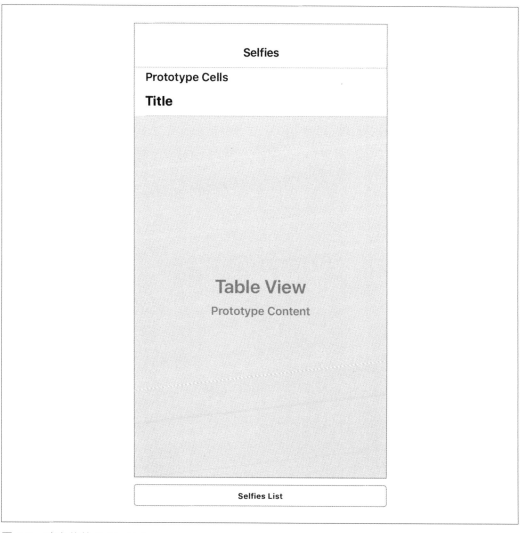

圖 4-7　改名後的 Selfie List

改變這兩個屬性代表我們可以在 document outline 中比較容易找到我們的 selfie list，然後在我們執行 app 時，navigation bar 會顯示 "Selfies"，而不會顯示 "Master"，這樣看起來就合理多了。現在我們要對 detail view controller 做一樣的事：

1. 從 document outline 中選取 detail view controller。

2. 在 Attributes inspector 中選擇 Title 屬性，並將它改為 SelfieDetail。

3. 選取 view controller 中的 navigation 項目。

4. 使用 Attributes inspector，將它的標題改為 Selfie。

做完以後，我們專案的基本設定就完成了。這裡多數的工作都是由 Master-Detail 樣板幫我們做的，這個樣板提供我們基本的 UI，以及一些單元及 UI 測試，讓我們之後可以建起來用（現在它們還是空的）。

如果現在你執行這個應用程式，你將可以在清單中建立一個空的項目，並藉由選取瀏覽之前的項目，但其他就沒有什麼功能了。在下一章中，我們將會加上新的功能。

第五章

建立 Model 物件

雖然除了模板提供的功能之外，我們的這個 app 中並沒有任何功能，但是當我們開始使用這些物件時，我們需要一些 model 物件以及儲存空間。基於這個原因，所以我們將會為我們的 app 先建立 model 的部分。我們將會為這個目的建立兩個類別：我們的 model 會被稱為 Selfie，而管理資料的類別叫做 SelfieStore。先做好 model 讓我們之後在建立 app 的其他部分時，有個平台可以讓需要 model 動作時，不需去閹割掉功能。

Selfie 物件

我們需要建立的第一個物件，是一個在應用程式中用來代表自拍照片的新類別：

1. 選取 File → New File 以建立一個新的 Swift 檔案。

2. 在 iOS 分類中的 Source 抬頭下，選擇 Swift File 選項。

3. 將該檔案命名為 *SelfieStore.swift*。

4. 將檔案存到 *Selfiegram* 目錄中，並設定 Targets 為 Selfiegram（見圖 5-1）。

圖 5-1　model 檔案

5. 在檔案接近頂端的地方，在匯入述句的底下，匯入 **UIKit.UIImage** 函式庫：

```
import UIKit.UIImage
```

我們從 **UIKit** 中匯入 **UIImage** 部分，因為 **UIKit** framework 很大，我們只需要它的這一小塊而已。這個匯入動作讓我們可以取得 **UIImage** 類別，這個類別將會用來裝我們的自拍照資料。我們將會用它來儲存 JPGs 格式資料，但事實上這個類別本身支援許多種不同的圖片格式。

6. 建立一個新的類別，取名為 **Selfie**：

```
class Selfie : Codable
{

}
```

這個類別會用來代表一張自拍照，以及所有該自拍照的詮釋資料。我們讓它附合 Codable 協定，這個協定是一個 Swift 4 中的新協定，它合併了兩個協定：Encodable 以及 Decodable。符合這個協定讓我們可以序列化及反序列化我們的 model 到 JSON 格式，我們會用 JSON 格式儲存自拍照，並從磁碟上載入自拍照。使用 Codable 的好處是，如果我們全部都用已附合該協定的物件（例如 String 物件）來創建我們的類別的話，我們不用再多寫任何程式碼，就可以符合 Codable 協定了。

如果你需要為編碼和解碼進行特定控制的話，要覆寫的的方法是 init(from decoder: Decoder) and encode(to encoder: Encoder)。由於我們的 Selfie 類別已符合 Codable 協定，所以依照一般程式撰寫的慣例，就不要再加上多餘的工作了。

7. 實作 created 以及 id 常數屬性：

```
// 何時拍的照
let created : Date

// 唯一 ID，用來將這張自拍照連結到它磁碟上的照片
let id : UUID
```

這兩個屬性是自拍照的主要詮釋資料，created 屬性會被設定為一張新自拍照拍攝的時間，之後會用來排序清單裡的自拍照。id 會是個唯一識別，我們將會在整個專案裡使用它，用來辨識不同的自拍照，不管其他的詮釋資料。

8. 實作 title 屬性：

```
// 這張自拍照的名稱
var title = "New Selfie!"
```

使用者之後可以改變自拍照的名稱，雖然預設為 "New Selfie!"，但使用者之後可以將名稱改為他們想要的新名字。

9. 實作 image 計算屬性：

```
// 這張自拍照在磁碟上的圖片
var image : UIImage?
{
    get
    {
        return SelfieStore.shared.getImage(id: self.id)
    }
    set
    {
```

```
        try? SelfieStore.shared.setImage(id: self.id, image: newValue)
    }
}
```

這個屬性會回傳磁碟上的 **UIImage**，它是自拍照實際的圖片元件——畢竟，自拍照總是要有張圖吧！這個屬性使用了一個我們尚未寫的類別，來載入自拍照，但現在不用擔心，我們等一下就會寫這個類別了。

10. 最後，我們需要為自拍照實作一個建構器：

```
init(title: String)
{
    self.title = title

    // 目前時間
    self.created = Date()
    // 一個新的 UUID
    self.id = UUID()
}
```

這個建構器很簡單：它建立一個新的自拍照，並指定名稱和設定兩個常數屬性。**created** 屬性將會在自拍照被初始化時，得到當時的時間，而 **id** 會被設定為一個新的 UUID。當我們將照片存檔或載入時，UUID 會被當成該張自拍照的唯一識別。

UUID 是 *universally unique identifier* 的縮寫，它其實裡面放的是一個 128 位元的數字，所以它大概有 340 澗（undecillion）種可能性（我們有查過 undecillion 這個字的意思，但請相信我它非常的大）。因為這個數字令人難以置信的大，所以我們不用擔心它不小心會產生重複值的問題。UUID 就是拿來這麼用的，所以即使產生幾百萬個也不用擔心。UUID 結構有一個名為 uuidString 的屬性，它會將 UUID 以 **String** 型式回傳，我們將會在程式碼中用到很多次這個型式的 UUID，如果你將它印出來看的話，它會看到類似這樣的 093A58F9-CC55-4EB6-B898-B576C29CB734。

做完這些以後，我們的 **Selfie** 類別就完成了，我們有一個可用的 model 物件，但現在需要一個東西，去處理自拍照和 app 其他部分的互動，我們將會在後面繼續製作這個東西。

SelfieStore

雖然我們的 Selfie 類別代表一張自拍照，但它還沒有與 app 中其他部分互動的能力，也無法被存到磁碟，或從磁碟中載入。我們需要一個管理者，用來幫我們處理這些工作，所以現在讓我們來建立一個吧。

 在本書中，我們講到很多次"磁碟"，這是因為我們都是來自於同一個時代，那個時代電腦裡有一個真的會轉的硬碟作為儲存空間。在現在，即使 iPhone 或多數的電腦，都有非常先進的硬體，也沒有再使用古早流行的硬體，但積習難改。當你看到磁碟這個詞的時候，你可以在腦中用儲存空間，或任何可表示"一個可以儲存的地方"的字來取代它。

我們的管理者需要處理可能會失敗的事件，當失敗發生時，我們想要丟出錯誤。我們的第一步就是建一個在需要時可以丟出的錯誤。

在 *SelfieStore.swift* 檔案中，在 Selfie 類別下，請再加上以下程式：

```
enum SelfieStoreError : Error
{
    case cannotSaveImage(UIImage?)
}
```

這個新錯誤是一個列舉型態，使用 Error 當作它的基礎類別，所以我們在需要時像丟出錯誤般地丟出它，不用再多寫任何程式碼。使用列舉表示很容易可以加上新的錯誤子類別，只要在列舉中加入新的 case 即可。我們目前只有一種錯誤 cannotSaveImage，它只有一個 optional 參數 UIImage，在我們試圖將自拍照儲存到磁碟失敗時，我們就會使用它。

現在我們把要丟出的錯誤設定好了，到了該開始建立 SelfieStore 的時候了。在這個 app 中，我們將會把 SelficStore 建成一個 singleton（單例模式物件），singleton 是一種物件，這種物件只會有一個本尊，這代表我們可從程式碼中的任意地點參照到它，不用把它在這個 app 中的不同的 view 之間傳來傳去，以簡化程式設計。

 若在你的 app 中過度使用 singleton 的話（其實，是任何程式）可能會讓程式變得很難繼續發展。singleton 是一種非常好用，而且強大的設計模式，但和使用其他設計模式一樣，請一定要把你整體程式的架構考慮進去。不要只因為這樣寫比較簡單，就輕鬆把物件變成 singleton。

我們將會分別在數個地方建構我們的 singleton，首先我們會用虛擬函式建立帶有基本架構的類別，接著會寫單元測試去測試功能，並填寫我們的虛擬函式。用這個方法，我們就可以在撰寫程式碼的同時測試程式碼，接下來就開始動作吧：

1. 建立一個叫做 SelfieStore 的新類別：

```
final class SelfieStore
{

}
```

我們把這個類別宣告為 final，是因為想要鎖住它——由於只會需要使用這一個類別，所以也沒有必要允許繼承。

2. 建立一個 static 屬性，這個屬性提供 app 的其他部分程式使用。藉由將屬性標記為 static，我們將吃重的工作都交給 Swift 去做，也就是確認這個 singleton 只有唯一實例：

```
static let shared = SelfieStore()
```

由於是設計成 singleton，所以會透過這個變數存取 singleton，所以我們會寫類似於 SelfieStore.shared.someFunction() 這樣的程式碼來存取程式碼，而不是去再做一個實例出來。

3. 建立以下的虛擬函式：

```
/// 用 ID 取得一張圖片，取得後會存在記憶體中供之後使用。
/// - 參數 id：你想要的那張自拍照 id
/// - 回傳值：該張自拍照的圖片，若不存在的話，回傳 nil
func getImage(id:UUID) -> UIImage?
{
    return nil
}

/// 將圖片存到磁碟
/// - 參數 id：你想存的那張自拍照 id
/// - 參數 image：你想存的那張照片
/// - 丟出例外：`SelfieStoreObject` 如果存檔失敗的話
func setImage(id:UUID, image : UIImage?) throws
{
    throw SelfieStoreError.cannotSaveImage(image)
}
```

```swift
/// 從磁碟讀出的自拍照物件的清單
/// - 回傳：一個 array，裝載著之前存過的所有自拍照
/// - 丟出：`SelfieStoreError` 如果不能從磁碟讀出一張自拍照的話
func listSelfies() throws -> [Selfie]
{
    return []
}


/// 從磁碟刪除一張自拍照，還有對應的圖片
/// 這個函式從傳入的自拍照取得 ID
/// 並將它傳給另外一個版本的刪除函式
/// - 參數 selfie：你想刪除的自拍照
/// - 丟出：`SelfieStoreError` 如果無法從磁碟上刪去指定的自拍照
func delete(selfie: Selfie) throws
{
    throw SelfieStoreError.cannotSaveImage(nil)
}


/// 從磁碟刪除一張自拍照，還有對應的圖片
/// - 參數 id：你想刪除的自拍照 ID
/// - 丟出：`SelfieStoreError` 如果無法從磁碟上刪去指定的自拍照
func delete(id: UUID) throws
{
    throw SelfieStoreError.cannotSaveImage(nil)
}


/// 試著從磁碟上讀出一張自拍照
/// - 參數 id：你想從磁碟讀出的那張自拍照的 id
/// - 回傳：id 匹配的那張自拍照，如果不存在的話，回傳 nil
func load(id: UUID) -> Selfie?
{
    return nil
}


/// 試著從儲存一張自拍照到磁碟
/// - 參數 selfie：要存到磁碟的自拍照
/// - 丟出：`SelfieStoreError` 如果寫出資料失敗
func save(selfie: Selfie) throws
{
    throw SelfieStoreError.cannotSaveImage(nil)
}
```

上面範例中有多個虛擬函式，由於我們之後會改寫它們，所以我們現在先不用考慮它們現在的功能，但我們需要知道它們 "想要" 做什麼：

- getImage(id:) 會回傳指定自拍照 id 的對應圖片，如果找不到圖片的話，就回傳 nil。

- setImage(id: image:) 會用傳入的 id 將圖片存在磁碟，並將 id 與自拍照關聯起來。

- listSelfies 會用 array 回傳所有的自拍照

- delete(selfie:) 會刪除一張自拍照以及它關聯到的圖片，藉由取得自拍照 id，然後呼叫另外一個版本的 delete 函式進行刪除

- delete(id:) 將會刪除一張符合指定 id 的自拍照（以及它關聯到的圖片）

- load(id:) 將會從磁碟裡讀出匹配指定 id 的自拍照

- save(selfie:) 將會把傳入的自拍照存到磁碟

現在 SelfieStore 中的虛擬函式都做好了，我們可以開始寫我們的單元測試了。

測試 SelfieStore

單元測試已經存在一陣子了，雖然它們可能不是測試程式碼唯一的方法，但它們一定是現在比較流行的選項之一。幸運地，Xcode 的編輯器中直接建有單元測試的能力。Swift 的其中一個優點是，它那非常強型態的天性，這表示用來儲存不合法資料型態的大量單元測試，可以跳過不用做了；編譯器已經幫我處理完這部分了，所以讓我們可以專注在功能測試上。所以隨著我們 SelfieStore 的虛擬函式，讓我們接著寫一些測試程式碼，用來驗證虛擬函式是否能正常工作：

1. 建立一個新的單元測試。請到 File → New File，從列表裡選擇 Unit Test Case Class（見圖 5-2）。

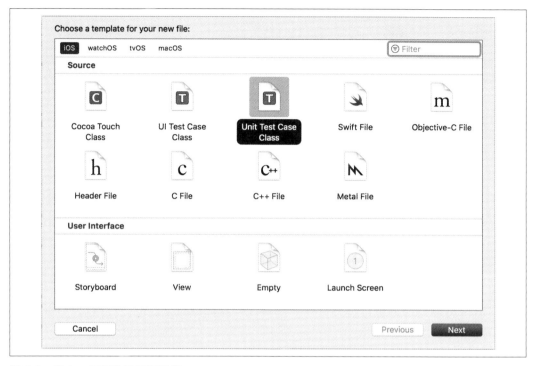

圖 5-2　建立一個新的單元測試檔

2. 將它命名為 *SelfieStoreTest.swift*，並確認它繼承了 XCTestCase。將這個新檔存到 *SelfiegramTests* 目錄中，並確認它的 Targets 設為 SelfiegramTests（圖 5-3）。

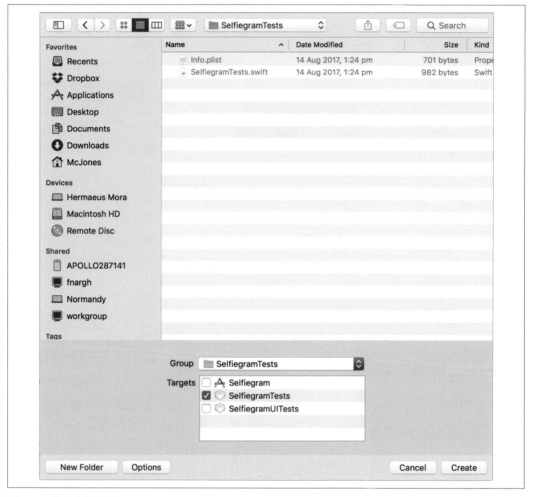

圖 5-3 儲存單元測試

3. 打開 *SelfieStoreTests.swift*，會看到一個新的 `SelfieStoreTests` 類別，這個類別是 `XCTestCase` 的子類別。這是 Xcode 中用來當作基礎的測試類別，它含有我們要做測試時可能需要的所有東西，我們會將所有的測試寫在這個類別的函式裡。

4. 將 `Selfiegram` 模組匯入成 testable：

```
@testable import Selfiegram
```

這只是一個普通的 import 述句，雖然這次是匯入我們自己的模組，而不是匯入內建的第三方函式庫。藉由將 @testable 旗標的標示，我們告訴負責匯入的單位將目標帶入並成為要被測試的狀態，所以一般狀態下被隱藏內部功能（例如內部函式和變數）現在都會被打開。

5. 匯入 UIKit framework：

```
import UIKit
```

匯入後讓我們可以存取 UIImage，和其他有關的類別和函式，我們之後會在測試裡用上它們。

6. 建立一個輔助函式，用來產生一些範例圖片。由於我們想要測試的是我們 model 物件儲存和載入自拍照（以及它們的圖片）的能力，我們需要一些可供測試使用的圖片。我們不會去測試攝影機 framework 或 UIKit 本身的功能，因為 Apple 已經做完這些工作了，所以我們改為寫一個小函式，這個函式能接受一個字串，並回傳一張圖片，圖片上有剛才傳入的文字顯示在上面：

```
/// 一個輔助函式，用來產生含文字的圖片
/// - 回傳：一張含有文字顯示於其上的圖片
/// - 參數 text：你想要顯示在圖片上的文字
func createImage(text: String) -> UIImage
{
    // 開始一個圖片背景
    UIGraphicsBeginImageContext(CGSize(width: 100, height: 100))

    // 在我們從這個函式回傳後，進行關閉圖片背景的工作
    defer
    {
        UIGraphicsEndImageContext()
    }

    // 建立一個 label
    let label = UILabel
        (frame: CGRect(x: 0, y: 0, width: 100, height: 100))
    label.font = UIFont.systemFont(ofSize: 50)
    label.text = text

    // 把 label 畫在目前圖片背景的上面
    label.drawHierarchy(in: label.frame, afterScreenUpdates: true)

    // 回傳該圖片
    // (! 表示我們必須成功得到一張圖片，否則會當掉)
    return UIGraphicsGetImageFromCurrentImageContext()!
}
```

這個函式裡面做了很多事，首先，我們做了一個新的圖片背景，並指定了尺寸。基本上，這裡說的是，我們想要一個 100×100 的新圖片。接著，我們使用了 defer 在我們回傳以後，去關閉圖片背景。我們之所以這樣做，是因為一旦我們開始建了一個圖片背景後，最後一定要關掉它，但我們在回傳時，還需要它的內容──所以用 defer 在取出回傳圖片以後，負責去關閉圖片背景。然後我們會建立一個 label，裡面裝有文字，然後將那個 label 畫在剛才準備好的背景上。最後，我們從圖片背景取得上面顯示了 label 圖片。

7. 刪除佔位函式，預設我們有一個 setUp 和一個 tearDown 函式，還有兩個測試案例；我們不需要以上的東西，所以我們就逐行刪除它們即可。

8. 建立一個名為 testCreatingSelfie 的新函式：

```
func testCreatingSelfie()
{
    // Arrange（準備工作）
    let selfieTitle = "Creation Test Selfie"
    let newSelfie = Selfie(title: selfieTitle)

    // Act（測試）
    try? SelfieStore.shared.save(selfie: newSelfie)

    // Assert（檢查結果）
    let allSelfies = try! SelfieStore.shared.listSelfies()

    guard let theSelfie =
        allSelfies.first(where: {$0.id == newSelfie.id}) else
    {
        XCTFail("Selfies list should contain the one we just created.")
        return
    }

    XCTAssertEqual(selfieTitle, newSelfie.title)
}
```

我們把這個測試做的再簡單不過了，我們建立了一個新的自拍照，並要求 SelfieStore 儲存該照片。然後將自拍照清單從儲存處載入回來，然後檢查看看自拍照是否存在。

9. 建立一個叫 testSavingImage 的測試案例：

```
func testSavingImage() throws
{
    // Arrange
```

```
        let newSelfie = Selfie(title: "Selfie with image test")

        // Act
        newSelfie.image = createImage(text: " 100 "
        try SelfieStore.shared.save(selfie: newSelfie)

        // Assert
        let loadedImage = SelfieStore.shared.getImage(id: newSelfie.id)

        XCTAssertNotNil(loadedImage,"The image should be loaded.")
    }
```

這個會測試我們的 SelfieStore 是否可以儲存一張圖片，然後從磁碟再度載入它。在
這個測試案例中，我們使用之前弄好的輔助函式去建立圖片，我們也會輸入表情圖
案，因為人人都愛表情圖案呢。

10. 建立一個叫 testLoadingSelfie 的測試案例：

```
        func testLoadingSelfie() throws
        {
            // Arrange
            let selfieTitle = "Test loading selfie"
            let newSelfie = Selfie(title: selfieTitle)
            try SelfieStore.shared.save(selfie: newSelfie)
            let id = newSelfie.id

            // Act
            let loadedSelfie = SelfieStore.shared.load(id: id)

            // Assert
            XCTAssertNotNil(loadedSelfie, "The selfie should be loaded")
            XCTAssertEqual(loadedSelfie?.id, newSelfie.id,
                        "The loaded selfie should have the same ID")
            XCTAssertEqual(loadedSelfie?.created, newSelfie.created,
                        "The loaded selfie should have the same creation date")
            XCTAssertEqual(loadedSelfie?.title, selfieTitle,
                        "The loaded selfie should have the same title")
        }
```

這會測試 SelfieStore 儲存和載入指定自拍照的能力，一張自拍照會被建立、儲存、
載入，最後和原來的自拍照進行比對，如果它們內容不同的話，測試失敗。

11. 建立一個叫 testDeletingSelfie 的測試案例：

```
func testDeletingSelfie() throws
{
    // Arrange
    let newSelfie = Selfie(title: "Test deleting a selfie")
    try SelfieStore.shared.save(selfie: newSelfie)
    let id = newSelfie.id

    // Act
    let allSelfies = try SelfieStore.shared.listSelfies()
    try SelfieStore.shared.delete(id: id)
    let selfieList = try SelfieStore.shared.listSelfies()
    let loadedSelfie = SelfieStore.shared.load(id: id)

    // Assert
    XCTAssertEqual(allSelfies.count - 1, selfieList.count,
                    "There should be one less selfie after deletion")
    XCTAssertNil(loadedSelfie, "deleted selfie should be nil")

}
```

這個測試會建立一張自拍照，儲存它、刪除它，檢查它不再存在。這個測試會驗證 SelfieStore 是否正確地刪除一張自拍照。

你也許已注意到，在你建立測試函式時，一個小小的菱形會出現在行號處。點擊這個小菱形就可以讓你執行目前的測試。一旦測試完成後，小菱形就會顯示出結果，讓你可以快速地沿著行號欄查看，就可以知道哪些測試成功，哪些失敗了。標記在類別處的小菱形，則是反映著整個測試全部的狀態；如果裡面有測試失敗了，小菱形就會被標記為失敗。

寫完了這些以後，我們現在可以開始執行測試了，這項工作有幾種做法。其中一個選擇是按著 Xcode 的 Run 按鈕不放，並選擇下拉清單中出現的 Test。不過這個方法將會執行所有的測試，包含我們目前還沒有用到的 UI 測試。由於我們只想執行現在剛寫好的測試，所以我們可以改為點擊 SelfieStoreTests 類別定義處的測試菱形；這會執行該類別中的所有測試。

如果你現在執行測試的話，你會發現結果將會全部失敗，這符合目前的狀態無誤。

填寫虛擬函式

現在我們的測試都呈現失敗的情況，所以要回到我們的 SelfieStore 類別的，並且進行虛擬函式內容的實作了，實作完了以後我們才能使用它們。現在讓我們開始吧：

1. 在類別中加入 imageCache 屬性，這屬性是個 dictionary，它的 index 是 String，元素是 UIImage：

```
private var imageCache : [UUID:UIImage] = [:]
```

這個屬性將會在之後被使用，用來儲存我們從磁碟中取出來的圖片。只要是想取得一張自拍照時，SelfieStore 就會以 id 屬性當成鍵來這個快取中找出該張圖片，如果找不到的話，才會將圖片從磁碟載入，將它存到這個快取中，下次再找同一張圖的話，速度就會快的多。快取的意義在於，我們常會需要用到一張自拍照，所以最好是把它保留起來，而不是每次都要去磁碟中讀出來。

2. 加上一個新的 documentsFolder 計算屬性。這將會回傳應用程式的 *Documents* 目錄的檔案 URL：

```
var documentsFolder : URL
{
    return FileManager.default.urls(for: .documentDirectory,
                                    in: .allDomainsMask).first!
}
```

 檔案 URL 和其他 URL 是差不多的東西；只差在檔案 URL 的協定是以 *file://* 開頭，而不是你常用的 *https://*。在很多 iOS framework 中都使用檔案 URL，用來代表在磁碟上的檔案或目錄。

每個 iOS 上的 app 都會有一個私有的目錄，這個目錄名為 *Documents*，用來儲存使用者產生的重要內容，這些內容在每次 app 執行時都要能夠被存取。*Documents* 目錄是我們將會儲放自拍照以及相關圖片的目錄，我們會用 FileManager 類別去存取這個目錄。

 iOS 系統會管理環境，如果你試圖不用 Apple 提供的方法去存取目錄和檔案的話，你的 app 會被作業系統阻擋或殺死，以避免使用者的隱私被侵犯。能夠寫程式是個了不起的技能，請不要將它用在不正當的用途上。

FileManager 是一個類別，這個類別被設計成以一種良好、乾淨的方法處理檔案作業，讓身為開發者的你可以專注在寫你自己的程式上。它工作的方法是透過存取 singleton FileManager default，並告訴它你想對特定目錄做什麼動作，例如儲存和刪除。這裡用的目錄路徑是以 URL 型式傳遞的，但你也可以使用字串。對於範例中的計算屬性來說，我們要它存取的路徑是指到 *Documents* 目錄，這是因為在 iOS 中，我們沒有辦法直接控制檔案系統，也無法指定我們 app 會被安裝到何處，所以我們不能像在 Mac 上一樣，假設這個路徑會是在一個固定的位置，像是 *~/Documents/*。即使我們心裡知道 FileManager API 取回的目錄只有一個，但這個函式回傳的是一個 array，使用 FileManager API 時不能做這種假設，因為它也有可能取回多個不同目錄。

隨著 iOS11 的發布，所有的 iOS 裝置會被安裝了一個叫做 Files 的 app。每個設定打開 Files 支援的 app，都可以用 Files 瀏覽屬於該 app 的 *Documents* 目錄。從 Files app 中，你可以看見所有不同 app 的 *Documents* 目錄，並且瀏覽它們的內容。

我們的範例並不去打開對 Files 的支援，因為每張自拍照都是由數個檔案組成的，而且我們也不希望我們的使用者誤刪除了自拍照組成檔案。如果你對於如何在你的 app 中支援文件瀏覽有興趣的話，Apple 有一個完整的導覽文件，裡面有很多文章可以參考（*https://apple.co/2HGvWo9*）。

3. 以下面的程式碼取代 getImage(id:) 方法：

```swift
/// 用 ID 取得一張圖片，取得後會存在記憶體中供之後使用。
/// - 參數 id：你想要的那張自拍照 id
/// - 回傳值：該張自拍照的圖片，若不存在的話，回傳 nil
func getImage(id:UUID) -> UIImage?
{
    // 如果圖片已在快取中，就將它回傳
    if let image = imageCache[id]
    {
        return image
    }

    // 找出這張圖片應該在何處
    let imageURL =
    documentsFolder.appendingPathComponent("\(id.uuidString)-image.jpg")

    // 從檔案中取得資料，失敗就離開
    guard let imageData = try? Data(contentsOf: imageURL) else
    {
        return nil
```

```
    }

    // 從資料中取得圖片；失敗就離開
    guard let image = UIImage(data: imageData) else
    {
        return nil
    }

    // 將已載入圖片存在快取中供下次使用
    imageCache[id] = image

    // 回傳己載入的圖片
    return image
}
```

第一個檢查，是要看看圖片是否在快取中；如果有的話，我們就直接回傳。否則，我會建出圖片存放位置的 URL。因為 id 屬性會被傳到這個方法中，所以我們可以得到圖片檔案的名稱。然後我們會試圖去載入該檔案，內容放到通用的 Data 物件中，如果這個動作成功了，我們將它轉成一個 UIImage，然後將它存到快取中供下次使用，接著就回傳該張圖片。

> Data 是你會在 iOS 上到處看到的資料結構，它幾乎可以裝載任何型式的資料（以位元緩衝存放）。我們只是粗略地講一下這些物件的能耐，但你可以把它們想作是能裝載任何二進位資料的東西，然後你就可以將它們轉換成更有用的型態，或是傳送出去，或是進行儲存到某處去。Data 結構被設計為可以對多種來源做載入和儲存，例如從一個 URL 或從磁碟，它也將會是你在 iOS 中常用的一種中介格式。

4. 以下面的程式碼取代 setImage(id:) 方法：

```
/// 將圖片存到磁碟
/// - 參數 id：你想存的那張自拍照 id
/// - 參數 image：你想存的那張照片
/// - 丟出例外：`SelfieStoreObject` 如果存檔失敗的話
func setImage(id:UUID, image : UIImage?) throws
{
    // 得到檔案最後會在的位置
    let fileName = "\(id.uuidString)-image.jpg"
    let destinationURL =
        self.documentsFolder.appendingPathComponent(fileName)

    if let image = image
    {
```

```
// 我們得到一張要儲存的圖片，所以就將它存起來吧
// 試圖將圖片轉為 JPEG
guard let data = UIImageJPEGRepresentation(image, 0.9) else
{
    // 失敗就丟出錯誤
    throw SelfieStoreError.cannotSaveImage(image)
}

// 試圖將資料寫出
try data.write(to: destinationURL)
}
else
{
    // image 是 nil，表示我們要刪除該圖片
    // 試圖執行刪除
    try FileManager.default.removeItem(at: destinationURL)
}

// 將這圖片放到記憶體快取中（如果 image 是 nil 的話）
// 這將等效於從快取集合中刪除該項目
imageCache[id] = image
}
```

這個方法工作的邏輯和前面的差不多，首先它先弄出圖片在儲存時的名稱，如果傳進來的圖不是 optional，那我們就將它轉成一個 Data 物件，以 JPEG 的格式存放著圖片。然後我們要將資料存到磁碟上，如果傳進來的圖片值為 nil，那麼我們就刪除與該圖相關的圖片檔。

5. 以下面的程式碼取代 listSelfies 方法：

```
/// 從磁碟讀出的自拍照物件的清單
/// - 回傳：一個 array，裝載著之前存過的所有自拍照
/// - 丟出：`SelfieStoreError` 如果不能從磁碟讀出一張自拍照的話
func listSelfies() throws -> [Selfie]
{
    // 取得 Documents 目錄下的檔案清單
    let contents = try FileManager.default
        .contentsOfDirectory(at: self.documentsFolder,
     includingPropertiesForKeys: nil)

    // 取得所有副檔名為 'json' 的檔案
    // 將它們載入成為 data，並把它們從 JSON 解碼出來
    return try contents.filter { $0.pathExtension == "json" }
        .map { try Data(contentsOf: $0) }
        .map { try JSONDecoder().decode(Selfie.self, from: $0) }
}
```

我們在這裡使用了很多 closure，但這個方法裡做的事基本上可以說是很簡單的。首先我們先拿到 *Documents* 目錄裡所有的檔案，然後進行過濾只留在副檔名為 *.json* 的檔案，這個格式是我們在接下去的方法中，將自拍照儲存時所用的格式。然後我們會將這些檔案轉換為 Data 物件，載入記憶體。最後，我們使用 JSONDecoder 將它們全部放到 Selfie 物件中，然後回傳所有的 Selfie 物件。

6. 以下面的程式碼取代 delete(selfie:) 和 delete(id:) 方法：

```
/// 從磁碟刪除一張自拍照，還有對應的圖片
/// 這個函式從傳入的自拍照取得 ID
/// 並將它傳給另外一個版本的刪除函式
/// - 參數 selfie：你想刪除的自拍照
/// - 丟出：`SelfieStoreError` 如果無法從磁碟上刪去指定的自拍照
func delete(selfie: Selfie) throws
{
    try delete(id: selfie.id)
}

/// 從磁碟刪除一張自拍照，還有對應的圖片
/// - 參數 id：你想刪除的自拍照 ID
/// - 丟出：`SelfieStoreError` 如果無法從磁碟上刪去指定的自拍照
func delete(id: UUID) throws
{
    let selfieDataFileName = "\(id.uuidString).json"
    let imageFileName = "\(id.uuidString)-image.jpg"

    let selfieDataURL =
    self.documentsFolder.appendingPathComponent(selfieDataFileName)
    lct imageURL =
      self.documentsFolder.appendingPathComponent(imageFileName)

    // 如果兩個檔案存在的話，移除它們
    if FileManager.default.fileExists(atPath: selfieDataURL.path)
    {
        try FileManager.default.removeItem(at: selfieDataURL)
    }

    if FileManager.default.fileExists(atPath: imageURL.path)
    {
        try FileManager.default.removeItem(at: imageURL)
    }

    // 如果快取中有圖片的話，刪去它
    imageCache[id] = nil
}
```

第一個方法很容易理解：它就是去呼叫另外一個 delete 方法，讓另外一個方法去做事。另外一個 delete 方法中，第一步是要做出自拍照和它圖片的檔名，然後如果這兩個檔案存在的話，就要求 FileManager 去刪除它們。最後，它會將 imageCache 中的圖片清除，已經沒有必要將圖片留在快取中了，因為它之後再也不會被使用了。

7. 以下面的程式碼取代 load 和 save 方法：

```swift
/// 試著從磁碟上讀出一張自拍照
/// - 參數 id：你想從磁碟讀出的那張自拍照的 id
/// - 回傳：id 匹配的那張自拍照，如果不存在的話，回傳 nil
func load(id: UUID) -> Selfie?
{
    let dataFileName = "\(id.uuidString).json"

    let dataURL =
        self.documentsFolder.appendingPathComponent(dataFileName)

    // 試圖去載入這個檔案中的資料
    // 然後再試著將資料轉換為圖片
    // 然後回傳該圖片
    // 這些步驟如果失敗就回傳 nil
    if let data = try? Data(contentsOf: dataURL),
        let selfie = try? JSONDecoder().decode(Selfie.self,
            from: data)
    {
        return selfie
    }
    else
    {
        return nil
    }
}

/// 試著從儲存一張自拍照到磁碟
/// - 參數 selfie：要存到磁碟的自拍照
/// - 丟出：`SelfieStoreError` 如果寫出資料失敗
func save(selfie: Selfie) throws
{
    let selfieData = try JSONEncoder().encode(selfie)

    let fileName = "\(selfie.id.uuidString).json"
    let destinationURL =
        self.documentsFolder.appendingPathComponent(fileName)
```

```
        try selfieData.write(to: destinationURL)
    }
}
```

load 方法建立一個 URL，指向自拍照磁碟上的位置，然後會試圖將圖片載入成為 Data。如果成功的話，它會用 JSONDecoder 將載入的 JSON 格式資料轉換成 Selfie 物件。而 save 方法會將傳入的自拍照以 JSONEncoder 類別轉為 JSON 格式，然後它會試著去將轉換完的東西寫到磁碟。

JSONDecoder 可以接受任何型態，以及對應的 JSON 資料作為參數，然後回傳 JSON 資料放入該種型態物件後回傳。只要是符合 Decodable 協定的東西，都可以使用 JSONDecoder 去對自訂物件做反序列化的動作。而 JSONEncoder 類別，做的是反向工作：只要符合 Encodable 協定的東西，都可以傳給 JSONEncoder，JSONEncoder 會回傳它的 JSON 格式。Decodable 和 Encodable 協定，都會被設計成可以相互搭配使用，這也就是為什麼將它們合成 Codable 協定的原因。

如果你將我們 Selfie 物件所用的 JSON 拿來看的話，它將會看起來像：

```
{
  "created":524643733.54513001,
  "id":"B1B02912-EAD7-4C7E-AD14-A11275FDF693",
   "title":"New Selfie"
}
```

現在我們已將所有的虛擬函式替換成可以用的程式碼了，如果現在執行我們的測試，所有測試都會通過！由於 model 是核心的部分，以致於我們的也不容易操作，所以是時候為我們的 app 建立一些 UI 了。

第六章

建立自拍照清單 UI

將 model 物件做完測試,並確認功能正常後,現在就要為 app 建立 UI 了。讓我們從顯示之前自拍照的清單 UI 開始。

建立自拍照清單

因為我們採用的是 Mster-Detail 樣板,所以基本的 UI 都已經在 storyboard 裡面了;我們只要把現有的東西弄成我們要的就可以了。這個階段,我們要做的事情,是要用 `UITableView` 和 `UITableViewController` 類別,去做出我們的自拍照清單。

`UITableView` 類別是 `UIView` 的一個特別的子類別,它的用途是顯示資訊清單。一個 table view 是由一到多個節區組成,每個節區裡面又可以有零到多個 table view 單元。可以把一個 table view 單元想成一個普通的 view 就好——可以用來代表任何你想要的東西。

table view 單元中的資料和節區,是從該 table view 的 `UITable ViewDataSource` 屬性中取得。當一個 table view 需要顯示資訊時,例如一個節區中有多少單元,或是每個單元中要顯示什麼樣的資訊,都從它資訊的來源取得。這表示 table view 本身並不知道它顯示的是什麼,也不知道該怎麼顯示——這些都由資訊來源控制。table view 也擁有一個 delegate,在非資料相關的事件發生時(例如一列被選取時),就會收到通知。

index path 是 table view 中重要的部分,它會被資料來源和 delegate 使用。index path 是 table view 中代表一個單元的簡單物件,它是藉由 `section` 和 `row` 屬性來做到這個工作。這兩個屬性都是 `Int` 型態,讓你可以在 table view 中對照到特定的一個單元,不需要將整個單元在方法之間傳來傳去。

UITableViewController 是 另 外 一 個 我 們 會 在 UI 中 用 到 很 多 次 的 物 件，它 是 UIViewController 的一個子物件，功能是用來控制 table view。它其實是為方便而存在的一個類別，它不用去管理一整個 view，它只管理一個 table view。其實一個 table view controller 能做到的事，只要你能符合相關的協定，你自己也可以做到；只是說有既存的程式碼可利用，你就不用自己重新打造輪子。而且，UITableViewController 已經被設定好成為它的 table view 的 delegate 以及資料來源。

你可能會好奇為何一個只顯示資料清單的東西，會被稱為 *table* view。這是因為 UITableView 和所有它相關的物件，都是從 macOS 開發時的 NSTableView 而來，NSTableView 可以用來表示有行有列的資料。如果你想要找的東西功能有點像 table view，但是又可以表示多維資料的話，你可以看看 UICollectionView 是不是你要的東西，UICollectionView 用起來和 table view 幾乎一樣，只是它可以呈現出你想要的任何布局。

讓我們將樣板中的 master view controller 做成可以顯示自拍照清單的 view controller：

1. 打 開 *MasterViewController.swift* 檔 案，並 且 將 它 改 名。 選 擇 定 義 處 的 類 別 名 稱，然 後 到 Editor → Refactor → Rename（或 右 鍵 點 擊 類 別 名 稱，並 選 擇 Refactor → Rename）。好了以後，會看到 Refactor 視窗出現，告訴你變更將會生效。

2. 把類別名稱改為 SelfieListViewController，這一步也會將檔名、註解中的類別名稱、類別定義以及 storyboard 中的類別改掉——一共是 4 處變更（見圖 6-1）。

我們並不是一定要將該類別改名字，我們要做事也不要求它的名稱一定要是 SelfieListViewController。這麼做只是為了在我們開發 app 的過程中，比使用 MasterViewController 好而已，而且這個動作只需要幾秒就做完了，所以我們覺得這麼做很值得。

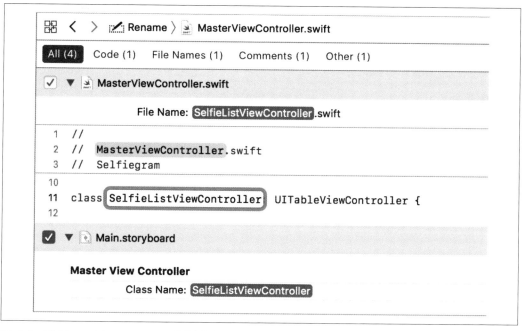

圖 6-1 將 MasterViewController 類別改名字

3. 刪除 objects 變數,用自拍照清單取代:

```
// 我們要顯示的圖片物件清單
var selfies : [Selfie] = []
```

這是我們想要 table view 顯示的東西,現在雖然將它初始化成一個空 array,但我們之後馬上會從 SelfieStore 取得自拍照清單。Xcode 在此時會警告你有東西錯了,這是因為我們刪去舊的屬性;請不用擔心,因為我們接下去會將其他節區的程式碼也換掉。

4. 用以下程式碼取代 viewDidLoad:

```
override func viewDidLoad()
{
    super.viewDidLoad()

    // 從 selfie store 載入自拍清單
    do
    {
        // 取得圖片清單,用日期排序(新的排在前面)
        selfies = try SelfieStore.shared.listSelfies()
```

```
                .sorted(by: { $0.created > $1.created })
        }
        catch let error
        {
            showError(message:
                "Failed to load selfies: \(error.localizedDescription)")
        }

        if let split = splitViewController
        {
            let controllers = split.viewControllers
            detailViewController = (controllers[controllers.count-1]
                as? UINavigationController)?.topViewController
                as? DetailViewController
        }
    }
```

這個方法做了幾件事，首先，它試圖從 SelfieStore 中讀出自拍照清單。如果失敗的話，它會呼叫一個叫 showError 的方法，這個方法我們等一下就會寫，用來處理錯誤用的。如果它載入自拍照的清單成功的話，會將自拍照依日期排序。方法中的最後一個部分，是從樣板來的，它是一些必要的程式碼，用來確認 SplitViewController 已被正確的設定，使用 DetailViewController 作為 Master-Detail 樣板的 detail 那部分。

5. 現在建立 showError 方法：

```
    func showError(message : String)
    {
        // 建立一個 alert controller，初始化時傳入我們收到的訊息
        let alert = UIAlertController(title: "Error",
                                     message: message,
                                     preferredStyle: .alert)

        // 為它加入一個動作－它除了顯示一個按鈕來退出它以外
        // 不做其他的動作
        let action = UIAlertAction(title: "OK",
            style: .default, handler: nil)
        alert.addAction(action)

        // 顯示警示和訊息
        self.present(alert, animated: true, completion: nil)
    }
```

在我們碰到未能解決的問題時，就會呼叫這個方法，它只是用來讓使用者知道有東西出錯而已。這並不是一個最好的錯誤處理方法，但現在堪用。我們首先建立一個

UIAlertController 類別，它的功用是顯示 app 常用的那種跳出警示視窗。這種類別可以有兩種不同的顯示樣式，但我們想要它看起來比較像警示，提示有東西出錯，樣式是在初始化時的 preferredStyle 參數設定。然後我們要為這個警示加上一個動作，你幾乎可以做任何你想做的動作——在我們的範例中，我們想要在按鈕按下時將警示視窗退出，所以我們沒有給它任何處理控制，但如果你想要做更多時，可以在 handler 屬性設定一個 closure。最後，我們顯示該警示。

6. 用以下的程式碼更新 table view：

```
override func tableView(_ tableView: UITableView,
                        numberOfRowsInSection section: Int) -> Int {
    return selfies.count
}
override func tableView(_ tableView: UITableView,
                        cellForRowAt indexPath: IndexPath
                           ) -> UITableViewCell
{
    let cell = tableView.dequeueReusableCell(withIdentifier: "Cell",
                                            for: indexPath)

    let selfie = selfies[indexPath.row]
    cell.textLabel?.text = selfie.title

    return cell
}
```

這裡要看的第一個東西是 numberOfRowsInSection，是讓 UITableViewDataSource 呼叫，用來取得這個 table view 中每個節區裡有多少單元。由於我們的 table view 中只有一個節區，我們可以直接回傳我們自拍照 array 中有多少圖片。其他的方法稍微複雜一點，cellForRowAt indexPath: 由 table view 呼叫，當 table view 需要知道每個節區裡的每個列要顯示什麼的時候，它就會呼叫這個函式。indexPath 參數是一個由兩樣東西組成的物件：節區和列。這兩樣東西在一起時，就可以讓我們明確地指定要設定的是哪個單元，並將該單元送回到 table view 去顯示。程式開始的地方，我們先從佇列中取得一個帶有識別的單元（在我們的範例中，此處的識別就是 "Cell"），由於使用了樣板，所以在 storyboard 中早已設定好了。我們採用從佇列中取得單元，而不是新建一個單元的原因是，建立一個 table view 的單元不是一個說做就馬上可做完的動作，由於我們可能會做快速滑動的動作，用在建立下一個單元的幾毫秒的延遲，會讓我們的 table view 看起來卡卡的。所以，table view 會先建好一堆單元，並放進佇列中備用。因為，藉由呼叫 dequeueReusableCell，我們告訴 table view 說 "嘿，你建好了一堆單元吧，請給我一個"。在捲動 table view 時，即時很重要，這個行為可以節省很多時間。然後，我們藉由將 textLabel 設定給取得的單元，用來顯示我們自拍照的名稱。

7. 最後，我們要刪除無用的方法，這些方法是 insertNewObject、prepare(for segue: sender:)、tableview(commit editingStyle: forRowAt indexPath:) 以及 tableview(canEditRowAt indexPath:)，刪完以後請執行 app。app 啟動後，它會顯示自拍照清單，上面有我們已建立和之前在測試 SelfieStore 時所儲存的所有自拍照（見圖 6-2）。

圖 6-2　顯示我們在之前測試時所產生的自拍照清單

改良自拍照清單

雖然我們的程式碼可以正常運作，但出來的結果不是讓人很滿意。畢竟，就是要把內部照片顯示出來才行啊（之後我們將照相機加入就可以了）。讓我們先改良 table view，這樣我們不止是可以將照片顯示出來，而且還可以在 table view 上加上一個小的子標籤，顯示一張自拍照已經拍多久了：

1. 加上一個新的 `SelfieListViewController` 屬性到我們的類別中：

```
// 這個用來製作標籤 "1 分鐘以前 "
let timeIntervalFormatter : DateComponentsFormatter = {
    let formatter = DateComponentsFormatter()
    formatter.unitsStyle = .spellOut
    formatter.maximumUnitCount = 1
    return formatter
}()
```

這將會用來印出人看得懂的字串，這個字串指出這張自拍照是多久以前拍的，它看起來會類似 "1 分鐘以前"。我們用了一個 `DateComponentsFormatter` 來做到這件事——這是一個專門用來處理日期格式，將日期轉成對人類看起來比較友善的格式。由於日期是以從一個固定時間起算的秒數數值，如果我們直接把日期打開來看，我們只能得到一長串的數字。我們要把它轉成人類可以讀懂的格式，但若要轉成日期，又有點難搞，所以 Apple 已經很仁慈的幫我們做完這件工作了。我們可以使用 `unitsStyle` 和 `maximumUnitCount` 屬性，來控制日期要怎樣呈現。這裡我們只想用單一個的單位，而且要完整拼寫（例如 "1 分鐘" 是完整寫法，"1 分" 是不完整寫法）。

2. 更新 `cellForRowAt indexPath:` 以顯示時間和圖片：

```
override func tableView(_ tableView: UITableView,
            cellForRowAt indexPath: IndexPath) -> UITableViewCell
{
    // 從 table view 取得一個單位
    let cell = tableView.dequeueReusableCell(withIdentifier: "Cell",
                                            for: indexPath)

    // 取得一張自拍照並用它來設定前面取得的單位
    let selfie = selfies[indexPath.row]

    // 設定主要標籤
    cell.textLabel?.text = selfie.title

    // 設定它是多久以前拍的子標籤
```

```
if let interval =
    timeIntervalFormatter.string(from: selfie.created, to: Date())
{
    cell.detailTextLabel?.text = "\(interval) ago"
}
else
{
    cell.detailTextLabel?.text = nil
}

// 在單元左側顯示自拍照圖片
cell.imageView?.image = selfie.image

return cell
}
```

和原來比起來，這裡改動的並不多：我們做的就是使用 table view 單元裡的 subtitle 和 imageView 元件，並給它們適合顯示的值。

如果我們現在試著去執行程式的話，會發現它無法執行，因為在 table view 單元裡用到的屬性（有些）還不存在。但如果它們還不存在的話，為什麼 Xcode 會有辦法在我們打字時做自動完成，並且還能正確地醒目標示它們呢？

這是因為 table view 單元有幾個不同的外表樣式，預設最簡單的那個稱為 "Basic"；它有一個稱為 textLabel 標籤，到目前為止我們還沒有用過它。另外還有好幾個不同的樣式，"Custom" 就是其中之一，這個是你可以完全去控制顯示什麼。為了要考慮到 UITableViewCell 中所有可能的不同樣式，就會有兩種情況：使用 optional 屬性，或是使用繼承，然後在設定單元前再去做轉型。這兩種方法都有它的好處和壞處。Apple 選擇使用前者，因為 Swift 中要處理 optional 屬性很容易，而且一定要強制轉型這件事情有違這個語言的哲學。我們現在要讓單元去使用正確的外表樣式，這樣就可以使用我們寫的程式碼了：

1. 打開 *Main.storyboard*，並選擇 SelfieListViewController。

2. 自 table view 中選取樣板單位。

3. 用 Attributes inspector，將樣式從 Basic 改為 Subtitle。

在 Attributes inspector 中，你可能會注意到單元有一個 Identifier 屬性，被設定為 "Cell"。這就是當我們從佇列中取出重複使用單元時，在 cellForRowAt indexPath: 中用的識別。你可以利用這個識別，在一個 table view 中做多種不同的樣板單元型態。

Subtitle 和 Basic 樣式一樣，會有一個主要標籤，但其實它底下又有另外一個子標籤，這個子標籤就是我們要用來顯示日期的地方。兩種樣式，都另外還有一個 UIImageView 在單元的左邊，這個是我們要用來顯示圖片的地方。

如果我們再執行 app 一次，我們會得到和之前差不多的結果，但現在單元會顯示自拍照是多久以前建立的。另外，我們之前建有圖片的自拍照，例如我們在測試時利用表情圖建的那種，圖片也會顯示在左側（見圖 6-3）。

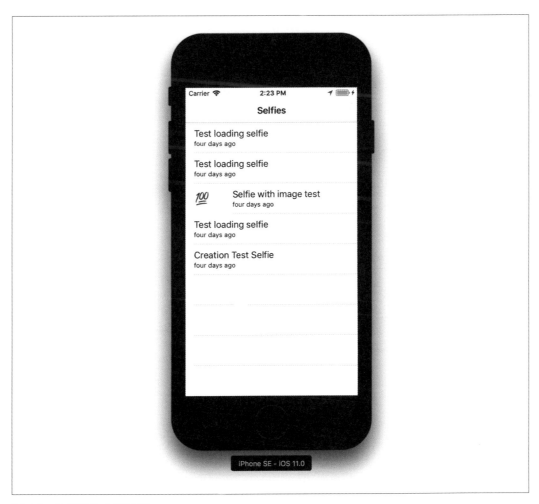

圖 6-3　改良過的自拍清單

到目前為止，我們已經有一個可用的自拍照顯示清單了，但我們還沒有方法去刪除我們在測試時所建立的自拍照，也沒有辦法加入一張新的。所以，我們的下一步就是要做出這些功能，如此一來，我們才能加入新的，並刪除已存在的自拍照。

第七章

加入和刪除自拍照

現在我們有可以瀏覽全部自拍照的 UI 了，但我們沒有辦法加入新的，或刪除現有的自拍照。Selfiegram 若是只能擁有我們測試的自拍照的話，還不算是一個真正的 app——現在到了改變它的時刻了。

刪除自拍照

首先，我們要為刪除自拍照做必要的改變，我們要先做刪除的原因是，它比較簡單。我們將會寫一些程式碼，這些程式碼讓我們可以使用標準的 iOS swipe-to-delete 行為（譯按：手指觸控掃過去刪除），你可能已經在 mail app 裡看過這個功能了。要做到這個功能，我們將需要使用兩個不同的 table view 資料來源方法 tableView(_ canEditRowAt indexPath:) 和 tableView(_ commit ediLingStyle: forRowAt index Path:)。第一個方法會回傳一個 Bool；如果該 Bool 值為 true，表示 table view 允許刪除該列，如果為 false 的話，就阻擋這個刪除。第二個方法在編輯結束時被呼叫，在我們的例子中，編輯行為指的就是刪除，但其實在任何編輯後，都是呼叫同一個方法，包括重排單元動作後：

1. 實作 canEditRowAt indexPath: 方法：

```
override func tableView(_ tableView: UITableView,
                        canEditRowAt indexPath: IndexPath) -> Bool
{
    return true
}
```

由於我們所有的自拍照都可以被刪除，所以我們在這就只要回傳 true 即可，但如果你需要控制能不能被刪除，indexPath 參數就拿來判斷用的（譯按：用來判斷 indexPath 指到的能不能被刪除，再回傳 true 或 false）。

2. 實作 commit editingStyle: forRowAt indexPath: 方法：

```
override func tableView(_ tableView: UITableView,
                        commit editingStyle: UITableViewCellEditingStyle,
                        forRowAt indexPath: IndexPath) {
    // 如果發生編輯事件的是刪除，那我們就要去做刪除
    if editingStyle == .delete
    {
        // 從 array 取得要刪的物件
        let selfieToRemove = selfies[indexPath.row]

        // 試著去刪除該自拍照
        do
        {
            try SelfieStore.shared.delete(selfie: selfieToRemove)

            // 從 array 中刪除該自拍照
            selfies.remove(at: indexPath.row)

            // 從 table view 中刪除該項目
            tableView.deleteRows(at: [indexPath], with: .fade)
        }
        catch
        {
            let title = selfieToRemove.title
            showError(message: "Failed to delete \(title).")
        }
    }
}
```

此處，我們做的第一件事情是去判斷，是否因為刪除操作才觸發這個方法的執行。然後我們要用 indexPath 找出是哪張自拍照要被刪——一旦我們拿到資訊後，就會開始試著去刪除它。所以，我們接著會試著從 SelfieStore 中刪去該自拍照，但這一步是個有可能失敗的動作，所以我們將以 try 關鍵字標記。如果失敗了，我們要建立一個新的警告訊息，告訴使用者刪除失敗了。如果沒有失敗的話，我們就會從自拍照 list 刪除它，最後會用 deleteRows(at: with:) 讓 table view 知道它裡面的一列被刪除了。我們要 table view 在刪除列的時候，使用簡單的淡出動畫，讓刪除看起來比突然消失好看。

大部分的 table view 都被設計成要盡可能保持效能，所以許多方法都被設計成可以批次處理。這是為何 deleteRows(at: with:) 可以接受 indexPath array 當作參數的原因，而不是只能接受單一個 indexPath。在我們的例子中，我們 UI 沒有支援一次刪除多張自拍照，所以這個用法對我們來說並沒有多大意義，但在可能的情況下，你應該試著在處理 table view 時，都使用批次處理。

若現在再次執行 app，我們可以用手指從單元的右到左掃過，去做刪除的動作（圖 7-1）。

圖 7-1　從清單中刪除一張自拍照

拍一張新自拍照

我們一直沒有清單中加入新增自拍照的能力，而且現有的一些自拍照也是從單元測試時產生出來的。現在是時候將新拍的自拍照功能加入了。我們將會需要做幾件不同的事情，才能讓這個功能可以使用——我們將會需要存取裝置相機，需要建立一個新的自拍照，將它存到存放處，最後將它加到清單中。

我們即將要做的事情，很多都需要使用影像選取控制 UIImagePickerController，以及它的 delegate 類別 UIImagePickerControllerDelegate。影像選取是一個預先設定好的類別，用來處理和相機的互動；你可以使用它去檢查，你是否擁有相機存取權，並且設定它使用特定的鏡頭或是照片集。一旦它被設定好以後，你必須提供它一個 delegate，並且將影像選取交給 delegate，該 delegate 的回呼函式會被用來取得圖片，然後將圖片儲存。

使用影像選取的好處是，它很快就可以設定好，也會處理好所有相機相關的 UI，並且可以選取和編輯照片。缺點是我們無法去設定它的外觀和工作模式。但對於 Selfiegram 來說，這並不是一個問題，但對你的 app 來說可能是個問題。

請做以下的步驟，以支援加入新的自拍照到清單：

1. 將以下程式碼加到 SelfieListViewController 類別中的 viewDidLoad 方法：

```
let addSelfieButton = UIBarButtonItem(barButtonSystemItem: .add,
                                      target: self,
                                      action: #selector(createNewSelfie))
navigationItem.rightBarButtonItem = addSelfieButton
```

這一小段程式碼將會建立一個新的 UIBarButtonItem（一個按鈕類別，用來放在 navigation 或 tab bar 裡面），並將它加到 navigation bar 的右側。這段程式碼中只有一個小地方怪怪的，就是 target 和 action 屬性。Cocoa 和 Cocoa Touch framework 中用了很多這種 target-action 機制，這個機制是一種物件間溝通的方法。基本的概念是 target（在我們的程式碼中是 self）要去執行一個別人傳送給它的 action（createNewSelfie）。你可以把 action 的需求，想成 "你想呼叫 target 上的哪一個方法？" 很不幸地，target-action 機制是很久以前用 Objective-C 開發的，不像 Swift 裡可能用一個 closure 就好了，礙於這些緣故，我們必須將要用的 action 用 #selector 巨集包起來，讓它保持著 Objective-C Cocoa 函式庫看得懂的型式。

2. 實作 createNewSelfie 方法：

```swift
@objc func createNewSelfie()
{
    // 建立一個新的影像選擇器
    let imagePicker = UIImagePickerController()

    // 如果相機可用的話，就用；否則就使用照片集
    if UIImagePickerController.isSourceTypeAvailable(.camera)
    {
        imagePicker.sourceType = .camera

        // 如果前置鏡頭可用，那就使用前置
        if UIImagePickerController.isCameraDeviceAvailable(.front)
        {
            imagePicker.cameraDevice = .front
        }
    }
    else
    {
        imagePicker.sourceType = .photoLibrary
    }

    // 我們想要這個物件在使用者拍好照以後收到通知
    imagePicker.delegate = self

    // 顯示影像選擇器
    self.present(imagePicker, animated: true, completion: nil)
}
```

你第一個會注意到的東西可能是在函式定義前面的 @objc。它會告訴 Swift 說，我們這段程式要和 Objective-C 互動。如果我們需要把它當作照片選擇器用的話（是的，我們要），這個動作是必要的。函式其他的部分，是用來設定 UIImagePickerController 用的。首先，我們要檢查看看相機是不是可用，還有我們是否得到相機使用授權。這個檢查會失敗，通常都是因為使用者拒絕授權，或是相機已經被其他的東西佔用住了。如果我們沒有辦法使用相機，我們就會改為從相片集選取。一旦選擇器設定好以後，我們會將自己設為 delegate，這麼一來，當一張自拍照被拍下時，我們就可以接到通知，然後把圖片選擇器顯示給使用者看。

礙於模擬器沒有相機，所以相機檢查必定失敗。幸運地，照片集還是可以用的，Apple 已經預先放了一些照片在模擬器的照片集中，就是為了像這樣的情況使用。這表示，任何需要相機才能跑的程式碼，在模擬器上是無法被測試的。記得一定要在真實的裝置上測試過，才能確保程式行為和符合你的預期。

3. 為 了 讓 SelfieListViewController 可 以 符 合 UIImagePickerControllerDelegate 和 UINavigationControllerDelegate 協定，我們要加入以下的 extension：

```
extension SelfieListViewController : UIImagePickerControllerDelegate,
    UINavigationControllerDelegate
{
}
```

4. 我們只會用到影像選擇器 delegate 類別，但為了要正確地符合 UIImagePicker ControllerDelegate 協定，我們也必須要成為 navigation controller 的 delegate。

5. 實作給影像選擇器呼叫的 imagePickerControllerDidCancel 以及 imagePickerControl ler(didFinishPickingMediaWithInfo)：

```
// 當使用者取消選取一張圖片時被呼叫
func imagePickerControllerDidCancel(_ picker: UIImagePickerController)
{
    self.dismiss(animated: true, completion: nil)
}
// 當使用者完成一張圖片選取時被呼叫
func imagePickerController(_ picker: UIImagePickerController,
                    didFinishPickingMediaWithInfo info: [String : Any])
{
    guard let image =
        info[UIImagePickerControllerEditedImage] as? UIImage
        ?? info[UIImagePickerControllerOriginalImage] as? UIImage else
    {
        let message = "Couldn't get a picture from the image picker!"
        showError(message: message)
        return
    }

    self.newSelfieTaken(image:image)

    // 擺脫 view controller
    self.dismiss(animated: true, completion: nil)
}
```

我們有興趣提供給影像選擇器的呼叫有兩個，第一個會在使用者取消建立或選取一張圖片時被呼叫，這個情況中，我們會做的是將影像選擇器從 view 上退出。第二個會在使用者選擇好一張圖片時被呼叫。此處，我們會試圖取得編輯過的圖片（如果它存在的話）或原始圖片。如果兩者都不存在的話，我們就要送出一個錯誤訊息。一旦我們取得影像後，我們會呼叫一個新方法，這個新方法我們等一下就會實作，用來處理這裡之後的流程，並且在結束時讓影像選擇器退出。

我們在這裡用了 imagePickerController(didFinishPickingMediaWithInfo)
的 info 參數，這個參數是一個 dictionary，這個 dictionary 含有所有使用
者選取東西的所有有用的資訊。為了要從它裡面取出訊息，我們使用了預
先定義好的字串（在我們範例中是使用 UIImagePickerControllerEditedIma
ge 和 UIImagePickerControllerOriginalImage），去取得相關的部分。這是
Objective-C 函式庫另外一個遺留下來的問題：如果你重新用純 Swift 寫同
一個功能的程式的話，改用 enum 不僅看起來更好看，而且還可以減少其
他人誤用你程式碼的機會。

6. 實作 newSelfieTaken(image:) 方法：

```swift
// 在使用者選完一張照片後被呼叫
func newSelfieTaken(image : UIImage)
{
    // 建立一張自拍照
    let newSelfie = Selfie(title: "New Selfie")

    // 放入圖片
    newSelfie.image = image

    // 試著儲存自拍照
    do
    {
        try SelfieStore.shared.save(selfie: newSelfie)
    }
    catch let error
    {
        showError(message: "Can't save photo: \(error)")
        return
    }

    // 將自拍照插入這個 view controller 的清單中
    selfies.insert(newSelfie, at: 0)

    // 更新 table view 以顯示新自拍照
    tableView.insertRows(at: [IndexPath(row: 0, section:0)],
        with: .automatic)
}
```

此處，我們建立了一個新的自拍照，並將使用者從影像選取器中選出的圖片放進
去。然後我們會試著儲存該張自拍照。如果成功了，我們會將該自拍照放到 table
view 的最上方，以及自拍照陣列的第一個元素。

在我們的照片選擇器結束之前，還有最後一個動作：我們需要詢問是否可以取得相機使用授權。相機和照片被視為隱私，而我們的需要被明確的被使用者授權之後，才可以使用相機和照片。所以，在繼續下去以前，必須確認我們取得了授權。

如果你執行現在的 app 的話，在模擬器上面不會有執行上的問題，因為模擬器上沒有相機。不過，在實際的裝置上 app 將會當掉，當掉是因為 "access privacy-sensitive data without a usage description."（譯按：存取隱私資料缺少使用描述），這基本上是在說，我們未將我們的專案正確地設定成支援相機支援。

我們不需要做程式碼的改動——我們的程式碼都是正確的。我們要改的地方是在專案設定中：

1. 打開專案的 *info.plist* 檔。

   這會在 Xcode 編輯器裡打開一個巢狀的表格結構，在這裡我們將加上一些適當的權限。

infp.plist 是一個屬性清單檔，裡面顯示了所有關於你應用程式的相關訊息。這將會被 iOS 和 App Store 在多種情況下使用，以確保你的專案已正確地被設定，並決定它可以支援哪些功能。這個檔案裡有多種設定，例如要預設載入的 storyboard，支援哪種方向。基本上，這裡就是應用程式相關資訊放置的地方。

2. 在 plist 中加上新的一列。

3. 將該 key 的名稱改為 "Privacy - Camera Usage Description"。

4. 將 type 設為 String。

5. 將 value 改為 "We use the camera to take those sweet, sweet selfies"。

6. 在 plist 中加上新的一列。

7. 將該 key 的名稱改為 "Privacy - Photo Library Additions Usage Description"。

8. 將 type 設為 String。

9. 將 value 改為 "We use the library to save your sweet, sweet selfies"。

基本上,我們在這裡做了兩件事。首先,告訴 iOS 說我們的應用程式可以存取相機。第二,我們設定了當 Selfiegram 首次試圖存取相機時,會顯示給使用者看的字串。然後再對儲存照片到相片集的權限,設定了一樣的項目。

這不是我們馬上就要用到的功能,但之後當我們要儲存及將自拍照分享出去時,就必須要用到了,所以我們在這裡先設定好。看了這些字串以後,使用者就可以決定要不要讓你使用相機和相片集了,所以請確認你有把顯示的字串內容想好。

 其實呢,plist 是一個 XML 檔案,Xcode 用這種方法呈現,是因為讓使用者手動編輯 XML,是一件很危險的事情,但若你想要看到原始版本的話。你可以在 Xcode navigator 中,在 plist 上點擊右鍵,選擇 Open As → Source Code,你就可以用 XML 的型式看到檔案內容。

這些都做完以後,我們現在執行 app,然後加上一張新自拍照吧!圖 7-2 是加了新自拍照後的樣子。

圖 7-2　加一張新自拍照

第八章

查看和編輯自拍照

到目前為止我們所做的一切，都圍繞在自拍照清單上，因為它是 Selfiegram 打開以後第一個會看到的東西，所以這很合理——但現在是時候加入查看既有自拍照的功能了。畢竟，如果我們無法看到自己的自拍照拍的多好的話，那拍這些自拍照就沒意義了！我們也會加入編輯自拍照標題的功能，這樣它們就不會都用同一個無聊的標題了。

自拍照檢視器

讓我們從建立我們的自拍照檢視器開始做：

1. 打開 *Main.storyboard*，並選取 detail view controller。

2. 刪除 main view 中間，上面寫著樣板文字的標籤。

3. 拖曳一個 `UITextField` 進去，並將它放在 main view 靠近左上方的地方。

4. 使用 Add New Constraints 選單，去指定剛才拖曳進來文字欄位的位置：

   - 距 view 左邊界 16 點

   - 距 view 右邊界 16 點

   - 距 navigation bar 上邊界 16 點

   - 高度：30 點

5. 在 Attributes inspector 中，將 placeholder 欄位設定為 "Selfie Name"。

6. 將邊界樣式（border style）設定為 None（選項中有虛線的那個）。

這是我們自拍照檢視器的第一個部分，我們選用文字欄位的原因，是因為之後要讓使用者可以在此處變更自拍照的名稱。在這裡這樣設定 constraints 的原因，是這種設定法能確保之後不管在多大或多小的裝置上執行時，它都一定會被定在 view 的上面，依裝置的寬度延展。

7. 拖曳一個 UILabel 進來，並將它放在文字欄位下面。

8. 使用 Add New Constraints 選單，去指定剛才拖曳進來 label 的位置：

   • 距 view 左邊界 16 點

   • 距 view 右邊界 16 點

   • 距文字欄位下緣 16 點

   • 高度：21 點

這個 label 用來顯示自拍照是多久以前拍的，和 table view 單元中的子標題一樣。我們設定給它的 constraints 要求它永遠都在文字欄位下方，並和文字欄位寬度相同。

 有許多種 constraints 的設法都可以達到一樣的效果。舉例來說，我們可以將 label 水平置中後，再對它設一個 constraint，要它和上面文字欄位用一樣的寬度。constraints 系統的彈性很大，值得你試試看怎樣的做法最適合你的操作流程和想要的外觀呈現。

9. 拖曳一個 UIImageView 進來，並將它放在 label 下面。

10. 使用 Add New Constrains 選單，去指定剛才拖曳進來 view 的位置：

    • 距 view 左邊界 16 點

    • 距 view 右邊界 16 點

    • 距 view 下邊界 16 點

    • 距 label 下緣 8 點

11. 在 Attribute inspector 中，將 content mode 設為 Aspect Fit。

這個 image view 將會用來顯示自拍照圖片（剛好類別名稱也叫 image view，真好）。我們將 constraints 設為使用目前 view 剩下的所有空間，並使用了 Aspect Fit，以確保 image view 會將自拍照圖片，在長寬比例不變得前提下，填滿整個可用空間。

UIImageView 有很多種用來控制圖片怎麼顯示的模式，由於 Aspect Fit 會保留圖片的長寬比，同時也不會裁切圖片，所以我們使用這個模式。不過，這也表示如果要顯示的照片和 image view 比例不同的話，畫面就會有一些留白的部分；如果你想要圖片整個塞滿 view 的話，可以改用 Aspect Fill。這個模式會在不改變比例的前提下，裁切掉圖片的上面和下面，使它貼合 view。

連結程式碼與 UI

現在我們用來看自拍照的 UI 已經準備好了，接著需要將 UI 和一些程式碼連結，這樣才有東西可以顯示：

1. 打開 DetailViewController，並使用 Refactor → Rename 選單選項，將該類別改名為 SelfieDetailViewController。這個動作會改掉整個專案中很多個舊名稱的地方。

2. 打開 *Main.storyboard*，並選取 detail view controller。

3. 打開 assistant editor，將 SelfieDetailViewController 類別顯示在它 Storyboard 版本的 view controller 旁邊（如圖 8-1）。

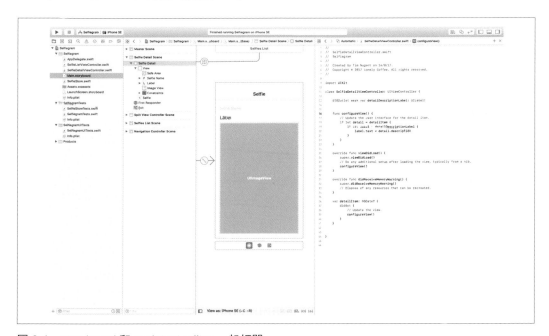

圖 8-1　storyboard 和 assistant editor 一起打開

assistant editor 預設上會被設為使用 Automatic 模式,這個模式會讓它打開自己覺得需要打開的東西。在我們的例子中,它會打開 *SelfieDetailViewController.swift* 檔案,剛好就是我們要的東西。如果你不想要使用 Automatic 模式,或是它打開的不是你要的東西的話,你可以使用 assistant editor 視窗上方的 jump bar,去控制它要顯示的東西。

4. 為文字欄位建立一個 outlet:

a. 在 storyboard 的 view 中,選取代表文字欄位的 UITextField。

b. 按住 Control 不放,將該文字欄位拖曳到程式碼中。

c. 放開拖曳,在 Connection inspector 中,將 connection 設為 Outlet,並將 name 設為 selfieNameField(圖 8-2)。

圖 8-2　文字欄位用到的 Connection inspector

5. 為 label 建立 outlet:

a. 在 storyboard 的 view 中,選取 UILabel。

b. 按住 Control 不放,將該 label 拖曳到程式碼中。

c. 放開拖曳,在 Connections inspector 中,將 connection 設為 Outlet,並將 name 設為 dateCreatedLabel。

6. 為 image view 建立 outlet:

a. 在 storyboard 的 view 中,選取 UIImageView。

b. 按住 Control 不放,將該 image view 拖曳到程式碼中。

c. 放開拖曳，在 Connections inspector 中，將 connection 設為 Outlet，並將 name 設為 selfieImageView。

做完以後，應該會在類別裡出現三個新的屬性如下：

```
@IBOutlet weak var selfieNameField: UITextField!
@IBOutlet weak var dateCreatedLabel: UILabel!
@IBOutlet weak var selfieImageView: UIImageView!
```

 建立 outlet 和 action 的方法有很多種，我們偏好使用按住 Control 拖曳，將 UI 元件拉到程式碼中，因為這個方法能確保你會得到正確的東西，但你也可以對 storyboard 中的 outline 作按住 Control 拖曳，或是使用 Connections inspector。如果你要的話，也可以將 action 和 outlet 先寫好，然後把行號列的輪子（小圈圈）拖曳到 UI，來建立一個 connection。這個動作並沒有所謂的正確方法，只要是適合你的，你就用吧。

做到這裡，我們已經把 UI 做好了，可以將 assistant editor 關掉，我們要做的其他事情，都是在程式碼裡面進行：

1. 打開 *SelfieDetailViewController.swift*，刪除 detailDescriptionLabel 屬性，因為我們再也不需要它了。

2. 使用 refactor 工具，將 detailItem 屬性改名為 selfie，並將它的型態從 optional Date，改為 optional Selfie：

```
var selfie: Selfie? {
    didSet {
        // 更新 view
        configureView()
    }
}
```

這將會是我們要顯示自拍照，也是被自拍照清單傳到這個類別中的東西。

3. 加入一個日期格式器屬性：

```
// 日期格式器是用來格式化照片要用的時間和日期
// 它在一個 closure 中建立，如此一來，當我們要用它時，它就會是我們要的那種格式
let dateFormatter = { () -> DateFormatter in
    let d = DateFormatter()
    d.dateStyle = .short
    d.timeStyle = .short
    return d
}()
```

這個屬性和自拍照列表中的日期格式器不同，這個會被用來顯示自拍照何時被拍，而不是拍了多久。

4. 用以下的程式碼取代掉 configureView 方法：

```
func configureView()
{
    guard let selfie = selfie else
    {
        return
    }
    // 確認參照到的是我們想要的控制項
    guard let selfieNameField = selfieNameField,
        let selfieImageView = selfieImageView,
        let dateCreatedLabel = dateCreatedLabel
        else
    {
        return
    }

    selfieNameField.text = selfie.title
    dateCreatedLabel.text = dateFormatter.string(from: selfie.created)
    selfieImageView.image = selfie.image
}
```

在這段程式碼中，我們設定了所有不同 UI 元件，各自顯示自拍照的不同資訊。這個方法在 selfie 有任何變更時，就會被呼叫；在我們的例子中，這只會發生一次，也就是自拍照清單去設定 selfie 屬性的時候。

5. 打開 *SelfieListViewController.swift*，並將以下程式碼加到 prepare(for segue: sender:) 方法中：

```
// 當我們點擊在一列上時被呼叫
// SelfieDetailViewController 會收到照片
override func prepare(for segue: UIStoryboardSegue, sender: Any?)
{
    if segue.identifier == "showDetail"
    {
        if let indexPath = tableView.indexPathForSelectedRow
        {
            let selfie = selfies[indexPath.row]
            if let controller =
                (segue.destination as? UINavigationController)?
                .topViewController as? SelfieDetailViewController
            {
                controller.selfie = selfie
```

```
                controller.navigationItem.leftBarButtonItem =
                    splitViewController?.displayModeButtonItem
                controller.navigationItem
                    .leftItemsSupplementBackButton = true
            }
        }
    }
}
```

在一個 view controller 準備要過場到另外一個時，這個方法會被呼叫。它有兩個重要參數：segue 含有過場本身所有的相關資訊，包括它的識別和要過場到哪裡去；sender 代表的是，什麼引發了這個過場。我們利用 segue 的 `identifier` 屬性，去得知是否這個 segue 的目的地是要到自拍照的 detail controller 去，然後取得清單中哪個自拍照被選取了。之後，我們從過場中取出目的地 view controller。由於在 master 和 detail view controller 中間還有一個 navigation controller，所以我們必須小小繞一點路。最後我們將使用者想要看的自拍照片，放到 selfie 物件中。

你可能會好奇，為何字串 "showDetail" 代表 "我想要看個別自拍照細節"？由於這個 identifier 是由 Master-Detail 樣板所設定的，所以若你打開 storyboard，請選取在自拍照清單和自拍照 detail view 之間的 segue（一個中間帶有小圈圈的箭頭，表示一個 view controller 可以在另外一個 view controller 上面滑），然後在 Attributes inspector 中看它的 Identifier 屬性，就可以看到它了。如果你要的話，你也可以改變這個字串——或許你會更想將它改成 "viewSelfie"——但如果你這麼做的話，請記得也要將 prepare(for segue: sender:) 中檢查用的字串也一併改掉。

現在如果你執行 app 的話，你可以從自拍照清單中選取一張自拍照，並且查看它的所有細節資訊了（圖 8-3）。

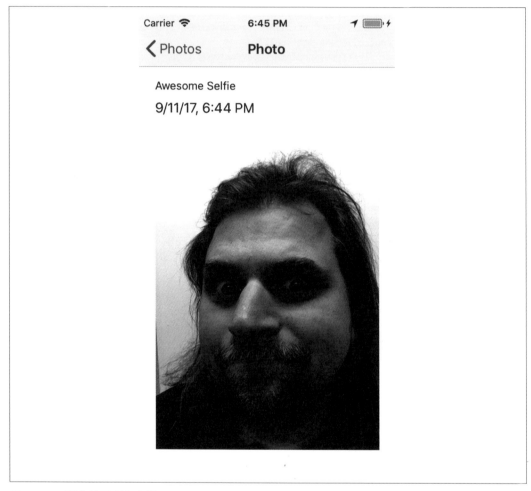

圖 8-3　一張自拍照所有資訊

編輯自拍照

我們新增的所有自拍照（除了我們在測試中建立的那些），它們的標題都叫做 "New Selfie"。雖然這樣也沒什麼大礙，但現在我們可以把它做成可編輯的自拍照標題：

1. 打開 *Main.storyboard*，並選取自拍照的 detail view controller 中的文字欄位。

2. 在 Attributes inspector 中，將 Return 鍵設為 Done。改這個值並不會對編輯行為造成改變，但看起來比 Return 合理。

3. 打開 assistant editor，並確定被打開的檔案是 *SwiftDetailViewController.swift*。

4. 為文字欄位建立一個 action：

   a. 按住 Control 不放，拖曳文字欄位到程式碼中。

   b. 在 `SelfieDetailViewController` 類別中放開拖曳。

   c. 在 Connections inspector 中，確定 connection type 是 Action。

   d. 將 action 命名為 `doneButtonTapped`。

   e. 將 event 設定為 Primary Action Triggered。

   這個動作將會建立一個新的 connection，它是一個介於文字欄位和我們剛才才建立的 `doneBuffonTapped` 函式之間的 connection。現在起，當我們點擊文字欄位時，鍵盤會被帶出來：點擊鍵盤上的 Done 按鈕後，會觸發這個 connection 動作，並呼叫該方法。

5. 實作 `doneButtonTapped` 方法：

```swift
@IBAction func doneButtonTapped(_ sender: Any)
{
    self.selfieNameField.resignFirstResponder()

    // 確定我們有可用的自拍照
    guard let selfie = selfie else
    {
        return
    }

    // 確認欄位裡有文字
    guard let text = selfieNameField?.text else
    {
        return
    }

    // 更新自拍照並儲存它
    selfie.title = text

    try? SelfieStore.shared.save(selfie: selfie)
}
```

這個方法裡做的事情很簡單易懂：它從文字欄位取得新的名稱，修改自拍照，然後要求 SelfieStore 儲存更新後的自拍照。其中 resignFirstResponder 是告訴文字欄位將鍵盤退出。

 當我們呼叫 resignFirstResponder 時，實際上發生的事情不僅僅是將建盤退出而已。iOS 有一個非常複雜的連鎖鍊，由多種 UIResponder 物件構成（大部分 UIKit 物件，包括 UIView、UIButton 都是 UIResponder 物件）。不論何時，當一個事件發生時，例如點擊按鈕或做了觸控，UIKit 會從連鎖鍊中，算出誰是該知道這個事件的人，讓它變成第一回應者。在我們的範例中，第一回應者是文字欄位，因為是它被使用者點擊了，但如果有必要的話，UIKit 會將事件沿著連鎖鍊向下傳遞，直到找到有能力處理這個事件的回應者。當我們告訴文字欄位 resignFirstResponder 時，我們實際上是告訴它，這個事件不需要再處理下去了，所以範例中所做的事對文字欄位而言，就是叫鍵盤退出。

如果你想要知道關於連鎖鍊的資訊，Apple 為它寫了一篇文章，值得你閱讀（ *https://apple.co/2GKON0a* ）。

現在如果我們再度執行 app 的話，我們就可以更新自拍照的標題，但它用起來還不是很好。自拍照清單不能顯示更新後的標題，這是因為雖然我們改變了自拍照的標題，但我們沒有去通知 table view 的資料來源，所以現在讓我們來改一下：

1. 打開 *SelfieListViewController.swift*。

2. 將以下的程式碼加到 viewWillAppear 方法中：

   ```
   // 重新載入所有 table view 中的資料
   tableView.reloadData()
   ```

   這裡我們做的就只是叫 table view 重新載入資料而已。

做好了以後，現在我們可以執行 app，並編輯一張自拍照的標題。在下一章中，我們將會繼續將地點資料加到自拍照中。

第九章

將地點資訊加到自拍照中

雖然我們的自拍 app 基本功能非常好用，但是功能還不夠多。有鑑於我們每一張自拍照都代表了獨一無二的一刻，所以不僅是要知道何時拍的，還要知道是在哪裡拍的。考慮到這一點，在這一章中，我們要為自拍照加上地點支援，讓我們知道是在哪裡拍的照片。

在視覺上，我們要把地點資訊弄成在自拍照 detail view controller 旁邊的一個小的方形地圖顯示，我們點擊這個小地圖時，它會執行主要的 Maps 應用程式。在本章結束以前，我們的 app 中會有一個新功能，這個功能可為每張自拍照顯示一個小地圖，當點擊它時，就會把我們帶到拍攝自拍照的確切地點。

要做到這個功能，我們要把地點支援加到我們的 model 中、為更新後的 model 增加新的測試、更新 UI 以支援地點顯示，最後要設定我們系統可以存取裝置的地點硬體，這樣才能產生地點資訊。

更新 Model

第一步要將地點支援加到 Selfie 類別中，並在負責管理的 SelfieStore 中加入相關的方法：

1. 打開 *SelfieStore.swift*。

2. 從 Core Location 模組匯入 CLLocation 類別：

   ```
   import CoreLocation.CLLocation
   ```

Core Location 是一個很巨大又很強大的 framework，它提供多種產生和操作地點相關資料的服務。一個 CLLocation 物件用來代表地球上的一個位置，裡面還含有經緯度。我們在之後將會一直使用到 Core Location，特別是要從裝置硬體取得地點時，不過從 model 的角度來看，我們只需要一個代表地點的東西而已。

3. 在 Selfie 類別中建立 Coordinate 結構：

```swift
struct Coordinate : Codable, Equatable
{
    var latitude : Double
    var longitude : Double

    // 為了要符合 Equatable 協定，需要實作這個相等判斷方法
    public static func == (lhs: Selfie.Coordinate,
                           rhs: Selfie.Coordinate) -> Bool
    {
        return lhs.latitude == rhs.latitude &&
            lhs.longitude == rhs.longitude
    }

    var location : CLLocation
    {
        get
        {
            return CLLocation(latitude: self.latitude,
                longitude: self.longitude)
        }
        set
        {
            self.latitude = newValue.coordinate.latitude
            self.longitude = newValue.coordinate.longitude
        }
    }

    init (location : CLLocation)
    {
        self.latitude = location.coordinate.latitude
        self.longitude = location.coordinate.longitude
    }
}
```

這是個用來代表自拍照位置的一個簡單結構，在這個結構中，有兩個屬性，它們是經度（longitude）和緯度（latitude）；型態都是 double，而且它們可以用來代表自拍照拍攝地點，是在地球上哪一個確切地點。我們使用 double 型態，來表示 Core Location framework 中代表地點的方法，赤道是緯度 0 度，而本初子午線（通過英國的格林威治）代表經度 0 度。你很少會看這兩個座標值，我們將使用 Core Location 中的幾個方法，把這兩個數字轉換為使用者比較看的懂的東西。

Coordinate 型態符合兩種協定：Codable（我們在第 5 章講過了）以及 Equatable。Equatable 是你在 Swift 和 iOS 開發時，最常會碰到的協定之一。由於要符合 Equatable，所以你必須要實作 ==(lhs: rhs:) 方法。這個方法是用來讓你的型態支援 != 和 == 運算子。你只需要實作 == 方法，Swift 會自動地將該方法的回傳值變為負值，來製作出 != 方法。這個方法需要和兩個 Coordinate 一起運作，並且會回傳一個 Bool 值。注意這個方法是個 static——這是因為不管在該型態的實例存不存在，這個方法都要可以用。做上面這些動作的意義在於，我們能把 Coordinate 結構做得像 Double 一樣，能夠在 assertion 和一般述句中使用。我們就是因為想要這麼使用，所以才會一開始就讓它符合協定。

Swift 4 盡可能地支援自動符合協定。Codable 是這個支援的第一個協定，而 Equatable 很有可能很快就可以被自動合成了。這表示，我們未來不會再需要自己去實作 == 方法，但在這件事情被實現前，我們還是要自己做完這個工作。如果你目前已經到了它實現的那一天的話，請直接跳過這個方法。

這個結構中含有一個計算屬性 location；這將會是從你結構中取出地方資訊的主要介面。我們這麼設計的原因，是因為其實我們想要的是 CLLocation——各種 framework 會用到的也是它——但不幸地，CLLocation 是一個相當大的類別，而且不符合 Codable 協定。所以我們改為實作一個輕量級的結構，然後用這個結構進行儲存、載入，並可以從它裡面取得 CLLocation。

最後，初始器需要一個 CLLocation 參數，我們會從裝置的硬體取得這個參數，然後再從這個參數中取出座標資訊。

在 Core Location 裡面有一個非常相似的型態，它叫做 CLLocation Coordinated2D，它看起來和我們的真的非常相似，但它不符合 Codable 協定。我們也可以 extend CLLocationCoordinated2D，讓它符合 Codable，你在自己的 app 中也應該考慮這麼做。但對於 Selfiegram 來說，我們認為用一個新型態來展示建立所需功能，有它的學習意義。

4. 在 Selfie 類別中加入一個新的 optional Coordinate 屬性：

```
// 拍攝自拍照的地點
var position : Coordinate?
```

這將會是我們從地點硬體拿到地點資訊後，儲存地點資訊的地方。

測試我們的新 Model

現在我們已將地點資訊加到我們的 model 中了，現在需要寫個測試，看看它有沒有被正確地儲存，還有載入的自拍照裡有沒有地點資訊。這個測試會建立一張新的自拍照、給它一個地點、儲存該自拍照，最後將它從儲存體裡載入回來，看看地點資訊是否還存在：

1. 打開 *SelfieStoreTests.swift*。

2. 匯入 Core Location framework：

```
import CoreLocation
```

3. 匯入 testLocationSelfie：

```
func testLocationSelfie()
{
    // Hobart 的地點資訊（譯按：澳洲的一個城市）
    let location = CLLocation(latitude: -42.8819, longitude: 147.3238)

    // 建立一個帶有圖片的新自拍照
    let newSelfie = Selfie(title: "Location Selfie")
    let newImage = createImage(text: "□□
    newSelfie.image = newImage

    // 將地點資訊儲存在該自拍照中
    newSelfie.position = Selfie.Coordinate(location: location)

    // 將帶有地點的自拍照儲存起來
    do
    {
        try SelfieStore.shared.save(selfie: newSelfie)
    }
    catch
    {
        XCTFail("failed to save the location selfie")
    }
```

```
        // 從儲存體中再把自拍照載入回來
        let loadedSelfie = SelfieStore.shared.load(id: newSelfie.id)

        XCTAssertNotNil(loadedSelfie?.position)
        XCTAssertEqual(newSelfie.position, loadedSelfie?.position)
    }
```

這個測試中我們要做的第一件事,是建立一張新的自拍照。我們手動建立一個代表到澳洲 Hobart 的地點(這是我們的所在地,身為作者的我們就選定用它來做測試地點了),然後用圖片建立一張新的自拍照,並從 CLLocation 物件中建立一個新的 Coordinate。在我們 app 的正常操作中,我們將會從地點硬體中取得 CLLocation 物件,但現在我們先用個假地點即可。

 我們會在這裡手動建立地點的原因,是因為我們想要測試我們的 model 有能力儲存和載入地點,而不是去測試我們的 app 如何處理和地點硬體 函式庫間的互動。這表示我們之後將會再去處理和地點硬體的互動細節, 現在的重點是要測試 model,而不是 app,但在你自己的 app 中,你所 需要做的,將會只比測試 model 多的多。

接著我們會試著儲存自拍照,如果成功的話,會再將它載入回來,並檢查它在載入回來以前是否有被修改。

現在我們可以執行這個測試了,它將會成功通過——我們的 model 已被更新,通過地點測試了!

顯示自拍照地點

和之前第 6 章很像,當時我們可以將所有自拍照儲存,但是沒有方法可以瀏覽它們,我們現在也是一樣,加入了一個新功能,但是沒有方法可以顯示它。現在到了修改自拍照 detail view controller UI,以顯示地點資訊的時候了:

1. 打開 *Main.storyboard*,並選擇自拍照 detail view controller。

2. 選取將文字欄位釘在 view controller 右側的 constraint。

3. 刪除該 constraint。

4. 選取將 label 釘在 view controller 右側的 constraint。

5. 刪除該 constraint。

6. 選取將 image view 釘在 label 底下的 constraint。

7. 刪除選取的 constraint。

做完這幾件事後，你會看到幾個警告，說著 constraint 計算器認為有東西沒弄好——別擔心，我們馬上就會把它弄好。現在我們要加入一個 map view（MKMapView 型態）到 view controller 中，它會被用來顯示附在自拍照中的地點，請跟著以下的步驟：

1. 在 object library 中找到 map view，並將它拖曳到 view controller 中。

2. 將 map view 的寬和高都設定為 67 點。

3. 將 map view 的位置放在 view controller 的右上方。

4. 使用 Add New Constraints 選單，設定 map view 的位置：

   - 距 view 的右邊界 16 點。
   - 距 navigation bar 的上邊界 16 點。
   - 距 image view 的上邊界 8 點。
   - 寬度：67 點
   - 高度：67 點

 不一定要設定為 67 點，會用 67 點是因為取文字欄位上邊界到 image view 頂端的距離，這只是我們覺得 UI 看起來比較好看而已。

我們的 map view 和 image view 的 constrain 都已設好了，但我們的 label 和文字欄位還沒，讓我們現在來設定一下：

1. 選取文字欄位。

2. 使用 Add New Constraints 選單，設定文字欄位放在距 map view 左邊界 8 點的位置。

3. 選取 label。

4. 使用 Add New Constraints 選單，設定 label 放在距 map view 左邊界 8 點的位置。

現在所有的 UI 元件的 constraint 都已設好了，現在我們可以開始使用它們：

1. 選取 map view，並打開 Attributes inspector。

2. 將 map view 的 type 設為 Muted Standard。

這將會把 map view 設為比一般模式更低的彩度，我們使用這個設定，是因為不想要高彩的地圖搶了我們自拍照的鋒頭！

3. 將所有 Allows 核取方塊都取消。

4. 將所有 Shows 核取方塊都取消。

這個設定會讓我們的地圖只能當作地圖用，上面不會有其他雜物。

5. 在 Attributes inspector 的 View 節區中，將 Hidden 屬性勾選起來。

這個設定讓 view 上面的 map view，預設為不顯示——它對於 constraint 系統來說還是存在，我們在程式碼裡也還是可以使用它，但畫面上看不到它。因為我們假設大部分的人不會在此處儲存地點，所以預設將這個功能關閉比較合理。

現在是時候將我們的程式碼和 UI 連結起來，這樣我們才能開始在程式中使用 UI：

1. 選取 map view。

2. 打開 assistant editor，並確認打開的是 *SelfieDetailViewController.swift*。

3. 按住 Control，並將 map view 拖曳到 `SelfieDetailViewController` 類別中。

4. 放開拖曳，將 map view 的新 outlet 取名為 `mapview`。

現在 UI 的設定已經全部完成，你可以關閉 assistant editor，並在 main editor 中打開 *SelfieDetailViewController.swift* 檔。我們剛建立的 outlet 會出現一個新的錯誤，這是因為雖然我們已正確地建立 outlet，但是我們還沒有匯入 `MKMapView` 類別的函式庫，現在我們來修正一下：

1. 匯入 `MapKit` 函式庫：

```
import MapKit
```

MapKit 函式庫是一個用來顯示、控制和操作地圖的函式庫。它被設計和 Core Location 搭配使用，而且內部也已匯入 Core Location，意思是我們不需要再為它匯入了（雖然我們想要的話，再匯入一次也可以）。在 Swift 中的匯入器很聰明，並且會自動地知道一個匯入的述句是多餘的或是必要的。在你以前的經驗中，可能必須對 header 寫一些保護才能避免檔案和模組的重複匯入問題，這一點在 Swift 中是不需要擔心的。

2. 將以下的程式碼加到 configureView 方法的最後面：

```
if let position = selfie.position
{
    self.mapview.setCenter(position.location.coordinate, animated: false)
    mapview.isHidden = false
}
```

這裡所做的事情，只是快速去檢查我們的自拍照是否含有地點資訊。如果有的話，我們會將地圖的中心設定為自拍照的地點，然後將地圖顯示出來。

以上都做好了之後，我們可以再次執行 app，此時如果選取之前測試時產生的自拍照，我們就可以看到地圖上顯示拍攝地點了（圖 9-1）。

圖 9-1　地點測試所產生的自拍照，顯示拍攝地點地圖

放大地圖

雖然我們的地圖在上方角落看起來不錯，但它在 app 中由於缺少功能，所以沒什麼用處——現在讓我們把它變成不只是靜靜地顯示在那裡，我們要將地圖修改，讓它在使用者點擊它時，顯示裝置主要的 Maps app，並將拍攝地點釘在地圖上：

1. 打開 *Main.storyboard*，並選取 detail view controller。

2. 在物件 library 中選取 gesture recognizer（譯按：手勢辨識器）。

3. 從 library 中將拖曳手勢辨識器到 map view 中。

注意手勢辨識器必須放到 map view 上，而不是其他東西上，如果拖曳到其他東西上的話，手勢辨識器之後就會回應那個東西上的點擊事件，而不是 map 上的點擊事件了。

UIGestureRecognizer 類別，是一般通用的手勢辨識器，而 tap gesture recognizer（點擊手勢辨識器），是它的一個特別的子類別。這個子類別被設定為回應 UIView 上的單一次點擊事件，我們用它來辨識使用者點擊地圖的動作。

手勢辨識器類別可以設定的功能有很多：它可以對很多種不同的點擊、滑動、多點觸控、平移等做出回應。如果你需要的是一種很複雜的互動模式，但又不知道怎麼做時，你可以查看 UIGestureRecognizer 相關資訊，我們在這裡只展示了它功能中的一點皮毛而已。

4. 在 assistant editor 中打開 SelfieDetailViewController。

5. 按住 Control 並拖曳 tap gesture recognizer（點擊手勢辨識器）到 assistant 中。

6. 使用 Connections inspector，建立一個叫做 expandMap 的新 action。

對想拖曳手勢辨識器然後建立 connection 這樣的動作來說，透過 document outline 側欄，是選取手勢辨識器最簡單的方式（對多數 UI 元件皆然）。

現在在使用者點擊地圖時，expandMap 函式就會被執行，然後在這個函式中，我們要打開主要的 Maps app。

7. 實作 expandMap 函式：

```swift
@IBAction func expandMap(_ sender: Any)
{
    if let coordinate = self.selfie?.position?.location
    {
        let options = [
            MKLaunchOptionsMapCenterKey:
                NSValue(mkCoordinate: coordinate.coordinate),
            MKLaunchOptionsMapTypeKey:
                NSNumber(value: MKMapType.mutedStandard.rawValue)]

        let placemark = MKPlacemark(coordinate: coordinate.coordinate,
                                    addressDictionary: nil)
        let item = MKMapItem(placemark: placemark)
        item.name = selfie?.title

        item.openInMaps(launchOptions: options)
    }
}
```

在這個方法中，我們建立了一個 [String:NSValue] 所組成的 dictionary，裡面是我們要如何啟動地圖的設定。我們給它的設定和之前的小地圖一樣，請將它對齊中心，並使用 mutedStandard 樣式。我們之所以要把東西包裝成 NSValue 的型態，是因為和 MapKit 和 Maps app 的溝通，都是透過 Objective-C 來做的，而 Objective-C 還未能支援新的 Swift 功能，例如 enumeration；所以，我們必須要將這些設定包成 NSValue 型態，然後才能將它們傳遞出去。

> Objective-C 和 Swift 不一樣，在 Swift 中像 Int 和 Bool 這些型態都是合法的物件，但 Objective-C 中物件和常量型態是完全不一樣的東西。NSValue 就像是一個可以包含任何類別的容器，提供給只能接受物件的呼叫使用。Cocoa 開發者需要一個解法，來幫他們把這些非物件型態包裝成另外一種型式，這樣他們才能當成物件處理，而 NSValue 就是這個解法。這是 Objective-C 所遺留下的產物，隨著日後 API 一直進版，這個情況也可能會消失。

然後我們建立了一個新的 placemark，這是用來標示地圖上的特定一點，它的功能是在地圖上以一根大頭針的型態顯示。最後，我們建立一個 item，它會被傳送給地圖，item 會裝著我們的 placemark；我們用自拍照的標題為這個 item 命名，最後要求 item 在 Maps 應用程式中打開自己。

如果你現在執行 app 的話，選取一個含有地點的測試自拍照後，點擊小地圖，我們會被帶離 selfiegram，並跑到 Maps app 中，此時地圖上會出現一根大頭針，顯示著我們自拍照拍攝的地點，以及自拍照的名稱！你可以在圖 9-2 中看到效果。

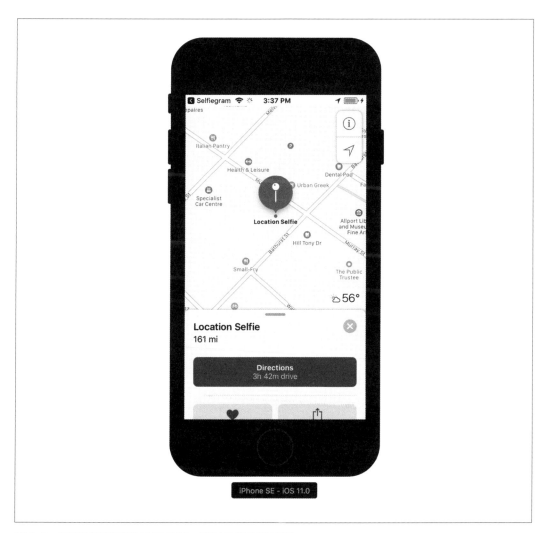

圖 9-2　地點測試所產生的自拍照，顯示拍攝地點地圖

取得地點

雖然現在我們知道程式可以正確地處理地點資訊,但不能顯示確切的地點還是讓人開心不起來。到目前為止我們能用的,只有測試時手動產生的地點。所以現在是時候改變一下了。我們要使用 Core Location framework 加上從裝置地點硬體取得地點資訊的支援。

將 App 設定成可以支援地點

在我們動手之前,必須先確認我們的 app 支援裝置的地點硬體。由於使用者通常會希望自己的地點保密,所以 Apple 需要我們明確地取得使用者授權後,才能存取地點硬體。我們將會在 *info.plist* 檔案中,把專案設定為支援取得地點資訊:

1. 打開 *info.plist*,並在項目列表加上一個新的列,你有很多種做法可以做到這件事,但最簡單的一種就是在既有項目下方空白處點擊右鍵,並從彈出的選單中選取 Add Row。

2. 在 Key 欄中,輸入 "Privacy - Location When In Use Usage Description"。

3. 若 Type 不是 String 的話,將 Type 設為 String。

4. 將 Value 設為 "We'll use your location to add location info to your selfies"。

做這些事是要告訴 app,我們將會想要在某個時間點使用地點硬體。而且,我們清楚地說明,我們只想要在 app 使用時,才會去使用地點功能,這個設定和我們想在背景時使用地點硬體不同——它們是兩個不同的 key,當你兩種情況都要使用地點硬體時,那麼你兩個 key 都要設定。現在當我們要使用裝置地點硬體時,我們設定在 Value 欄的訊息就會在警示視窗中顯示,要求使用者給予使用授權。由於我們用的是 "when in use" (執行時使用),所以我們的 app 只有正在被使用之際,才能支援產生地點的功能;而在背景執行時,我們的 app 就無法存取地點硬體了。

只要求你真的要用到的功能,是個好習慣。對一個自拍照 app 來說,當使用者沒有在拍自拍照時,去要求知道使用者的地點並不合理。我們可以去要求要在背景時也能存取地點硬體,但我們並不需要這個能力。你應該一直對使用者保持尊敬;他們知道自己何時想拍自拍照,而身為開發者的你只有在那時才去取得使用者位置。

讓我們的專案可以使用地點硬體的設定，已經做好了——我們從設定隱私和存取能力開始，但仍然需要寫一些程式碼才能真正地存取硬體。現在，就要去寫些程式碼囉。

 如果你被發現不尊重使用者隱私的話，Apple 可能會將你的應用程式從 App Store 下架。地點只是眾多隱私項目中的一環而已：其他還包括聯絡人資料庫、健康資料以及麥克風裝置。如果你想存取這些觸及隱私的功能，你就必須請使用者給你授權。如果你發現自己有 "我要如何避過使用者，就取得這些資料？" 這樣的想法的話，請停止這個想法，並正當的取得授權——使用者的隱私權比你的 app 重要的多。

使用地點硬體

裝置如何從地點硬體取得地點，有多種不同的做法：可能透過手機基地台三角定位、WiFi 熱點的地理查表、從 GPS 衛星取得、微定位訊號發射器（beacon）或是合併使用以上做法。幸運地是，身為開發者的我們不需要去擔心實際上是使用哪一種技術，我們只要使用 Core Location 幫我們處理就好了。Core Location 會以一種非常聰明的方法處理多種位置硬體間的溝通。這個 framework 會將多種資料來源和技術合併，依你設定回傳最可能的地點資訊。

為了要使用 Core Location，你要建立一個地點管理器，用來控制 Core Location 的行為，例如要多精準。一旦它設定完成，並開始找地點後，地點管理器就會接手。只要地點管理器確認新地點為何處，或是碰到錯誤的話，它就會告訴它的 delegate 發生了什麼事，然後 delegate 將會負責處理。在我們的例子中，地點管理器的 delegate 將會是 SelfieListViewController，而且我們將會在這個類別中做完所有的工作。我們將會建立一個地點管理器，設定它用高準度去尋找地點，並將地點儲存在一個新的 optional 屬性中，然後在之後建立新自拍照時使用。那讓我們現在開始吧：

1. 打開 *SelfieListViewController.swift*。

2. 匯入 Core Location framework：

   ```
   import CoreLocation
   ```

3. 加入一個型態為 CLLocation，名稱為 lastLocation 的 optional 屬性：

   ```
   // 儲存 Core Location 找出的最新地點
   var lastLocation : CLLocation?
   ```

   我們將會把 Core Location 找出的最新地點儲存這個屬性中。

4. 為 Core Location 的地點管理器建立一個新的屬性：

```
let locationManager = CLLocationManager()
```

5. 在 viewDidLoad 方法的結尾處，將新的地點管理器的 delegate 設為 self，並且設定想要的精準度：

```
self.locationManager.delegate = self
locationManager.desiredAccuracy = kCLLocationAccuracyNearestTenMeters
```

我們選擇 10 公尺當作設定的精準度，對於自拍照來說這樣的準度已足夠──雖然沒有精準到可以導航，不過這個精準度對於在地圖上檢視來說也已足夠。現在，Xcode 可能會告訴你這個類別未符合某個協定──我們接下來馬上就修正這個問題。

 kCLLocationAccuracyNearestTenMeters 設定精準度的方式，又是另外一個 Objective-C 所遺留下來的產物，在 Swift 中改用 enum 會更好。

6. 為 SelfieListViewController 建立一個新的 extension，讓它能符合 CLLocationManager Delegate 協定：

```
extension SelfieListViewController : CLLocationManagerDelegate
{
}
```

為了要正確符合該協定，我們要實作兩個方法：locationManager(didUpdateLocations locations:) 和 locationManager(didFailWithError error:)。第一個方法在地點管理器知道地點後被呼叫，第二個方法會在錯誤發生後被呼叫。

7. 實作 locationManager(didUpdateLocations locations:) 方法：

```
func locationManager(_ manager: CLLocationManager,
                    didUpdateLocations locations: [CLLocation])
{
    self.lastLocation = locations.last
}
```

這個實作很簡單易懂，它回傳的是地點組成的 array，裡面可能有一到多個地點。由於地點是以最舊到最新的順序儲存，我們的自拍照只需要用最新的，所以使用 array 中的最後一個地點即可。

你可能會好奇為何你會從地點管理器拿到多個地點，這是因為地點的取得不是一瞬間可以完成的事件，需要多種資訊才能拼出答案，而且硬體可能會同時找到幾個位置，所以將所有資訊回傳給身為開發者的你是合理的，你可能會需要它們。

8. 實作 locationManager(didFailWithError error:) 方法：

```
func locationManager(_ manager: CLLocationManager,
                     didFailWithError error: Error)
{
    showError(message: error.localizedDescription)
}
```

只要碰到錯誤時，我們就會告訴使用者該錯誤發生了。由於地點並不是自拍照的核心元件，所以我們在做錯誤處理時，並沒有預先做太多事；只是單純的將錯誤訊息丟出就夠了。如果對你的 app 來說，地點更為重要的話，你也許需要檢查是何處出差錯，或是要求你的地點管理器進行重試。

現在我們已正確地符合了 delegate 協定了，我們要告訴地點管理器，要開始去找地點了：

1. 在 createNewSelfie 的開頭處，加入以下程式：

```
// 清掉上次的地點，這樣下張圖片
// 才不會誤用已過期的地點資訊
lastLocation = nil

// 處理授權狀態
switch CLLocationManager.authorizationStatus()
{
case .denied, .restricted:
    // 我們可能沒有得到授權，或可能
    // 使用者根本無法使用地點服務
    // 放棄動作
    return
case .notDetermined:
    // 我們無法確認是否得到授權，所以要求授權
    locationManager.requestWhenInUseAuthorization()
default:
    // 我們有授權；此處什麼也不做
    break
}

// 要求地點更新
locationManager.requestLocation()
```

這裡面做了很多事，所以讓我們分段來看。首先，我們將 lastLocation 設定為 nil──這是為了要避免新建的自拍照使用舊的地點。後面是一個 switch 述句，把 CLLocationManager.authorizationStatus 拿來做判斷，它會回傳我們 app 的授權狀態（指出是否能使用地點硬體）。

開頭的兩個 case，是使用者拒絕我們存取，或因各種原因存取被限制的情況，例如裝置正在家長模式中。不管是兩種情況中的哪種，我們直接放棄動作。如果狀態是未決，那我們就請求使用者授予地點硬體的存取權。若是第一次執行，這個狀態就會讓一個對話框彈出，詢問使用者是否允許這個硬體存取授權。如果都不是以上的狀態，那麼我們就是已經取得地點硬體的授權了。

如果你取得授權失敗，想要直接試著使用地點管理器去取得地點的話，是行不通的。所以一定要先取得授權才行！

接下來，我們藉由呼叫它的 requestLocation 方法，請它去取得一個地點資訊。這個方法會立即回傳，但用來代表地點管理器取得地點的 delegate 回呼函式，卻要幾秒之後才會被呼叫，所以我們現在於影像選取器顯示前，先設定要去取得地點，希望當使用者完成自拍照時，地點管理器能及時取得地點資訊。

如果你需要的不是一個地點，而是連續查詢多個地點的話，要呼叫兩個方法，一個讓地點管理器啟動地點查詢（startUpdatingLocation），然後會一直動作，直到叫它停止為止（stopUpdatingLocation）。在我們的例子中，只要一個地點就夠了，所以使用程式裡的方法。

2. 最後，在 newSelfieTaken 方法中，建立自拍照之後，但在試圖存檔自拍照的 do-catch 區塊之前，請加入以下程式碼：

```
if let location = self.lastLocation
{
    newSelfie.position = Selfie.Coordinate(location: location)
}
```

在此處我們會先檢查地點是否存在，如果有的話，就將地點轉為 Coordinate 型態，並附在我們新的自拍照裡面。這樣一來，地點就會隨著自拍照儲存，之後也可以用前面寫的程式碼將它取出了。

這些做好了以後，我們可以執行 app，當我們建立新的自拍照時，我們將會被詢問是否允許地點存取（圖 9-3）。如果允許的話，自拍照內就會儲存地點資訊，之後我們也就可以看到它了。

圖 9-3　地點存取對話框

第十章

建立設定畫面

目前的 Selfiegram 已經運作的非常良好——我們有一個具備拍照、編輯、刪除自拍照的 app，還可以儲存多種自拍照的附加資訊。我們現在要加的，是一個設定畫面，這個設定畫面是讓使用者設定 app 中他們想開啟的功能。

我們要用另外的 table view controller 來做 Selfiegram 設定頁面，在這個 table view controller 中每列都有一個開關，用來讓使用者切換特定功能。設定頁面一開始只有兩個列，第一個用來啟動地點支援，而另外一個是用來發出提醒，提醒使用者每天拍自拍照。由於此時我們的 App 很乾淨也很簡單，所以故意只做兩種設定，以維持簡單：但若是之後 App 逐漸增加功能，視需要很容易就可以加上新的設定項。在這一章中，我們將會把主要的程式部分完成，以及讓使用者可以啟動地點支援，下一章節中，我們將會加入對通知的支援。

設定畫面 UI

第一步是要做出執行時的設定 UI，如前面說過的，我們將會再次使用 table view——但這次呢，不會再使用動態的表格，而是要改用靜態單元，因為上面會出現的東西，限於我們在 storyboard 裡規劃好的東西。這個假設可讓我們少寫很多的程式碼，但也表示每次我們想加入更多設定時，我們就必須手動修改。由於設定項目的數量不多，而且可以事前規劃，所以這樣的選擇頗為合理。現在就讓我們開始動手做吧：

1. 打開 *Main.storyboard*。

2. 拖曳一個新的 `UITableViewController` 到現在的場景中，並將它放在靠近自拍照清單附近。

3. 在 Attributes inspector 中，將 title 設為 "Settings"。

4. 在 settings view controller 中，選取 table view。

5. 在 Attributes inspector 中，將 content type 從 Dynamic Prototypes 改為 Static Cells。

   這個設定會讓原來上面的動態單元（dynamic cell）消失，換成數個空的靜態 table view 單元。

6. 留下一個靜態單元，其他都刪除。

7. 拖曳一個 UILabel 到該單元中，將它置於單元中靠近左側的地方。

8. 將 label 的文字改為 "Store Location"。

9. 設定 label 的 constraint：

   a. 按住 Control 並拖曳 label 到單元空白處，並從跳出的選單中選取 "Center Vertically in Container"。

   b. 使用 Add New Constraints 選單，選取 "Constrain to margin"。

   c. 將 label 的左邊界，放在單元白邊（margin）0 點處。

      現在 label 會被釘在單元的垂直置中位置，並對齊左上白邊，或單元左上角 8 點的距離。接下來要加入另外一個開關，並設定它的 constrain。

10. 拖曳一個 UISwitch 到單元中，並將它放在單元的右邊緣處。

11. 設定 switch 的 constraint：

    a. 按住 Control 並拖曳 switch 到 label 上，並從跳出來的選單中選取 Center Vertically。

    b. 使用 Add New Constraints 選單，選取 "Constrain to margin"

    c. 將 switch 的右邊界設定距單元白邊的 2 點處。

    d. 按住 Control 並將 label 拖曳到 switch 上，並在跳出來的選單中選取 Horizontal Spacing。

    e. 選取新建立的 Horizontal Spacing constraint。

    f. 在 Attributes inspector 中，將 relation 改為 "Greater Than or Equal"。

    g. 將 constant 值改為 8。

12. 在 Attributes inspectors 中，將 switch 的 state 設為 Off。

在設定 label 和 switch 的大小時，你可能會好奇為何我們要費工夫在它們中間建立一個距離大於 7 的 constraint。這是因為身為聰明人類的我們知道它們不會撞在一起，但是如果沒有告訴 iOS 的話，iOS 不會知道。所以，為了避免跳出警告 constraint 未正確設定訊息，我們必須在水平軸加上這個 constraint。

我們的 switch 垂直置中，並貼著 table view 單元的右邊界，以及將 label 同樣置中，並放於左側後，我們就設定完成了。我們設定頁面的 UI 很簡單，因為我們不想把 app 設定搞得很複雜！

你的 app 也可以註冊一個 *settings bundle*，這樣就可以在 Settings 應用程式中，有自己的設定頁。不管你是這麼做，或是採用我們的作法，請依你的 app 與使用者需求，去建立自己的設定 UI。我們沒有採用 settings bundle 應用程式的原因，是因為這本書主要是講 Swift，而 settings bundle 只要用屬性清單就可以做好了。如果你對 settings bundle 有興趣的話，請參考 Apple 的指引文件（*https://apple.co/2GHDSUT*）。

將設定加入架構中

現在我們的 settings view controller 被放在一邊，尚未與現有的 view controller 架構連結起來，所以還沒有辦法去使用它。那麼，現在讓我們將它們連起來。連起來之後，我們就可以在 selfie list view controller 裡，在 navigation bar 中加入另外一個按鈕，用來打開設定頁面：

1. 拖曳一個按鈕到 selfie list view controller 裡 navigation bar 的左側。

2. 將按鈕的文字改為 "Settings"。

3. 按住 Control 拖曳該按鈕到 settings view controller。

4. 從跳出來的選單中，選取 "Show" 過程選項。

5. 在 Attributes inspector 中，將含有我們按鈕的 bar button item 的 style，從 Plain 改為 Done。這個動作對按鈕本身來說沒有影響，只是要移除 Xcode 給我們的一個警告，該警告說 Plain 不是 navigation 按鈕可用樣式。

我們的 settings view controller 現在可以用了，現在只要將它與程式碼連結起來就可以（見圖 10-1）。

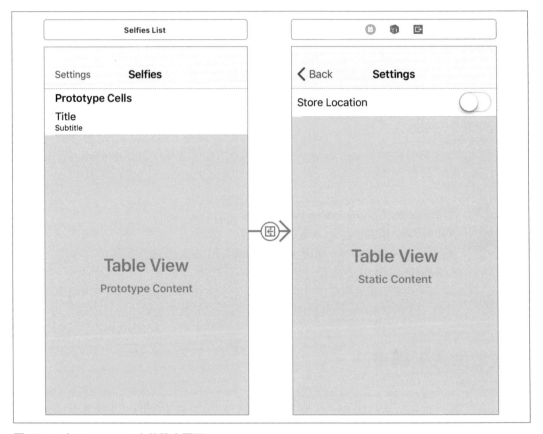

圖 10-1　在 storyboard 中的設定頁面

連接設定程式碼

UI 做好了後，我們需要將它與 controller 類別關聯起來，這樣我們才真的可以開始在程式碼中使用它。

1. 透過 File → New File 建立一個新的 Swift 檔案。

2. 在 iOS 分類中，在 Source 節區下，選擇 Cocoa Touch Class。

3. 讓這個類別繼承 `UITableViewController`。

4. 將檔案命名為 *SettingsTableViewController.swift*。

5. 將它存到 *Selfiegram* 目錄，並將它的 target 設為 Selfiegram。

6. 打開 *Main.storyboard*，並選取我們前面做好的 settings view controller 場景。

7. 在 Identity inspector 中，將 class 改為我們剛才建的 `SettingsTableViewController`。

8. 打開 assistant editor。

9. 為 switch 建立一個新的 outlet，並將該 outlet 取名為 `locationSwitch`。

10. 為 switch 建立一個新的 action，將它命名為 `locationSwitchToggled`，並確認 event type 為 Value Changed。

11. 打開 *SettingsTableViewController.swift*，並刪除所有 table view controller 資料來源虛擬函式。我們不需要這些沒有內容的方法，因為我們將要使用靜態 table view；資料來源需要完成的工作，我們在 storyboard 裡就可以畫完了。

做完上述動作後，就將 UI 連結起來了，現在我們可以開始寫實際上動作的程式碼，並讓它依照使用者的設定動作了。

實作設定

只要是我們要用到的設定，不管哪次 app 執行都應該要保持該設定的效果，而且在 app 中，只要是需要用到該設定的地方，就應該要可以存取該設定。現在，我們可以建立我們自製的設定模型物件，這個物件工作原來和 `Selfie` 以及 `SelfieStore` 物件一樣，但幸運的是，Apple 認為設定這件事，實在是太常做了，所以為設定建立了一個類別。我們將使用這個 `UserDefaults` 類別，去儲存我們的設定值。它用起來與 presistent dictionary 很像（只有少數差異），它被設計來儲存使用者設定的預設值和之後改變得設定值。使用者預設值將會從一個 singleton 取得，這幾乎和我們做 selfie store 時一樣，此處的 singleton 物件被命名為 `standard`。

 要儲存到 `UserDefaults` 中的，並不是你的整個資料模型──它被建立的前提假設，是用來儲存少量使用者的設定值，特別是那些會一直保存的設定。雖然沒有什麼可以阻止你將整個 app 資料模型儲存起來，但實際上這樣做並不見得會如你所願，而且看起來還有點笨，特別是我們還一直努力將儲存在 *Documents* 目錄下的東西合理化。

瞭解這些之後,讓我們開始儲存使用者設定:

1. SettingsTableViewController 類別的外面,建立一個新的 enumeration,命名為 SettingsKey:

```
enum SettingsKey : String
{
    case saveLocation
}
```

在使用者預設值儲存中,會使用這個 enumeration 來當各預設值的 key。雖然,現在我們只有一個用來設定地點資訊要不要儲存的設定值,但之後有需要時加入新設定值時,去擴展 enumeration 是很容易的事。我們大可以用字串來做,但是在 Xcode 中,enumeration 有自動完成的功能,這可以減少打錯字。

2. 實作 locationSwitchToggled IBAction 方法:

```
@IBAction func locationSwitchToggled(_ sender: Any)
{
    // 更新 UserDefaults 中的設定
    UserDefaults.standard.set(locationSwitch.isOn,
                          forKey: SettingsKey.saveLocation.rawValue)
}
```

這個方法在地點 switch 被切換時,就會被呼叫。之後我們做的,就是拿著 switch 的 isOn 屬性所回傳的 Bool 值,要求 UserDefaults 使用我們剛才建立的 enumeration 值作為 key 值,去儲存該屬性的回傳值。

3. 在 viewDidLoad 方法的最後面加入以下程式碼:

```
// 確認地點儲存開關有被正確地設定
locationSwitch.isOn =
    UserDefaults.standard.bool(forKey: SettingsKey.saveLocation.rawValue)
```

在 locationSwitchToggled 方法中,我們將開關狀態儲存到 UserDefaults 中,現在我們要從 UserDefaults 中把開關狀態取出,並用它來設定 switch 的外觀(其實就是把上一步的動作倒過來做)。在首次執行時,UserDefaults 中沒有值,但由於需要的是一個 Bool,所以如果值不存在的話,就會預設回傳 false,這也是為何我們沒有在使用前去做 nil 檢查的原因。

我們沒有告訴 UserDefaults 要何時儲存設定值，這是因為 iOS 在覺得有
需要時，就會將值寫到磁碟。如果你在某個時間點，覺得現在必須儲存
做設定值的話，你可以呼叫一個方法，它叫 synchronize()，呼叫這個方
法時將會儲存設定值，但基本上很少有機會需要呼叫它。

到現在，我們已經可以正確地儲存與載入使用者設定值，這個設定值用來決定自拍照的
拍攝地點資訊要不要儲存。不過，我們還沒有實際將它用於 settings view controller 之
外的地方。雖然我們可以將設定值正確地儲存，但它還不能做到使用者想要的功能。所
以，現在到了修改自拍照建立的程式碼，讓它可以符合功能的時候了：

1. 打開 *SelfieListViewController.swift*

2. 將檢查授權和要求使用地點的程式碼，用以下的程式碼取代：

```swift
let shouldGetLocation =
    UserDefaults.standard.bool(forKey: SettingsKey.saveLocation.rawValue)

if shouldGetLocation
{
    // 處理授權狀態
    switch CLLocationManager.authorizationStatus()
    {
    case .denied, .restricted:
        // 我們可能沒有得到授權，或可能
        // 使用者根本無法使用地點服務
        // 放棄動作
        return
    case .notDetermined:
        // 我們無法確認是否得到授權，所以要求授權
        locationManager.requestWhenInUseAuthorization()
    default:
        // 我們有授權；此處什麼也不做
        break
    }
    // 將自己設定為地點管理器的 delegate
    locationManager.delegate = self
    // 要求地點更新
    locationManager.requestLocation()
}
```

除了我們會多做一個簡單的狀態檢查之外，這一段程式和之前工作流程是一樣的。
狀態檢查是要在取得地點之前，先查看使用者設定值。

現在你可能會想，"這樣不就是代表，在 app 第一次執行時，不會支援地點找，要一直到使用者開啟功能才開始支援了嗎？" 你是對的，因為地點資訊既是隱私資訊，是自拍照的次級功能，所以我們認為這個功能預設為關閉是沒關係的。如果你想要在第一次執行時就可以支援的話，你可以將程式碼改為假定使用者會預設想要這個功能，但你同時要多考慮怎麼樣正確地儲存設定值，也不能像我們這裡一樣以 false 來當作預設值。若要判斷是否為第一次執行 app 的話，有一個簡單的判斷方法，就是將一個新的 Bool 值儲存到 UserDefaults 中，然後一旦進入應用程式 delegate 的話，你就設定一次這個值。這不是很漂亮的作法，但是足以應付大多數情況。

現在如果你執行 app，並拍攝一張新自拍照的話，此時不會去找地點，也不會儲存地點。如果你打開設定頁面，將地點支援打開的話，這個功能才會生效，也會儲存地點資訊。如果你離開 app 然後再次執行 app，進到設定頁面時，你仍會看到開關被正確地設定。做完這些後，我們現在就有了基本的設定功能，而且也能正常動作了。

第十一章

提醒和通知

在前一章中，我們製作了設定頁面，並撰寫了讓使用者決定他們 app 要不要支援地點功能的程式碼。現在我們可以加一個新功能 —— 顯示一個通知，提醒使用者每天都要拍自拍照。要做到這個功能，我們將需要寫一段程式碼，在 settings table view 中加入一個新的列，另外寫一段程式碼產生每日提醒通知，以及根據使用者設定值，去啟動及關閉提醒。

在設定頁中加入提醒

我們要做的第一件事，是在 settings table view 裡建立一個新的列，我們要用這一列來當作提醒的開關：

1. 打開 *Muin.storyboard*。

2. 從 settings view controller 中選取 table view section（不是 table view 的一列，也不是 table view 本身）。

   選取 table view section 最簡單的方法，是使用 outline，如圖 11-1 所示。

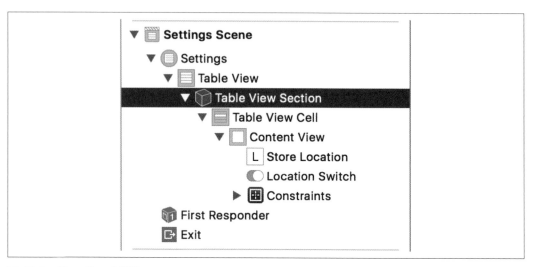

圖 11-1　從 outline 中選取 table view section

3. 使用 Attributes inspector，將列的數量從一列變為兩列。

這麼做的原因是，由於我們會完全複製地點設定列，這麼做可以省掉我們重新建立 constraint 的時間。不過這麼做也是有壞處，因為它**也**會複製 action，所以我們需要進行修改，不然的話可能就會看到關閉提醒設定時，同時也會關閉地點儲存設定。

4. 選取下方單元中的 label。

5. 將文字改為 "Remind me at 10am"。

6. 選取下方單元中的 switch。

7. 在 Connections inspector 中，藉由點擊小小的 x 按鈕，把 Sent Events 節區中的 Value Changed 事件的 connection 切斷。這會讓 switch 和我們在第 10 章中寫的 action 的連結斷開。

8. 打開 assistant editor。

9. 在 `SettingsTableViewController` 類別中，為 switch 建立一個新的 outlet，取名為 `reminderSwitch`。

10. 為 switch 建立一個名為 `reminderSwitchToggled` 的新 action。

現在我們完成 UI 了，可以關閉 storyboard 和 assistant editor 了。之後要做的事情是在程式碼中。

建立通知

在第 10 章中，我們使用 UserDefaults 來保存地點設定值的狀態。現在我們要來做點不一樣的事，我們將要建立一個新的使用者通知，用來顯示提醒，然後使用 Notification Center 來做通知排程。由於 Notification Center 都一直在那，不管何時哪次執行 app，都可以找到它，詢問它是否有已排程的通知。這種做法會比使用 UserDefaults 多做一點工作，但我們反正本來就要去設定通知，所以就不需要多做 UserDefaults 的支援了。

> 我們將會建立一個本地通知（*local notification*）──就是留存在裝置內部的一種通知。另外有一種叫做推播通知（push notification），它是由一台遠端伺服器送到你的裝置上。它們基本的設定都一樣，但推播通知需要多做一點工作才能執行。基本上，你需要從遠端將它們送到你的裝置，然後要多寫一層程式碼去處理它們，不過這些做完以後，在你 app 中處理通知的方法仍然是一樣的。所以，我們並不會示範如何使用推播通知，Apple 有一個非常好的文件，教你在 app 中可以怎樣去使用通知（*https://developer.apple.com/notifications/*），如果你有興趣知道如何使用推播通知的話，這份文件值得你一讀。

讓我們從建立通知開始：

1. 打開 *SettingsTableViewController.swift*，並匯入 UserNotifications 模組：

    ```
    import UserNotifications
    ```

    這個動作讓我們可以使用 UserNotifications 函式庫，我們會用這個函式庫來建立和顯示通知。

> iOS 支援多種不同的通知，我們即將要使用的是使用者通知（*user notification*），這也是當你說 "通知" 時，大多數人會想到的那一種。這種通知能在鎖定畫面上或 SpringBoard 上顯示，並且可以讓你的 app 在背景執行時，顯示資訊給使用者。另外還有系統通知（*system notification*），這種通知讓使用者知道系統相關的事件發生（例如鍵盤退出，或是應用程式從背景執行移除）。

2. 在 SettingsTableViewController 類別中加入新的屬性：

```
private let notificationId = "SelfiegramReminder"
```

這個屬性之後會被通知系統使用，它是一個不重複的通知識別。

3. 將以下程式碼加到 reminderSwitchToggled 方法中：

```
@IBAction func reminderSwitchToggled(_ sender: Any)
{
    // 取得 Notification Center.
    let current = UNUserNotificationCenter.current()

    switch reminderSwitch.isOn
    {
    case true:
        // 定義我們要送的通知是哪一種
        // 在本例中，是一個簡單的提示通知
        let notificationOptions : UNAuthorizationOptions = [.alert]

        // 開發是開著的
        // 要求要送出通知的授權
        current.requestAuthorization(options: notificationOptions,
                          completionHandler: { (granted, error) in
            if granted
            {
                // 我們獲得授權了，將通知加到佇列中
                self.addNotificationRequest()
            }

            // 呼叫 updateReminderSwitch
            // 因為我們可能未獲得授權
            self.updateReminderSwitch()
        })
    case false:
        // 選項是關閉的
        // 清空待執行得通知要求
        current.removeAllPendingNotificationRequests()
    }
}
```

此處，我們先取得目前 UserNotificationCenter 的參照，它是一個 singleton 物件，負責管理使用者通知。判斷提醒開關的狀態，如果是關閉的，我們就只要 Notification Center 取消所有未發出的通知，清空我們在系統中的通知。如果開關是開著的，我們還要再考慮另外一點。跟做地點查詢時一樣，使用者必須先給我們使用通知的授權，然後我們才能開始操作通知，所以我們先要檢查是否有送出通知的授權。不過,和地點授權不同的地方是,我們在這裡使用一個 closure 來判斷授權狀態。如果有授權的話,我們就會接著呼叫建立通知的方法。如果授權被拒絕的話,我們會改為送出訊息去更新開關的 UI。別擔心 Xcode 此時發出的是遺失警告;我們馬上就要去補上缺少的程式碼了。

> 在前面的程式碼中有一行是用來建立一個新的常數 array UNAuthorization Options。當想要取得通知的授權時,你必須要讓授權方法知道,你企圖要送的通知是哪一種通知。這樣使用者就可以決定要不要接受這種通知型態。在我們的例子中,雖然我們只是要顯示標準的彈出式通知,但被呼叫者的參數是個 array,所以我們只好把它建好送過去了。

4. 實作 addNotificationRequest 方法:

```
func addNotificationRequest()
{
    // 取得 Notification Center
    let current = UNUserNotificationCenter.current()

    // 移除所有既存的通知
    current.removeAllPendingNotificationRequests()

    // 準備通知內容
    let content = UNMutableNotificationContent()
    content.title = "Take a selfie!"

    // 建立日期代表 " 早上 10 點 " 的元件 ( 不指定哪一天 )
    var components = DateComponents()
    components.setValue(10, for: Calendar.Component.hour)

    // 每天在這個時間就會觸發
    let trigger = UNCalendarNotificationTrigger(dateMatching: components,
                                                repeats: true)

    // 建立要求
    let request = UNNotificationRequest(identifier: self.notificationId,
                                        content: content,
                                        trigger: trigger)

    // 將它加到 Notification Center
    current.add(request, withCompletionHandler: { (error) in
        self.updateReminderSwitch()
    })
}
```

這個方法主要目的是產生通知，首先，我們告訴 Notification Center 清掉所有未發出的通知，這是為了避免使用者多次切換開關後，在下一個 10 點時收到一大堆提醒拍照的通知。

用通知一直打擾你的使用者，是一件令使用者很煩的事情——請確定你送出的通知，是有用而且重要的資訊！若是因為自己不確定送出了什麼樣的通知，造成你的使用者被數以百計的通知轟炸，會讓你 app 的專業形象受損。

然後我們會建立一個通知物件，物件可以依我們喜好設定。在 iOS 中你並不是自己去建立要送出的通知；而是你設定好想要的東西，然後建 Notification Center 去接手進行處理。雖然你可以設定的還有很多，包括使用客製音效和圖片。不過，在我們的例子中，我們只有給它一個標題，標題上請使用者去拍一張自拍照而已。接著，我們去設定了一個觸發器，它會被用來決定何時要送出通知，我們利用 Date 元件，將它的送出時間設為每天的早上十點。

準備好觸發器以後，我們建立一個通知要求。Notification Center 會用它來建立通知，並在適當時機發出通知。通知要求這個東西基本上只把觸發器（每天十點觸發的那個）、通知內容（"Take a Selfie!"）以及稍早設定的識別給綁成一包而已。建好通知要求以後，就把它傳給 Notification Center，Notification Center 就會做完後面的工作。這些工作都做完之後，還缺一個用來更新 UI 的方法，等一下我們就會撰寫這個方法了。

當時間到了觸發器要動作的時刻，Notification Center 會建立一個通知物件，內含我們要求它要發出去的東西。

我們呼叫 updateReminderSwitch 方法的那個 closure，並不是在通知觸發時被呼叫，而是在 add 方法將我們的通知加入 Notification Center 後被呼叫。

5. 實作 updateReminderSwitch 方法：

```
func updateReminderSwitch()
{
    UNUserNotificationCenter.current().getNotificationSettings
    { (settings) in
        switch settings.authorizationStatus
        {
```

```
case .authorized:
    UNUserNotificationCenter.current()
        .getPendingNotificationRequests(
            completionHandler: { (requests) in

            // 如果要求串列中至少有 1 個要求的話
            // 那表示現在在啟動狀態
            let active = requests
                .filter({ $0.identifier == self.notificationId })
                .count > 0

            // 如果我們發現我們的通知在串列中的話
            // 就將 switch 設定在開的位置
            self.updateReminderUI(enabled: true, active: active)
        })

case .denied:
    // 如果使用者拒絕授權的話，設定 switch 到關的位置
    // 並禁止它的功能
    self.updateReminderUI(enabled: false, active: false)

case .notDetermined:
    // 若還未向使用者要過授權的話
    // 打開 switch 的功能，但預設放在關的位置
    self.updateReminderUI(enabled: true, active: false)
    }
  }
}
```

這個方法是用來設定提醒 switch 開關位置用的──要不要將 switch 設為開，要看有沒有正在排程中的提醒涌知，如果有的話，就表示開關應該在開的位置。要不要打開 switch 的功能，則要看使用者有沒有給予通知使用授權。如果使用者拒絕授權的話，藉由禁止 switch 的功能，就不會有多餘的互動動作。

一開始我們從 Notification Center 得知有沒有取得授權，如果有的話，就打開 switch 的功能，然後再查看 Notification Center 目前是否已有排程的通知，而且該通知的識別和我們稍早建立的是同一個。根據這個查看的結果，將 switch 的位置放在開或是關。如果沒有授權的話，就將 switch 設定到關的位置，然後禁止它的功能，避免使用者再去使用它。最後，授權若是在一個未知的狀態的話，我們會打開 switch 功能，並將它設定到關的位置，這樣它就可以接受第一次操作了。

6. 實作 updateReminderUI(enabled: active:) 方法：

```
private func updateReminderUI(enabled: Bool, active: Bool)
{
    OperationQueue.main.addOperation {
        self.reminderSwitch.isEnabled = enabled
        self.reminderSwitch.isOn = active
    }
}
```

在 updateReminderSwitch 方法中，知道了 switch 要不要打開功能，以及要不要開關之後，可以利用這個方法去設定 switch 的狀態。這部分的程式碼只有一處值得注意的地方，就是把我們要做的事情，放進主要佇列等待執行。這麼做的原因是，我們不知道 Notification Center 在加完新的通知排程時，把完成時要呼叫的 closure 放在哪一個佇列中。但是更新 UI 只能在主要佇列中做。所以，我們可以確定，若要改變 switch 狀態的程式碼，就應該在主要佇列中等待執行。

7. 將以下的程式碼放到 viewDidLoad 的尾端，它是用來在 view controller 第一次執行時，用來設定 switch 狀態用的：

```
updateReminderSwitch()
```

> 測試通知是件很花時間又很煩人的事情，若想測試你現在新加的程式碼的話，將觸發器的觸發時間改快一點將是一個簡單的解法。舉例來說，以下是一個不會重複的觸發器，觸發時間設定在它被送到 Notification Center 後的 10 秒鐘：
>
> ```
> let trigger = UNTimeIntervalNotificationTrigger(
>     timeInterval: 10,
>     repeats: false
> )
> ```
>
> 但是，在原來的條件下測試觸發器還是非常重要的一件事，假的觸發器雖然可以用來做一個快速的測試，但它不是一個妥善的測試方法。

這些都做完之後，Selfiegram 現在已經可以顯示通知了。如果你執行 app，打開設定畫面，並將 switch 切到 "on"（圖 11-2），那就會排入一個每天十點出現的通知了！

圖 11-2　展示我們新功能

以上完成之後，我們已完成 Selfiegram 的基本功能了。從空無一物開始，到現在完成一個可以開始使用和測試的 app。在下一章中，我們將要為我們的 app 加入新功能。

第三部分

為 Selfiegram 增加功能

第十二章

佈景主題與分享自拍照

站在功能的角度上來看，我們的 app 現在已經蠻不錯的了。每個功能都能正常運作，和 app 的互動式也很明確——不過，就是外表看起來有點無趣。雖然預設的 UIKit 元件用起來非常好用，而且和 Apple 出品的 app 有著一致的長相，但這不是我們所追求的，我們想要 app 可以特別一點。

想要讓 app 看起來特別一點，有一大堆方法可以做到，我們將要使用的是佈景主題來客製化 app 外觀。佈景主題讓我們可以設定一個通用的外觀，讓 Selfiegram 每個 view 中都可以使用，並且會自動地套用到整個 app。我們將會用 **UIAppearance** 類別來做佈景主題，這個類別有多種不同的方法，這些方法讓我們可以深入內部，並根據我們想要的設定 view 的外表。完成佈景主題後，會套用到所有的 view 上，讓我們的 app 有一致的外觀。另外，還有個好處，如果我們想要更新佈景主題的話，只要修改佈景主題的程式碼，它就會自動傳播到整個 app，節省大量時間。

UIAppearance 類別是一種 proxy 物件，在大多數的 view 類別中都有 proxy 物件。它被設計為以類別的狀態工作，而不是實例的狀態下工作，但我們和它互動的方法，卻將它視為和實例一樣。這表示我們不會指定改變介面中的一個特定物件的外表，例如一個特定的按鈕，而是會告訴 proxy 物件，只要是 UIButton 類別都要改變成指定的外表。

我們也可以用另外一種做法，但那種做法會將佈景主題的程式碼四散在整個 app 中，想改或調整時就會很痛苦。

本章接下來的內容，將會定義我們的佈景主題，並套用佈景主題到介面上。在本章結束以前，我們會修改 app，讓它看起來像圖 12-1。佈景主題做完以後，我們會加入自拍照的分享功能，讓它可以分享出去。

 我們不會過份關注在 Selfiegram 的佈景主題上——因為這可能花去很多天的時間，調整每個細節，在你的實際 app 上，你會這麼做，但我們在書中的目標是教你怎麼做佈景主題，而不是要做出最好的 app。因為這個原因，我們只會做基本的佈景主題，但你可以玩一玩，之後試著把它弄得更好看。

自訂字型

讓我們的 app 看起來特別的第一步，是給它自訂字型。iOS 11 預設的字型是 San Francisco，它是一種很好的字型，能夠在電腦畫面上井井有條的顯示，但它不是我們要的。

 只有在 iOS 上的語言被設為拉丁字母字集中的語言時，預設字型會是 San Francisco；其他語言會使用它的預設字型。

我們想要有一種更流暢、歡樂的感覺，幸運地，iOS 作業系統內建有非常棒的字型處理系統；它可以處理常見的字型格式，還有非常好的繪圖引擎在 Core Text 中，很好看的方法呈現字型格式。這代表我們使用第三方字型時也不用擔心——若字型本身是正確的，那就會被正確地呈現出來。

 我們使用第三方字型來展示使用第三方字型時所需要的步驟，但你並不需要也一樣。iOS 本身就附帶有很多種內建字型可用，對大多數情況來說，都有專業製成的字型可用。

如果你想要看看你有什麼可用的話，有一個網站叫 iOS Fonts（*http://iosfonts.com*），這個網站上展示了 iOS 上每一種字型，以及每種字型在哪個 iOS 版本支援。你可以看到 Apple 為我們購買或建立了很多高品質（也很貴）的字型。

在 Selfiegram 中,我們將會使用三種不同的字型,它們是從 Font Squirrel 取得,在 SIL 字型授權下使用(*http://bit.ly/2GHPOWL*),意思是(不管其他細節)可以在我們 app 中使用的。

> 字型用自己的授權條款進行發布,這些條款決定你可以怎麼使用這些字型。如果你不能配合條款要求的話,你就不能使用這些字型!
>
> 若是 Apple 提供的字型,那你不用多做什麼事,就可以在 app 中使用。

讓我們開始吧:

1. 到 *https://www.fontsquirrel.com*,找到並下載這些字型:

   - Lobster

   - Quicksand

   其實這含有八種不同的字型(Lobster 一種,Quicksand 七種),我們只會用到其中三種。

2. 在 Xcode 專案中加入一個 Fonts 群組。

   請在專案的 **navigation bar** 裡的 Selfiegram 群組上點右鍵,並選取 New Group。這個群組將會是我們在專案結構中儲存字型的地方。

3. 拖曳以下的字型檔案到新的 Fonts 群組中:

   - *Lobster_1.3.otf*

   - *Quicksand-Regular.otf*

   - *Quicksand-Bold.otf*

   現在字型已匯入完成,即將要在 app 中使用它們了。此時需要一種方法將它們載入到我們的程式碼中,才能開始使用。之前,如果你曾經想過要改變字型的話,你只能在 storyboard 中改,但這不是唯一的方法。

4. 建立一個佈景主題檔案。

   建立一個新的 Swift 檔案,並將它命名為 *Theme.swift*。這將會是我們放所有佈景主題程式碼的地方,但現在我們要做的只有建立使用新字型的部分。

5. 匯入 UIKit：

```
import UIKit
```

6. 建立一個 UIFont 的 extension，以載入我們自訂的字型：

```
extension UIFont {
    convenience init? (familyName: String,
                       size: CGFloat = UIFont.systemFontSize,
                       variantName: String? = nil) {
        // 注意！這是用來找到內部字型名稱的程式碼
        // 不過，如果有超過一個的字型家族含有
        // <familyName> 或是第一個找到的字型不是你
        // 想找的字型，就會有錯誤產生

        // 我們會採用這方法的原因，是因為如果只把
        // 要用的內部字型名稱給你看的話，你就啥也
        // 學不到了。在你實際的 app 中，你應該手動去
        // 指定字型名稱

        guard let name = UIFont.familyNames
            .filter ({ $0.contains(familyName) })
            .flatMap ({ UIFont.fontNames(forFamilyName: $0) })
            .filter({ variantName != nil ?
               $0.contains(variantName!) : true })
            .first else { return nil }

        self.init(name: name, size: size)
    }
}
```

UIFont 是用來代表一個字型以及所有相關資訊的類別。你不會去像建立其他類別一樣，直接去建立一個字型；而是改用建構器去從作業系統取回一個字型回來。此處，我們做了一個可失敗的方便建構器，由於有機會因為某種理由無法載入我們要用的客製字型，所以我們建的是可失敗的建構器。

礙於我們載入字型的方式的關係，如果有兩個字型部分名稱是相同時，例如 "Lobster1" 和 "Lobster2"，同時將它們載入為 "Lobster"，將會導致我們無法分辨到底是哪一種字型。一般載入字型的方法是用它的全名——以 Lobster 字型舉例的話，全名就是 "Lobster_1.3"——但直接這樣用無法教你 Swift 或 iOS 字型系統的觀念。所以，日後如果要用這一段程式碼時要特別小心；而如果你知道字型正確的名稱，你就應該使用正確名稱！

在這段程式碼中，我們在 Closure 裡做了很多事，但整個建構器做的事情，是從取得所有可用字型清單，並依我們指定的字型名稱進行過濾。然後對過濾結果執行 flatMap，以移除 nil，並將它放入單一層的集合中，好了以後，最後從中找尋我們想要的特定字型，並且將它回傳。

 我們沒有說明 flatMap 是什麼，它是一個特別版的 map，它的功能是減少一層目標集合的深度。你可以把 flatMap 想成是先對一個物件集合做 map，然後再對結果做 flatten。

它的另外一個好用用途是，你可以用它去擠出在 map 轉換中所產生的 nil 值。

最後，我們要有一個方法告訴 iOS 有新字型了——雖然字型是在專案中，我們的程式碼也已準備好要提供這些新字型了，但是程式碼和字型間還沒有連結起來。所以，現在我們要在 *info.plist* 檔案中加入一個新項目，用來告訴 iOS 我們的字型檔已可以在 app 中使用了。

7. 打開 *info.plist*。

8. 在檔案中加入新的項目。

9. 將 key 設為 "Fonts provided by application"。

10. 將 type 設為 Array。

11. 在這個 array 中加入一個字串，值為 "Quicksand-Regular.otf"。

12. 在這個 array 中加入另一個字串，值為 "Lobster_1.3.otf"。

13. 打開專案檔。

14. 選取 Build Phases 分頁。

15. 將 Copy Bundle Resources section 打開。

16. 點擊 plus 按鈕。

17. 選取我們的字型檔案，這一步會將它們匯入到建置流程中。

做好了之後，我們的字型現在可以在應用程式中使用了。如果我們執行 app 的話，嗯～什麼都不會改變，這是因為我們還沒有實際使用它們，下一節我們會去使用新字型。

製作佈景主題

到了為 Selfiegram 做佈景主題的時候了,我們將會把所有的事在一個函式呼叫中做完,然後使用 UIAppearancec 類別做為佈景主題的介面。

1. 在 *Theme.swift* 中,建立佈景主題結構:

```
struct Theme {
}
```

2. 建立一個叫 apply 的靜態函式,它是我們放佈景主題程式碼的地方:

```
static func apply() {

}
```

3. 將以下的程式碼放到 apply 方法中:

```
guard let headerFont = UIFont(familyName: "Lobster",
                             size: UIFont.systemFontSize * 2) else {
    NSLog("Failed to load header font")
    return
}

guard let primaryFont = UIFont(familyName: "Quicksand") else {
    NSLog("Failed to load application font")
    return
}
```

這段程式中,我們會去載入字型,使用到之前建立的方便建構器。由於如果無法載入我們的字型的話,我們也不想要 app 去用不完整的佈景主題,所以將這些檢查用 guard 述句包起來。與其讓最後結果看起來很怪,還不如在找不到字型時就不做了。

接著我們要改變應用程式的 *tint color*(染色),在 iOS 中多數的 view 都有 tint color 屬性,它們的預設色彩就是屬性所造成。以我們用過的按鈕來說,指的就是淡藍色。

4. 在 apply 方法中,在字型下面加入這段程式碼:

```
let tintColor
    = #colorLiteral(red: 0.56, green: 0.35, blue: 0.97, alpha: 1)

UIApplication.shared.delegate?.window??.tintColor = tintColor
```

我們在這邊做的第一件事，是建立一個**色彩常數**——注意當你打完字以後，它就變成一個彩色的小方塊，現在你可以點擊這個小方塊，並用色彩撿取器選取你想要的色彩。在 Selfiegram 中，我們選了紫色，它也是我們的全域染色。

> 若想建立一個即看即改的色彩的話，色彩常數是一個簡單的解法，這種用法比單純使用 RGB 或 HSV 值去調整色彩來的好很多。色彩常數會回傳適合你平台的色彩物件——所以如果是 iOS 的話，就是回傳 UIColor。如果你在 macOS 上執行一樣的程式碼，它會回傳 NSColor，程式碼一樣可以用。如果你要的話，也可以直接建立 UIColor 物件，但你就無法在 Xcode 裡看到漂亮的色彩預覽小方塊了。

接著呢，把我們應用程式的主畫面設成那個色彩，主畫面是所有 view 都會畫在上面的畫面。由於染色是一個繼承而來的屬性，所以一旦我們設定主畫面的染色，那麼所有的 view 都會繼承到這個染色，我們也就不用四處去設定了。

接著，我們需要去設定各種 **UIView** 子類別的外觀 proxy：

1. 將以下程式碼加到 apply 方法中：

```swift
let navBarLabel = UILabel.appearance(
    whenContainedInInstancesOf: [UINavigationBar.self]
)

let barButton = UIBarButtonItem.appearance()

let buttonLabel = UILabel.appearance(
    whenContainedInInstancesOf: [UIButton.self]
)

let navBar = UINavigationBar.appearance()

let label = UILabel.appearance()

// 設定 navigation bar 的佈景主題
navBar.titleTextAttributes = [.font: headerFont]

navBarLabel.font = primaryFont
```

```
// 設定 label 的佈景主題
label.font = primaryFont

// 設定按鈕文字的佈景主題
barButton.setTitleTextAttributes([.font: primaryFont], for: .normal)
barButton.setTitleTextAttributes([.font: primaryFont], for: .highlighted)

buttonLabel.font = primaryFont
```

這段程式碼的第一塊，是取得各種我們想要改變的東西，它們的 UIAppearance 參照：包括 navigation bar 標籤、bar 上的按鈕、按鈕標籤、navigation bar 以及標籤。

然後我們會設定各種不同型元件的外觀，在我們的例子中，就是把它們所使用的字型，改為我們客製的字型。

我們用 appearance(whenContainedInInstancesOf:) 來指定物件在不同狀態下的外觀。這是因為我們現在要客製的東西全部都是 UILabel，但是我們又想區別按鈕上的 label，以及 navigation bar 上的 label，將它們做不一樣的外觀設定。這麼用可以讓我們去修改指定狀態下的 label 外觀。

要使得這些都生效，我們還必須在某處呼叫 apply 方法。我們將在應用程式的 delegate 中做這個呼叫，因為那裡是我們應用程式邏輯上的進入點，而在 Selfiegram 啟動時，就開始佈景主題設定是很合理的。

2. 在應用程式 delegate 中的 didFinishLaunching 方法中，在 return 述句前呼叫 apply 方法：

```
Theme.apply()s
```

如果你不喜歡我們到目前為止的設計，歡迎你自由改變。現在這種使用佈景主題的方法，很容易就可以變更設計。

app 中還有一個地方我們還沒做佈景主題：啟動畫面。你可能已注意到，當你啟動 app 的時候，有個白色一閃而過，那個白色畫面是啟動畫面，也是我們可以客製的東西。

啟動畫面的 storyboard 檔案是另外一個叫做 *LaunchScreen.storyboard* 的檔案，iOS 會在 app 載入完全以前，先載入啟動畫面。它只會短短的出現一小段時間，所以沒有必要過度地設計它的 storyboard。一般來說，這裡會放置 app 的 logo，但我們沒有 logo，所以就放我們之前選的紫色到啟動畫面上。

1. 打開 *Launchscreen.storyboard*。

2. 選取 view controller 中的 main view。

3. 使用 Attributes inspector，將該 view 的背景色改為以下自訂色彩：

   - Red：142
   - Green：90
   - Blue：247
   - Opacity：Full

   這個顏色和我們之前用的染色是同一個。

 由於啟動畫面是一個 storyboard，所以如果你要的話，你可以透過一個 view controller 控制以及和它互動。不過，一般說來不會這麼做，因為啟動畫面出現的時間太短，除了圖片和顏色之外，來不及顯示其他的東西。

如果你現在執行 app 的話，你會看到結果如圖 12-1。

圖 12-1　做好佈景主題的 app

分享自拍照

現在我們的 app 看起來很華麗了，該是加入自拍照分享功能的時候了——如果不能讓別人看到我在自拍照中多好看的話，那自拍有什麼意義呢？

若想透過各種社交媒體，將自拍照分享出去，有兩種方法。第一種方法需要你使用該種社交媒體的 API 建立一個函式庫，或是別人做好能支援該種社交媒體的函式庫，然後自己處理在你的 app 與社交媒體服務間的各種訊息和溝通。這內含了一大堆工作，你必須測試出服務是否可靠，而且只能支援你能找到或自己建立函式庫的那個社交媒體。另外一種方法，就是使用 iOS 內建的分享功能。

UIActivityViewController 類別是一種預先做好的 view controller，它用來代表一個標準的介面，為目前裝置上所有可用的服務提供 *activity*。一個 activity 是一種可以接受使用者資料，對這些資料執行服務，並將該服務執行結果回傳的東西。我們以 Twitter 作為例子：Twitter app 提供了一個 activity，能接收一則短訊息，也可以附圖，activity 將訊息和圖上傳到 Twitter 上，幫使用者發出 tweet（譯按：一則 Twitter 訊息）。有一大堆不同的服務都提供這類的 activity（以 UIActivity 物件型態呈現），如果你要的話，你的 app 也可以提供這樣的 activity。

> 在本書中，我們不會講到製作自己的 activity 的方法，但 Apple 的 UIActivity 類別文件（*https://developer.apple.com/documentation/uikit/uiactivity*）中有相關資訊。

這代表使用者安裝在自己手機上的任何 app 和服務，例如 Facebook、Twitter、Sina Weibo、Instagram 或 email 等，你都可以使用它們所提供的服務。你要做的就是準備好要分享的資料，召喚 activity view controller，使用者就會自己做完接下去的動作了。

> 這種分享的作法，有一個缺點，就是我們把控制權交給可以共享的那個平台——但由於我們將選擇權交還給使用者，所以也不全然是個缺點。在應用程式幫使用者代勞多一點，通常不會是件壞事。

在 Selfiegram 中，我們將會在兩個地方：自拍照清單的 list view controller 以及 detail view controller，設計讓使用者可以分享自拍照，這也是最有可能會想要分享自拍照的兩個地方。在自拍照 detail view controller 中，我們將會新增一個按鈕用來分享，而在自拍照清單 list view controller 中，我們會在 table view 中的自拍照上，加入自訂觸控滑動行為來分享自拍照。

Detail View Controller 中做分享

第一步是要更新自拍照 detail view controller，讓它的 UI 上多一個可供分享的按鈕：

1. 打開 *Main.storyboard*。

2. 選取 selfie detail scene。

3. 拖曳一個按鈕到 navigation bar 中的右側。

4. 選取該按鈕，並將它的 System Item 值，從 Custom 改為 Action。

   我們現在會有一個跟 iOS 一般使用的標準 activity 按鈕，長得完全一樣的按鈕。下一步是要將它和一個 action 連結起來。

5. 打開 assistant editor，確認裡面打開的檔案是 *SelfieDetailViewController.swift*。

6. 按住 Control 拖曳該按鈕，拖到 SelfieDetailViewController 類別中。

7. 建立一個叫做 sharedSelfie 的新 action。

8. 關閉 assistant editor，並打開 *SelfieDetailViewController.swift*。

9. 將以下的程式碼加到剛新建出來的 shareSelfie 函式中：

```swift
@IBAction func shareSelfie(_ sender: Any) {
    guard let image = self.selfie?.image else {

        // 跳出一個訊息對話框，讓我們知道它失敗了
        let alert = UIAlertController(title: "Error",
                    message: "Unable to share selfie without an image",
                    preferredStyle: .alert)

        let action = UIAlertAction(title: "OK",
                                   style: .default,
                                   handler: nil)
        alert.addAction(action)

        self.present(alert, animated: true, completion: nil)

        return
    }

    let activity = UIActivityViewController(activityItems: [image],
                                            applicationActivities: nil)

    self.present(activity, animated: true, completion: nil)
}
```

在這個方法中，我們首先做的是確認我們自拍照中有沒有圖片，對我們的 app 來說，此時這個檢查結果一定會有圖片，但是也有可能在載入圖片時失敗。如果圖片不存在的話，要跳出一個錯誤訊息，並離開分享。

如果圖片存在的話，我們要建立一個新的 activity view controller，在它的建構器中，有兩個重要的元件，第一個是我們要分享的東西組成的 array，對自拍照來說，就是裡面的圖片，但如果我們支援多張圖，或想同時分享圖片和文字的話，就可以加到這個 array 中。

> 這個 array 中的項目，也會影響 activity view controller 中出現哪些服務。一個 activity 會定義自己能支援的項目和服務，舉例來說，Twitter 支援圖片和文字，但不支援 PDF。所以如果你把一個 PDF 放在 array 中的話，Twitter 就不會在可用選項中出現，但 email（幾乎支援所有東西）仍然會出現。

第二個重要元件是應用程式的 activity array，在我們的範例中是 nil。這也是你用來定義你的應用程式要提供的自訂 activity 的地方。最後，我們帶出 activity view controller，並呈現給使用者自己，這樣就做好了 iOS 上的分享支援了！

List View Controller 中做分享

現在我們掌握了如何做分享之後，讓我們在自拍照清單上再做一次。這次我們將要從另外一個行為觸發分享。我們要對 table view 中的自拍照，加上自訂的觸控滑動行為來做分享，而不再使用按鈕觸發分享。用來分享的元件的工作模式和前一節完全一樣，但現在我們將要在 table view 上多做些事，才能達到我們要的功能：

1. 打開 *SelfieListViewController.swift*。

2. 刪除 tableView(UITableViewcommit editingStyle: forRowAt indexPath:)，我們不再需要它了。

3. 加入以下 table view 的 delegate 方法：

```
override func tableView(_ tableView: UITableView,
                        editActionsForRowAt indexPath: IndexPath)
                -> [UITableViewRowAction]? {

    let share = UITableViewRowAction(style: .normal, title: "Share")
    { (action, indexPath) in
```

```
        guard let image = self.selfies[indexPath.row].image else
        {
            self.showError(message:
                "Unable to share selfie without an image")
            return
        }
        let activity = UIActivityViewController(activityItems: [image],
                                    applicationActivities: nil)

        self.present(activity, animated: true, completion: nil)
    }
    share.backgroundColor = self.view.tintColor

    let delete = UITableViewRowAction(style: .destructive,
        title: "Delete")
    { (action, indexPath) in
        // 從自拍照 array 取出物件
        let selfieToRemove = self.selfies[indexPath.row]

        // 試著刪除該自拍照
        do
        {
            try SelfieStore.shared.delete(selfie: selfieToRemove)

            // 將它從陣列中移除
            self.selfies.remove(at: indexPath.row)

            // 將該項目從 table view 中移除
            tableView.deleteRows(at: [indexPath], with: .fade)
        }
        catch
        {
            self.showError(message:
                "Failed to delete \(selfieToRemove.title).")
        }
    }

    return [delete,share]
}
```

這個 delegate 負責告訴 table view，當單元上發生滑動觸控時，使用者能做的動作有哪些。針對 table view 裡滑動發生的項目，這個函式需要回傳能做的所有 action 有哪些。

在這裡我們建立了兩個新的 UITableViewRowAction；這兩個 action 是在滑動事件發生在 table view 的一列上後，顯示出來的可動作項目，這和我們在第 155 頁 "刪除自拍照" 中做的滑動刪除支援很像。所有的動作流程行為是一樣的：你先建立一個 action，設定它的樣式和標題，然後給它一個在動作發生時用的 closure。

我們第一個 action 是分享，預設樣式是背景的灰色，我們將它改為 normal 樣式，closure 中的程式碼，和我們之前的程式碼是完全一樣的。然後我們將該 action 的色彩改為 view 的染色，也就是第 218 頁 "製作佈景主題" 中的紫色。

我們的第二個 action 是刪除，我們會需要加入這個 action，是因為現在加入客製 action 的動作，會把之前我們做好的一般刪除給覆蓋掉。closure 中這段程式碼和原來的刪除用程式碼是一樣的，藉由設定 action 使用 destructive 樣式，我們可以讓它的外觀和原來的刪除完全一樣。

最後，我們要將這些 action 和 array 綁在一起並回傳。

現在如果我們再度執行 app，我們可以用手指在 table view 的一個單元上滑過去，就會出現刪除和分享自拍照的動作選單了（見圖 12-2）。

圖 12-2 從 table view 中分享

第十三章

自訂 View 和 View Controller

Selfiegram 現在因為有了佈景主題，看起來比以前好看多了，但我們除了變了一些顏色，改了一些字型以外，其實沒有做很多的客製化的動作。為了要進一步改良我們的 app，現在要來看看怎麼客製化 **UIView** 和 **UIViewController** 子類別。

要客製化 view 和 view controller 的理由，是為了要做到 Apple 或第三方函式庫沒做到的事情。這一章中我們的目標，是將現在用來拍照的影像選取器換掉。

第三方的 camera view controller 有很多，每一種都有它的優點和缺點，但我們要建自己的。除了說明這項工作要怎麼做之外，另外一個目的，是展示我們可以怎麼去改影像選取器，並進一步說明怎麼操作 iOS 上的相機。

我們將會用到 **AVKit** framework 去處理和相機的通訊，以及呈現相機的功能。**AVKit** 是一個含有大量類別和函式的 framework，主要用來操作、顯示、建立聲音和影像，所以會被取名為 **AVKit**。使用 **AVKit** 讓你可以建立自己的整套影像和聲音編輯，但我們只會使用到裡面的小部分功能，只來從相機取得照片。

本章會做很多事情，我們將會使用自製的 view 去顯示相機目前的拍攝畫面，會需要一個自製的 view controller，去和相機溝通並回傳影像，也會將這些功能放入應用程式的架構中，現在就讓我們開始吧！

相機 View

如果拍自拍照的時候，無法看到相機中的影像，那麼自拍的困難度就很高，所以第一步是要建立我們自己的相機控制，用來顯示目前相機正在拍攝什麼。不過我們需要找一個地方，放我們客製 view 的程式碼：

1. 建立一個新的 Cocoa Touch Class 檔案。

2. 將它命名為 *CaptureViewController.swift*。

3. 讓它繼承 `UIViewController`。

4. 將檔案存到專案中，並確認 target 選取的是 Selfiegram。

5. 匯入 `AVKit` framework：

   ```
   import AVKit
   ```

6. 建立一個新的 `UIView` 子類別，取名為 `PreviewView`：

   ```
   class PreviewView : UIView {

   }
   ```

7. 建立 previewLayer 屬性：

   ```
   var previewLayer : AVCaptureVideoPreviewLayer?
   ```

這個屬性中放的是 optional 的 `AVCaptureVideoPreviewLayer` 物件，它是 `CALayer` 的子類別。`CALayer` 出自 Core Animation framework，也是 iOS 上繪製 view 的重要元件。每個 `UIView` 裡面都有一個 *layer*，layer 是實際上負責畫 view 的東西。它們之所以被稱為 layer，是因為它們建立了繪圖時的層疊關係。在我們的程式碼中 `AVCaptureVideoPreviewLayer` 是負責顯示影像內容的那一層 layer，之後我們會撰寫程式碼，讓這一層顯示相機所見的事物，並將它變成整個 view 主要 layer 的子 layer。

 我們之所以要顯示影片圖層的原因，是因為我們想要 view 看起來可以動態即時地呈現相機所拍攝的東西。我們也可以改用 `UIImageView` 綁上一些東西來做，但它不是個好方法，而且看起來也很糟。將相機的影像串流當成影片，並做影片播放的作法比較容易，拍照只是擷取影片中的一刻而已。

8. 現在必須為預覽 layer 準備要播放的東西，所以實作下面的 setSession 函式：

```
func setSession(_ session: AVCaptureSession) {
    // 確保我們只會對這個 view 做一次
    guard self.previewLayer == nil else {
        NSLog("Warning: \(self.description) attempted to set its"
        + " preview layer more than once. This is not allowed.")
        return
    }

    // 建立一個預覽 layer，並從擷取影像處拿到播放內容
    let previewLayer = AVCaptureVideoPreviewLayer(session: session)

    // 將播放內容放到 layer 中，保持原畫面比例
    previewLayer.videoGravity = AVLayerVideoGravity.resizeAspectFill

    // 將預覽 layer 加到我們的 layer 中
    self.layer.addSublayer(previewLayer)

    // 將參照存在 layer 中
    self.previewLayer = previewLayer

    // 確保子 layer 有被繪製
    self.setNeedsLayout()
}
```

這個方法裡做了很多事，它會等待我們設定好相機顯示影片後呼叫它，這個方法的核心物件，是透過參數傳進來的 AVCaptureSession 物件，這個物件代表目前擷取影片的工作階段——基本上，它內部擁有所有相關的資訊，這些資訊將會在別的地方設定好；在這段程式碼中，我們要做的是如何從它取得相機資料。

我們要做的一件事，是檢查 layer 是否已經被設定好，如果已經好了，就直接離開函式。如果沒做這個檢查的話，我們的 view 上可能一次會出現很多個影片 layer。然後我們將 layer 的 gravity，讓它永遠都保持輸入影片的比例，並調整顯示大小到符合整個 layer，如果沒做這件事的話，我們的影片可能會失真壓扁。

最後，我們將影片 layer 加到 view 的 layer 層疊中，然後要求 view 做重繪的動作。

技術上來說，我們是要求 view 重新放置它自己，以及它所有的子 view，這個定義和重繪不太一樣，但足夠滿足我們所需了。另外，呼叫 setNeedsLayout 不會重新繪製 view 和它所有的子 view。它會將一個重繪要求放入排程，在 iOS 的繪圖系統下次更新時，就會發動所有 view 被重繪。大多數的時間，這些動作很快就會接連發生，所以你幾乎不會查覺，但即使呼叫該方法馬上就會回傳，還是要知道重繪不是馬上發生的。

這種特性的優點，是你可以一次綁定所有要做的事，讓 iOS 在下次更新時一起重繪，而不用一直等待前一個重繪工作完成，才能繼續下一個。

用來重繪 view 的呼叫完成後，我們還要有一段用於處理重繪的程式碼。我們將覆寫 UIView 的一個方法 layoutSubviews，在重繪 view 和它的子 view 的時刻來臨時，iOS 就會呼叫這個方法，在我們的範例中，重繪就是由呼叫 setNeedsLayout 觸發的。

你千萬不要自己呼叫這個方法，干涉 iOS 重繪 view 的工作是非常危險，極有可能產生未預期的後果或當機。

9. 實作 layoutSubviews 方法：

```swift
override func layoutSubviews() {
    previewLayer?.frame = self.bounds
}
override func viewWillLayoutSubviews() {
    self.cameraPreview?.setCameraOrientation(currentVideoOrientation)
}
```

這一段程式碼中，做的是將預覽 layer 的尺寸設成和 view 本身一樣大，基本上就是填滿 view 的所有空間。

最後，我們要處理裝置旋轉時的情況，由於我們完全沒有處理它，這可能導致預覽 layer 呈現非常奇怪的外觀。適當依據裝置方向，妥善地處理影片 layer 的尺寸和外觀，並不是件容易的事情，但幸運的是 Apple 已經幫我們做完了。

10. 實作 setCameraOrientation 方法：

```swift
func setCameraOrientation(_ orientation : AVCaptureVideoOrientation) {
    previewLayer?.connection?.videoOrientation = orientation
}
```

我們此處做的，是將依參數的方向，去設定影片 layer 的方向——然後影片 layer 就知道如何從這裡接手了——我們不需要為它擔心太多，只要裝置的方向改變時，view controller 就會呼叫這個方法。

做完以上動作後，我們客製的 view 就完成了。

Camera View Controller

到了要開始建立 camera view controller 的時候了，為了要建立我們的 view controller，這一節中要做很多事，我們會從 UI 開始做。

建立 UI

1. 打開 *Main.storyboard*，將拖曳一個 navigation controller 到場景中。

2. 刪除 navigation controller 中附帶的 table view controller，

3. 拖曳一個 view controller 到這個場景中。

4. 按住 Control 將 navigation controller 拖曳到 view controller 上，並從 Relation Segue section 中選取 Root View Controller。

 我們之所以要在這裡使用 navigation controller，是因為之後我們將會在 capture view controller 後面，加入另外一個 view controller，我們寧願先把基本設定做完，也不要之後再去改變 controller 的階層。

5. 拖曳一個空的 UIView 到新的 navigation controller 的 main view 中。

6. 將該 view 的尺寸做調整，讓它可以填滿整個畫面。

7. 使用 Add New Constraints 選單，並對該 view 設定以下的 constraint：

   • 上邊界：0

   • 下邊界：0

   • 左邊界：0

   • 右邊界：0

當你在移動或改變一般 view 的尺寸時，若能把背景改為全綠或全紅的話，可以幫助你看清楚要移動的 view 和旁邊其他的東西。只要在結束時，記得要把背景色調整回原來的狀態就好。

現在我們的 view 已經妥妥的釘在它的父 view 上面了，而且會隨之調整大小。這個 view 將會是我們預覽相機影片的 view，所以它要使用所有可用的空間。

8. 選取新的 view，並打開 Identity inspector。

9. 將 view 的型態從 UIView 改為 PreviewView。

 我們大可以改掉 default view，這樣所有的 view controller 就都會變成我們客製的預覽 view，但由於我們還想要在上面放其他的 UI 元件，所以另外做一個 view 來當預覽比較合理。

做好了之後，就可以開始設定預覽 view，到了做其他 UI 的時候了：

1. 拖曳一個按鈕到 navigation bar 上。

2. 選取該鈕，使用 Attributes inspector，將它做以下的設定：

   • 將 Style 設為 Bordered。

   • 將 System Item 設為 Cancel。

3. 選取 navigation bar，並使用 Attributes inspector，將它的 title 設為 "Selfie!"。

4. 在 object library 中，搜尋 "Visual Effect with Blur" view。

5. 拖曳找到的 view 到 main view（不是預覽 view！）中。

 當你的一個 view，佔滿了所有 main view 空間時，很難將一個新加入的 UI 元件，在該結構中放到正確的位置，很容易會將新的 UI 元件拉到不對的 view 上面，然後得手動從 document outline 上將它拉出來。

6. 在 Attributes inspector 中，將 Blur Style 設為 Dark。

7. 使用 Add New Constraints 選單，加入以下的 constraint：

- 高度：40 點

- 前置空白：0 點

- 結尾空白：0 點

- 下方空白：0 點

  這會將我們的效果 view 釘在該 view 的下方，設定高度為 40 點高，寬度與 main view 相同。

 UIVisualEffectView 是一個自製 view 類別，用來呈現特別的視覺效果，這種視覺效果是藉由在另一個 view 和它顯示的內容上，放置一個遮罩來達成的。在我們的例子中，我們是將效果 view 設定成模糊樣式，來建立出一個暗沈模糊的區域，有了這個區域的話，我們在相機預覽和使用說明（等下就會做使用說明）之間，就不會看到一條明顯的線。視覺效果 view 目前只支援模糊和振動遮罩兩種，但以後可能會支援更多種效果。

8. 拖曳一個 label 到效果 view 中。

9. 將 label 上的文字設定為 "Tap to take a selfie"。

10. 使用 Attributes inspector，將 label 的顏色改為白色。

11. 按住 Control 將 label 拖曳到效果 view 中，在彈出的選單加上以下的 constraint：

- Center vertically（垂直置中對齊）

- Center horizontally （水平置中對齊）

12. 拖曳一個點擊手勢辨識器（tap gesture recognizer）到 view controller 中。

 UITapGestureRecognizer 是手勢辨識器中，特定用來辨識手指點擊的子類別。你可以將這種辨識器設定為識別一次點擊，或多次點擊。而 UIGestureRecognizer 類別則是多種手勢通用類別，包括點擊、按壓和滑動。

做好了以後，我們的 UI 就做好了。

連結 UI

下一次是要將剛做好的 UI 和程式碼連結起來：

1. 選取 view controller，並在 Identity inspector 中，將 class 設為 CaptureViewController。

2. 打開 assistant editor，並確認打開的是 *CaptureViewController.swift*。

3. 按住 Control 將預覽 view 拖曳到 CaptureViewController 類別中，並建立一個叫 cameraPreview 的 outlet。

4. 按住 Control 將取消按鈕拖曳到 CaptureViewController 類別中，並建立一個叫 close 的 action。

5. 按住 Control 將取消按鈕拖曳到 CaptureViewController 類別中，並建立一個叫 takeSelfie 的 action。

現在我們可以開始寫程式碼，讓剛建的 UI 可以動作。

和相機溝通

現在，我們的 UI 已經完成，也和程式碼連結起來；該是時候讓它們有功能了。為了讓它們有功能，要做的事情有好幾步，而且，有一些新的函式庫是我們之前沒看過的。我們首先要做出幾個之後要用的屬性：

1. 建立一個屬性，用來裝載完成時要呼叫的函式（completion handler）：

    ```
    typealias CompletionHandler = (UIImage?) -> Void
    var completion : CompletionHandler?
    ```

    當我們成功取得自拍照要用的圖片時，這個屬性就會用來通知應用程式的其他部分。由於這個 view controller 是用來取代原來的 image picker 用的，所以我們一樣要用這裡的函式去將資訊回傳給 list view controller。當我們取得照片，或是按下取消時，我們將呼叫這裡的完成處理函式，並將圖片（取消時是 nil）傳給 list view controller，讓它可以接著處理建立自拍照的工作。

2. 建立一個工作階段（session）以及一個輸出用屬性：

    ```
    let captureSession = AVCaptureSession()
    let photoOutput = AVCapturePhotoOutput()
    ```

這兩個屬性（將）是我們對相機的主要介面，擷取工作階段代表的是相機拍攝到的即時串流，而輸出則是從相機取得一張靜態影像的介面。我們將會用擷取工作階段來將相機看到的東西，放到我們客製的預覽 view 中顯示，而 output 則會把自拍照帶給我們。

3. 建立一個方向計算屬性：

```
var currentVideoOrientation : AVCaptureVideoOrientation {
    let orientationMap : [UIDeviceOrientation:AVCaptureVideoOrientation]

orientationMap = [
        .portrait: .portrait,
        .landscapeLeft: .landscapeRight,
        .landscapeRight: .landscapeLeft,
        .portraitUpsideDown: .portraitUpsideDown
    ]

    let currentOrientation = UIDevice.current.orientation

    let videoOrientation =
        orientationMap[currentOrientation, default: .portrait]

    return videoOrientation
}
```

這個屬性使用了裝置的方向，為影片和照片算出正確的方向，這是為了要避免拍到側向或上下顛倒的照片，這段程式碼中，首先用 map 匹配裝置方向（UIDeviceOrientation 型態）和 AVKit 的方向（AVCapture VideoOrientation）。之後我們會拿到裝置的目前方向，然後使用這個 map 去對照出相對的 AVKit 方向，預設方向是直立。

 你可能會好奇，為什麼 iOS 有裝置的方向又有 AV 的方向呢？這是因為如果你想的話，可以只改變裝置的方向，但不改變影片的方向。

設定工作階段

做好會用到的屬性之後；接下去就是要設定我們擷取影片的工作階段，以及設定可以看到相機畫面預覽：

1. 將 viewDidLoad 方法內容換成以下的程式碼：

```
override func viewDidLoad() {
    let discovery = AVCaptureDevice.DiscoverySession(
        deviceTypes: [AVCaptureDevice.DeviceType.builtInWideAngleCamera],
        mediaType: AVMediaType.video,
        position: AVCaptureDevice.Position.front)

    // 取得第一個可用的裝置；取不到裝置的話就放棄執行
    guard let captureDevice = discovery.devices.first else {
        NSLog("No capture devices available.")
        self.completion?(nil)
        return
    }

    // 試著將取得的裝置加入擷取工作階段中
    do {
        try captureSession.addInput(AVCaptureDeviceInput(device:
            captureDevice))
    } catch let error {
        NSLog("Failed to add camera to capture session: \(error)")
        self.completion?(nil)
    }

    // 將相機設定為高解析度擷取
    captureSession.sessionPreset = AVCaptureSession.Preset.photo

    // 啟動擷取工作階段
    captureSession.startRunning()

    // 將照片 output 加入工作階段，這樣一來
    // 它就可以在想要的時候取得一張照片
    if captureSession.canAddOutput(photoOutput) {
        captureSession.addOutput(photoOutput)
    }

    self.cameraPreview.setSession(captureSession)

    super.viewDidLoad()
}
```

這段程式中，我們做的第一件事情是要求 AVKit 初始化為廣角、能擷取影片、前置鏡頭等。基本上，我們就想要用前置鏡頭，它會回傳符合要求的所有裝置清單。

Apple 的所有產品，都只有一個相機能符合這個需求描述，但未來可能會加入更多前置鏡頭，這也是為什麼 API 會這樣設計的原因。

2. 然後我們會試著取得回傳清單中的第一個相機裝置，如果失敗（舉例來說，如果前置鏡頭不能使用，或是壞掉了）那麼就放棄執行：以 nil 為參數呼叫完成處理函式，然後直接結束。

3. 拿到裝置之後，我們會試著將它做成擷取工作階段用的裝置，基本上就是告訴工作階段說，準備好收取從前置鏡頭來的影像串流吧，如果這一步失敗的話，一樣會執行完成處理函式。

4. 接著，我們將工作階段（的品質）設為適合拍照的等級（也就是品質為高解析度），然後啟動工作階段。此時相機資料串流就會開始進入工作階段屬性中了。

呼叫 startRunning 後可能要等一會兒，它才會回傳，等待的時間會卡住後面的程式碼，一直到該呼叫結束才能開始執行。我們通常會期待 UI 用起來很流暢，而且不卡鈍，所以若有東西卡住其他程式碼執行的話，是件壞事。在我們的範例中，由於我們無法在沒有相機的情況下去載入 view，所以我們也不用去在意它會拖累建立 view 的時間——因為我們必須要等它結束才能繼續。一般來說，將類似這種工作放在另外一個佇列執行是值得的，可避免它拖慢你其他 UI 元件的反應。

5. 工作階段執行起來之後，我們接著設定它使用輸出屬性，當作工作階段的輸出途徑，這樣一來，我們就可以在工作階段執行期間拿到照片了。

6. 最後，是要求預覽 view 去顯示工作階段產生的串流。

處理互動

工作階段已設定好了，我們的 UI 也準備好顯示相機的串流了，那我們到底要怎麼操作呢？

1. 建立 viewWillLayoutSubviews 方法：

```
override func layoutSubviews() {
    previewLayer?.frame = self.bounds
}
```

```
override func viewWillLayoutSubviews() {
    self.cameraPreview?.setCameraOrientation(currentVideoOrientation)
}
```

這個方法會在裝置方向改變時被呼叫；這裡做的事情就只是更新影片預覽時的方向而已。

2. 接下來是處理取消按鈕被點擊的狀況，將以下的程式碼加入到 close 方法中：

```
self.completion?(nil)
```

如果使用者點擊取消按鈕的話，我們要做的就是呼叫完成處理函式，並把 nil 傳給它。當我們將 list view controller 中的影像選擇器換掉的時候（第 242 頁 "呼叫 Capture View Controller"），我們將會從完成處理函式取得的值，來決定要做什麼。這代表我們不用考慮怎麼把自己從 view 的階層中退出，因為自拍照清單 list view controller 會把這件事處理好。

3. 接下去，要處理使用者想拍照的情況，在我們的 app 中，使用者點擊畫面時，就會拍一張照。這個行為和影像選擇器不同，在影像選擇器中是用一個特定的按鈕進行拍照。請將以下程式碼加到 takeSelfie 方法中：

```
// 取得連到輸出的連結
guard let videoConnection
    = photoOutput.connection(with: AVMediaType.video) else
{
    NSLog("Failed to get camera connection")
    return
}

// 設定方向，這樣影片方向才會正確
videoConnection.videoOrientation = currentVideoOrientation

// 指出我們想要擷取的是 JPEG 格式
let settings =
 AVCapturePhotoSettings(format: [AVVideoCodecKey: AVVideoCodecType.jpeg])

// 開始抓取一張照片；完成時它會呼叫
// photoOutput(_, didFinishProcessingPhoto:, error:)
photoOutput.capturePhoto(with: settings, delegate: self)
```

 你可能會收到一個錯誤，警告你 CaptureViewController 類別不符合 AVCapturePhotoCaptureDelegate 協定，別擔心，我們馬上就會修正它。

我們在程式碼中做的第一件事，就是取得在我們輸出屬性中的影片串流的連結，取得了以後，我們才能將它的方向設定為正確的方向。

接著我們把輸出屬性設定好——在我們的例子中，設定為單張 JPEG 照片。

 能設定的格式出乎意料的多，雖然我們只用到 JPEG 格式，如果你有可能需要對輸出格式做更多設定的話，值得查看一下文件（*https://apple. co/2HMSljz*）有哪些格式及選項可用。在 Apple 支援的多種格式中，包括 JPEG 和 HEIF 這兩種都適用於照片。考慮在未來可能有更多種應用，所以你可考慮在 app 中選擇支援較新的 HEIF 格式（High Efficiency Image File Format），取代掉你現在使用的 JPEG。不過在未來到來之前，我們先用 JPEG。

最後，我們告訴輸出，我們要抓取一張照片，它的 delegate（等一下就設定為 CaptureView Controller 類別）就會從此處開始接手工作。

符合 AVCapturePhotoCaptureDelegate 協定

稍早我們在輸出屬性中呼叫了 capturePhoto(with: delegate:)，這個方法需要傳入一個 delegate 變數，用來負責處理要存檔的影像。現在我們需要讓該變數符合協定：

1. 建立 CaptureViewController 類別的 extension：

```
extension CaptureViewController : AVCapturePhotoCaptureDelegate {
}
```

2. 實作 photoOutput(didFinishProcessingPhoto photo:, error:) delegate 方法：

```
func photoOutput(_ output: AVCapturePhotoOutput,
                 didFinishProcessingPhoto photo: AVCapturePhoto,
                 error: Error?) {
    if let error = error {
        NSLog("Failed to get the photo: \(error)")
        return
    }

    guard let jpegData = photo.fileDataRepresentation(),
        let image = UIImage(data: jpegData) else {
        NSLog("Failed to get image from encoded data")
            return
```

```
        }

        self.completion?(image)
    }
```

在輸出取得一張圖片或是取得圖片失敗時，這個方法會被呼叫。如果失敗的話，error 變數就會帶來一個值；在我們的範例中，發生錯誤時我們只是記下它，但你可以顯示一個對話框通知使用者。如果沒有失敗的話，我們就從傳入的資料中取出圖片，傳入資料的格式是 AVCapturePhoto 物件，將它轉成 UIImage，之後用來建立自拍照。

然後我們會呼叫完成處理函式，將剛收到的圖傳給它，從此處開始，就是由自拍照清單 list view controller 負責接下去的工作了。

呼叫 Capture View Controller

capture view controller 現在已完成了——現在要將它和現在的 app 連結起來了。之前我們用系統內建的影像選取器來取得圖片，所以現在要在程式碼中去掉相關的程式碼，然後加上呼叫我們客製的 view controller 來取代呼叫內建選取器。

現在，我們要在 storyboard 裡建立一個一般的過場，用來帶出 capture view controller，但由於我們已經學過這個做法了。所以，我們要改為透過程式，在 storyboard 中建立並顯示一個 view controller。

1. 打開 *Main.storyboard*，並選取 capture view controller 中的 navigation controller。

2. 在 Identity inspector 中，將 storyboard ID 設為 CaptureScene。

    設定一個 storyboard ID 這種動作，可以避免 Xcode 跳出無法找到場景的警告。

   我們將會使用 storyboard ID，找到 storyboard 中的 view controller，然後初始化它的一個複本。

3. 打開 *SelfieListViewController.swift*。

4. 在 createNewSelfie 方法中，刪除所有對影像選取器的參照、實例、設定，所有代表它的東西。

5. 將以下程式碼加到 createNewSelfie 方法中：

```
guard let navigation = self.storyboard?
        .instantiateViewController(withIdentifier: "CaptureScene")
        as? UINavigationController,
    let capture = navigation.viewControllers.first
        as? CaptureViewController
else {
    fatalError("Failed to create the capture view controller!")
}
```

我們利用呼叫 instantiateViewController(withIdentifier:) 方法，去初始化一個 navigation controller 的實例，而這個 navigation controller 裡面，封裝了我們的 capture view。底下的動作，是進入 storyboard，找到含有該 ID 的場景，並回傳指定 view controller 的實例。取得了這個實例後，我們就從它裡面取出指到 capture view controller 的參照。這兩個動作任何一個失敗的話，我們就使用 fatalError 呼叫離開，因為兩者不管誰載入失敗的話，都會影響後面的流程。不過，由於我們有正確地寫下 storyboard 裡場景的名稱，而且 capture view 是 navigation controller 中的第一個 view controller，所以 else 區塊沒有機會執行。使用 fatalError 或類似會造成 app 當掉的危險呼叫，在你開始寫自己的 app 時，是可以使用的，但在你快要發布 app 到全世界時，最好不要使用這種呼叫，即使你確信沒有呼叫到它的可能——不管怎樣程式當掉就不是好事。由於在未預期狀況發生時，每個 app 的處理原則都不同，所以我們在這裡才沒有去多寫錯誤處理程式碼。

> 在大多數情況下，使用內建方法連結 storyboard 內的場景，表示在 view controller 之間的移動不會出錯。我們範例中使用的作法，是為了要展示程式碼在技術上可以這麼做，但一般來說，你會使用 storyboard 中的場景，而不會用像範例中的作法。以經驗上來說，唯有在不容易做到，或有合理的邏輯才會使用程式碼去建立 view controller。

6. 在我們剛寫的 guard 述句下面，請加上以下程式碼：

```
capture.completion = {(image : UIImage?) in

    if let image = image {
        self.newSelfieTaken(image: image)
    }

    self.dismiss(animated: true, completion: nil)
}
```

在這一段程式碼中,我們設定了 capture view controller 的完成處理 closure。在 closure 中,我們檢查了圖片是否存在,如果存在的話,就執行一個建立新自拍照的方法,然後退出 capture view controller。由於我們在 image 屬性確認新圖片建立是否成功,所以完成處理函式就很簡短。接下來,我們需要將新設定好的 view controller 給顯示出來。

7. 將以下的程式碼加到我們剛寫的 closure 後面:

```
self.present(navigation, animated: true, completion: nil)
```

做完這一步之後,我們的 capture view controller 就會顯示了,提供你拍照功能,拍完以後退出。最後,我們有一些清理的工作要做。

由於影像選取器需要 delegate 回呼函式,而我們的 capture view 改用完成處理函式,所以就不再需要那部分的程式碼了。

 我們知道刪除程式碼會令人感到有點害怕,但由於你有使用版本控制系統(對吧?),你就不用害怕刪除程式碼。如果你需要還原的話,只要到版本控制系統裡把它復原即可。

8. 刪除 SelfieListViewController 的 extension,就是讓它可以符合 UIImagePicker ControllerDelegate 和 UINavigationControllerDelegate 的那個 extension。

現在已經將內建的影像選取器換掉了!新的功能如圖 13-1。

圖 13-1　我們客製的 capture view controller

到此時此刻為止，我們已無法在沒有裝置的情況下測試 Selfiegram 了。因為，我們原來用的影像選擇器，在無相機可用的情況下，可以改為從照片集中選擇照片，但是改用自製的 capture view controller 後就沒有這個功能了。

第十四章

影像疊加

影像選取器的替代品可以正常工作後，到了開始做 Selfiegram 的新功能的時候了。我們即將加入的，是在自拍照影像上疊加卡通眉毛 —— 畢竟，缺少喜劇效果眉毛的自拍 app，怎麼能稱上是好的自拍 app 呢？如果我們將要用的眉毛存在 app 裡面的話，下次想要加入新的眉毛樣式，就必須重新建置 app，所以，我們改為將眉毛從伺服器下載。

要做到這個功能需要好多個步驟，在本章中，我們將會建立模組元件，用來下載眉毛影像，儲存下載影像到本地端，以及做一個之後和 UI 溝通的介面。然後在下一章，我們將會建立用來顯示可用眉毛清單、在自拍照中預覽效果而且可以儲存結果的 UI。

我們將眉毛儲存在 GitHub repository（*https://github.com/thesecretlab/learning-swift-3rd-ed*）中，和程式碼放在一起。沒有另外開一個儲存空間的原因是，這部分的伺服器需求較小，而且我們的目的只是想秀一下 Swift 中如何下載，以及如何處理 URL，所以檔案伺服器設定並不健全。

建立疊加模型

我們的疊加模型基本架構，將會和我們自拍照架構一樣，用一個 Overlay 物件，這個物件會含有所有疊加相關資訊，對我們範例來說，疊加資訊指的就是三張影像：左眉毛、右眉毛和預覽圖。但是，跟自拍照不一樣的地方是，自拍照會儲存到磁碟中，但此處我們不會直接儲存疊加圖；改為在需要時才動態建立。這裡也會有一個管理用的 singleton，負責儲存、載入和下載疊加圖和相關資訊，以及依資訊建立疊加圖。最後，將會有一個疊加資訊型態，這種型態用來保存每個疊加的相關資訊，例如影像地點，並且提供管理物件作為建立疊加圖時的依據。

管理物件會下載疊加資訊檔案,這個檔案含有各疊加層的資訊,並將這份資訊本地儲存,當需要建立疊加圖時,它就可以回傳這份資訊。我們的管理物件主題繞著保存疊加層——因為我們想要 Selfiegram 看起來漂亮簡潔,但是下載卻需要時間。基於這個理由,我們將盡可能的暫存疊加層。下面就讓我們開始做吧:

1. 建立一個新的 Swift 檔案,取名為 *OverlayStore.swift*。這個檔案是我們將要儲存 Overlay 類別以及資訊的地方,在地位上的意義等同於 *SelfieStore.swift*。

2. 建立 OverlayInformation 結構:

   ```
   struct OverlayInformation: Codable {
       let icon : String
       let leftImage : String
       let rightImage : String
   }
   ```

   這個結構之後將會在管理物件中被使用,用來對照出不同部分疊加層的名稱。要建立這個結構的目的,在於避免將不必要的大型的影像物件傳來傳去。有了裡面的資訊後,就可以使用各自的影像建立疊加層了。

3. 建立疊加錯誤:

   ```
   enum OverlayManagerError: Error {
       case noDataLoaded
       case cannotParseData(underlyingError: Error)
   }
   ```

   和自拍照部分程式碼很像,在我們下載、儲存疊加和它們的圖片時,有可能會發生很多種錯誤。如果現在我們先把錯誤建好的話,之後真的碰到問題時,就可以丟出建好的錯誤。目前定義的兩個錯誤,是無法下載一個疊加層,以及下載後的疊加層無法使用。

4. 建立疊加管理類別:

   ```
   final class OverlayManager {



   }
   ```

這是我們的管理物件，原則上它的作法也會和第 127 頁的 "SelfieStore" 一樣，是一個 singleton。這個類別是主要負責做疊加的類別。

5. 為前面的管理物件 singleton 建立實例：

```
static let shared = OverlayManager()
```

這是我們疊加層類別的主要介面，功能如同之前的 selfie store singleton。

6. 建立一個屬性，用來裝載目前已知的疊加層：

```
typealias OverlayList = [OverlayInformation]
private var overlayInfo : OverlayList
```

在我們下載了一堆疊加層以後，我們會想要隨時能參照到它們，這個屬性在之後建立實際疊加圖層時會被用到。

這裡使用了型態別名（type alias），除了用來節省之後一些打字時間之外，主要是可以讓程式碼看起來比較好看。型態別名在 Swift 和 Cocoa 中很被使用，因為它們兩者都很注重可讀性。當一個常見類別被當作特別角色使用時，就值得使用型態別名了，例如：當在 Core Location 中要表達經緯度時，就把 Double 結構作型態別名，成為 CLLocationDegrees。在你寫的程式中，可讀性是最重要的一件事，而型態別名是提升你程式碼可讀性的工具之一。

7. 建立兩個指向資料的 URL：

```
static let downloadURLBase = URL(
    string: "https://raw.githubusercontent.com/"
    + "thesecretlab/learning-swift-3rd-ed/master/Data/")!
static let overlayListURL = URL(string: "overlays.json",
                    relativeTo: OverlayManager.downloadURLBase)!
```

我們將基本 URL 拆成多個字串，然後再相接起來用。這是因為礙於書本排版關係，你要的話，也可以採用這種拆開成多段的做法，但如果你在一行就寫完的話，兩者是沒有差別的。

第一個是基本 URL，指向我們儲存所有疊加資料的位置，第二個 URL 是各疊加層的檔案位置。之後只要想下載疊加資料時，就會使用到這兩個 URL。

如同我們之前在 SelfieStore 中做的一樣，要在這個類別中使用 static 變數。Swift 同時支援 static 和 class 屬性，這兩種屬性在整個類別中都可以使用，不只限於類別實際中才能使用。這兩種屬性主要的差異是，class 屬性可以被任何子類別覆寫，而 static 屬性不行。這代表如果我們想支援子類別的話，可以把 overlayListURL 屬性改為 class 屬性。不過如果要這麼做的話，就必須要將它改為計算屬性，因為 Swift 不支援 class 儲存屬性：

```swift
class var overlayListURL : URL {
    return URL(string: "overlays.json",
             relativeTo: OverlayManager
                 .downloadURLBase)!
}
```

如果你試圖在子類別中覆寫 class 變數的話，它們必須是計算屬性。在我們的範例中，疊加管理類別被宣告為 final，它不能被繼承，所以也沒有必要考慮這些，但是我們仍認為這一點有必要說明清楚。

8. 建立兩個指向暫存的 URL：

```swift
static var cacheDirectoryURL : URL {
    guard let cacheDirectory =
        FileManager.default.urls(for: .cachesDirectory,
                                 in: .userDomainMask).first else {
        fatalError("Cache directory not found! This should not happen!")
    }
    return cacheDirectory
}
static var cachedOverlayListURL : URL {
    return cacheDirectoryURL.appendingPathComponent("overlays.json",
            isDirectory: false)
}
```

這兩個 URL 是用來將伺服器上的資料，做一份本地暫存。第一個 URL 是作業系統給 Selfiegram 用的 Cache（暫存）目錄。由於暫存目錄不是由我們的 app 所建，而是由作業系統建立的，所以我們必須在這裡做拆解 optional 的動作。如果我們找不到這個目錄，就是有很糟和不可控制的事情發生了。第二個 URL 就是暫存目錄中，疊加層資料檔案的位置。

Caches 和之前用過的 *Documents* 目錄很像,它是一個我們可以存放下載檔和建立 app 中需要的資產的地方。這兩個目錄的差異,*Caches* 和它的名稱含意一樣,是用來暫存東西用,使用者建立的資料不會存在這個目錄。這個目錄不會被儲存備份,當裝置需要更多儲存空間時,這個目錄中的內容也會被刪除。你只能把不見時可以再重建的東西放到 Cache 目錄。

9. 建立兩個取得資產 URL 函式:

```
// 回傳用來下載指定名稱圖案的 URL
func urlForAsset(named assetName: String) -> URL? {
    return URL(string: assetName,
               relativeTo: OverlayManager.downloadURLBase)
}

// 回傳暫存目錄中影像檔案的 URL
func cachedUrlForAsset(named assetName: String) -> URL? {
    return URL(string: assetName,
               relativeTo: OverlayManager.cacheDirectoryURL)
}
```

這兩個函式之後會被用來依指定資產名稱載入疊加影像,而這個資產名稱是從疊加資訊檔案中取得的。這兩個函式是用來取得影像檔案 URL 的兩個版本,第一個版本是對暫存目錄動作,另外一個則是要去下載。由於要求的資產檔案有可能不存在,所以,兩種版本都是回傳指到資產檔案的 optional URL。

10. 建立建構器:

```
init() {
    do {
        let overlayListData =
            try Data(contentsOf: OverlayManager.cachedOverlayListURL)
        self.overlayInfo =
            try JSONDecoder().decode(OverlayList.self,
                from: overlayListData)

    } catch {
        self.overlayInfo = []
    }
}
```

建構器中做的事，就是試著依暫存目錄裡所儲存的東西，去建立疊加層清單。在首次使用時，由於沒有下載過任何東西，所以不會有任何暫存；在這種情況下，就把疊加層清單初始化為空 array。

11. 建立虛擬函式：

```
func availableOverlays() -> [Overlay] { return [] }
func refreshOverlays(
    completion: @escaping (OverlayList?, Error?) -> Void){}
func loadOverlayAssets(refresh: Bool = false,
                       completion: @escaping () -> Void) {}
```

你可能好奇在虛擬函式中，把 @escaping 屬性加到 closure 上是在幹什麼的。這部分是我們之前沒有講過的部分。Swift 有兩種不同的 closure，脫逸 closure（escaping closure）是在函式回傳後執行的 closure（就像我們範例中的方法一樣）。由於它從函式脫離了，所以被稱為 "脫逸" closure；也就是在函式做完以後，它仍然存在。預設上來說，Swift 的所有 closure 都是非脫逸（nonescaping）的，也就是要在函式結束前被執行。預設把 closure 設為非脫逸有很多好處，對於函數程式設計來說更是如此，所以這也是為什麼 Swift 社群將它訂為預設行為的原因。總歸來說，如果你想在函式的完成後有個 closure 處理事情，那它們就必須用 @escaping 屬性定義為脫逸 closure。

12. 我們在管理物件中的最後一步，是要建立虛擬函式，和之前在 selfie store 裡一樣，我們將要建立一個含有多個虛擬函式的類別，然後可以在這些虛擬函式裡寫測試程式，用來測試我們要的功能是否正常。

別擔心 Xcode 警告 Overlay 型態不存在的問題；我們馬上就要建立這個型態了。

13. 匯入 UIImage 類別：

```
import UIKit.UIImage
```

由於疊加圖本身是種圖片的包裝，所以我們需要匯入圖片功能。我們只需要匯入 UIKit 中相關於圖片的部分即可，不需用到整個模組。

14. 建立 Overlay 結構：

```
// 疊加圖 Overlay 是一個用來包裝圖片的容器
// 用來顯示一道選定的眉毛給使用者看
struct Overlay {

    // 眉毛可選清單中的圖片
    let previewIcon: UIImage

    // 用來畫在左右眉毛上的圖片
    let leftImage : UIImage
    let rightImage : UIImage

    // 建立含有指定名稱圖片的疊加圖
    // 圖片必須被下載，並且儲存在 catche 中
    // 否則的話這個建構器將回傳 nil
    init?(info: OverlayInformation) {
        // 建立指到 cache 中圖片的 URL
        guard
            let previewURL = OverlayManager
                .shared.cachedUrlForAsset(named: info.icon),
            let leftURL = OverlayManager
                .shared.cachedUrlForAsset(named: info.leftImage),
            let rightURL = OverlayManager
                .shared.cachedUrlForAsset(named: info.rightImage) else {
                return nil
        }

        // 試圖取得圖片
        // 如果失敗的話，回傳 nil
        guard
            let previewImage = UIImage(contentsOfFile: previewURL.path),
            let leftImage = UIImage(contentsOfFile: leftURL.path),
            let rightImage =
            UIImage(contentsOfFile: rightURL.path) else {
                return nil
        }

        // 我們拿到圖片了，所以進行儲存
        self.previewIcon = previewImage
        self.leftImage = leftImage
        self.rightImage = rightImage
    }
}
```

這個結構代表一張疊加圖,內部含有要呈現疊加圖的三張必要圖片。疊加圖是依疊加圖資訊所創造,而它也只是一個圖片的包裝而已。疊加圖結構只會短暫存在,也只會在被需要時才會存在。

這些做好了以後,現在我們可以開始寫測試程式碼來測試疊加管理類別。

 你可能會好奇,為何我們沒有做任何測試的動作,就在管理類別裡做了這麼多事。若在測試導向開發的世界中,這件事情是不可能發生的,但目前幾乎所有的工作,都是在設定不會變動的 URL,這裡要做測試並沒有多大意義。

測試疊加圖管理類別

由於管理類別的虛擬函式都寫好了,所以到了寫些測試程式碼的時候了:

1. 建立新的單元測試:

   a. 到 File → New File 中。

   b. 選取 Unit Test Case。

   c. 將測試命名為 DataLoadingTests。

   d. 讓它繼承 XCTestCase。

   e. 將它的 target 定為 SelfiegramTests,並將它儲存到 Tests group。

2. 刪除兩個範例測試。

3. 從 Selfiegram 模組中匯入 testable:

   ```
   @testable import Selfiegram
   ```

撰寫測試程式碼

現在一切就緒,我們可以開始寫測試程式碼了,第一步是執行一些疊加圖的準備工作:

1. 將以下程式碼加到 setUp 方法底下:

   ```
   // 移除所有 cache 資料
   let cacheURL = OverlayManager.cacheDirectoryURL

   guard let contents = try?
   ```

```
        FileManager.default.contentsOfDirectory(
            at: cacheURL,
            includingPropertiesForKeys: nil,
            options: []) else {
        XCTFail("Failed to list contents of directory \(cacheURL)")
        return
    }

    var complete = true
    for file in contents {
        do {
            try FileManager.default.removeItem(at: file)
        } catch let error {
            NSLog("Test setup: failed to remove item \(file); \(error)")
            complete = false
        }
    }
    if !complete {
        XCTFail("Failed to delete contents of cache")
    }
```

所有測試執行前都會呼叫這個方法，刪除任何我們之前在其他測試所建立的疊加圖，這方法為我們每個測試建立一個乾淨的環境。

2. 加入 testNoOverlaysAvailable 測試：

```
    func testNoOverlaysAvailable() {

        // Arrange（準備工作）
        // 不需任何準備工作：我們啟始情況就是沒有任何 cache 資料

        // Act（測試）
        let availableOverlays = OverlayManager.shared.availableOverlays()

        // Assert（檢查結果）
        XCTAssertEqual(availableOverlays.count, 0)

    }
```

這個測試是用來看看我們是否確實沒有任何疊加圖在 cache 中（如果 cache 不存在的話也可以）。

3. 加入 testGettingOverlayInfo 測試：

```
    func testGettingOverlayInfo() {

        // Arrange
```

```
let expectation = self.expectation(description: "Done downloading")

// Act
var loadedInfo : OverlayManager.OverlayList?
var loadedError : Error?
OverlayManager.shared.refreshOverlays { (info, error) in

    loadedInfo = info
    loadedError = error

    expectation.fulfill()
}

waitForExpectations(timeout: 5.0, handler: nil)

// Assert
XCTAssertNotNil(loadedInfo)
XCTAssertNil(loadedError)
}
```

這個測試是用來確認，可以正確地從伺服器下載疊加圖資訊。在這個測試中，我們用了一個新的技術，因為下載這件事，會花多久時間是不確定的，所以我們不能像寫一般的測試一樣。由於在下載完成之前，測試警告就會先發生，所以如果我們堅持用一般的方法做，就會引發錯誤。我們改用 *expectation*，它是用來準備一個之後才會發生的東西。在我們的範例程式碼中所建立的 expectation 會期待下載成功完成，當下載確實成功後，這個 expectation 就被滿足了。

然後我們呼叫 waitForExpectations(timeout: handler:)，要求測試等待一段時間，在這段時間內要完成 expectation。不能在時間內完成 expectation 的話，就會導致測試失敗。

4. 加入 testDownloadingOverlays 測試：

```
// 疊加圖管理可以下載疊加圖資產，讓它們達到可用狀況
func testDownloadingOverlays() {

    // Arrange（準備工作）
    let loadingComplete = self.expectation(description: "Download done")
    var availableOverlays : [Overlay] = []

    // Act（測試）
    OverlayManager.shared.loadOverlayAssets(refresh: true) {

        availableOverlays = OverlayManager.shared.availableOverlays()
```

```
        loadingComplete.fulfill()
    }

    waitForExpectations(timeout: 10.0, handler: nil)

    // Assert（檢查結果）
    XCTAssertNotEqual(availableOverlays.count, 0)
}
```

這個測試和前一個工作模式非常像，但它不是去下載疊加圖資訊，它是下載疊加圖檔案資料。由於這個測試要做的工作比較多，所以我們給它比較長得時間去下載資料。

5. 加入 testDownloadedOverlaysAreCached 測試：

```
// 當疊加圖管理被建立時，它就能取得所有存在 cache 中
// 的疊加圖
func testDownloadedOverlaysAreCached() {

    // Arrange（準備工作）

    let downloadingOverlayManager = OverlayManager()
    let downloadExpectation =
        self.expectation(description: "Data downloaded")

    // 開始下載
    downloadingOverlayManager.loadOverlayAssets(refresh: true) {
        downloadExpectation.fulfill()
    }

    // 等待下載完成
    waitForExpectations(timeout: 10.0, handler: nil)

    // Act（測試）

    // 用初始化一個新的疊加圖管理，來模擬
    // 疊加圖管理啟動的狀態；它能存取我們之前下載的檔案
    let cacheTestOverlayManager = OverlayManager()

    // Assert（檢查結果）

    // 疊加圖管理可以看到所有的 cache 資料
    XCTAssertNotEqual(
    cacheTestOverlayManager.availableOverlays().count, 0)
    XCTAssertEqual(cacheTestOverlayManager.availableOverlays().count,
                downloadingOverlayManager.availableOverlays().count)
}
```

我們最後一個測試，是要測試疊加圖管理是否可以存取 cache。在這個測試中，我們一開始下載所有疊加圖資料，然後之後又下載第二次，在第二次下載時，去檢查 cache 資料是否存在。

這個測試中有趣的一點是，我們為這個測試建立了一個全新的疊加圖管理。即使我們已將它設定為 singleton，我們仍然可以為測試去建立一個實例。

現在我們要填滿虛擬函式中的程式碼，才能讓測試通過。

回傳可用的疊加圖

我們要填寫的第一個方法是 availableOverlays，這個方法要回傳所有可用的疊加圖 array——也就是說，回傳所有在 cache 中，目前不用再度下載的疊加圖。

將 availableOverlays 方法的內容，用以下程式碼取代：

```
func availableOverlays() -> [Overlay] {
    return overlayInfo.flatMap { Overlay(info: $0) }
}
```

由於我們已經有一個裝載所有疊加圖的屬性，這裡我們就用該屬性中的資訊產生新的疊加圖，並回傳疊加圖清單。

下載疊加圖資訊

我們要填寫的下一個方法是 refreshOverlays，這個方法負責從伺服器下載疊加圖清單裡的圖片。下載完成或是下載失敗的話，它會執行它的完成處理參數帶來的函式，該函式會將收集到的資料回傳回去。

將虛擬函式以下面程式碼取代：

```
func refreshOverlays(completion: @escaping (OverlayList?, Error?) -> Void) {
    // 建立下載資料的工作
    URLSession.shared.dataTask(with: OverlayManager.overlayListURL) {
        (data, response, error) in

        // 下載錯誤，或是拿到 nil 資料的話，就報出錯誤
        if let error = error {
            NSLog("Failed to download \(OverlayManager.overlayListURL): " +
                "\(error)")
            completion(nil, error)
            return
```

```
    }

    guard let data = data else {
        completion(nil, OverlayManagerError.noDataLoaded)
        return
    }

    // 將取得的資料放入 cache
    do {
        try data.write(to: OverlayManager.cachedOverlayListURL)
    } catch let error {
        NSLog("Failed to write data to " +
            "\(OverlayManager.cachedOverlayListURL); " +"reason: \(error)")
        completion(nil, error)
    }

    // 解析資料並儲存到本地
    do {
        let overlayList = try JSONDecoder()
            .decode(OverlayList.self, from: data)

        self.overlayInfo = overlayList

        completion(self.overlayInfo, nil)
        return

    } catch let decodeError {
        completion(nil, OverlayManagerError
            .cannotParseData(underlyingError: decodeError))
    }

    }.resume()
}
```

這個方法中的主角是 URLSession 類別，它用來處理像下載或上傳檔案等網路工作。使用這個類別的方法，你先把它設定為某種你需要的工作型態，然後給它一個要做的工作，然後就任由它去。當它完成任務，或是任務失敗時，它會通知你。在我們的範例中，它是預先設定好 singleton 格式，功能是做簡單的 HTTP 和 HTTPS 下載任務。

URLSession 類別的彈性很大，幾乎只要是網路上做的事，它都可以做到。它也支援大量不同的協定（包括 FTP），幾乎所有的事件都可用 delegate 回傳，有 API 可以讓你建置出幾乎所有的網路工具。不過大多數時間，你可能只是想要下載一些檔案，這也是為什麼會有這個 singleton 實例存在的原因。

這個方法中，我們首先為 URL 工作階段建立一個新的資料工作，這個工作中用到的 URL，就是指向伺服器疊加圖資料檔案的位置。在工作完成或失敗時，會呼叫工作的完成 closure。這個 closure 有三個元件：下載得到的資料、伺服器回應以及錯誤，它們都是 optional。

伺服器的回應，指的是伺服器對工作的回應，你以前可能已看過這種回應中的 HTTP 狀態訊息以及編碼，例如 404 File Not Found，或是 500 Server Error。這種回應多數看起來都像是錯誤（從想要下載正確的檔案的角度來看的話），但技術上來說它並不代表工作失敗。它可能完成了工作，只是不如你的預期。假設以 404 狀態來看，error 參數將會是 nil，表示在 HTTP 的角度上來看，並沒有錯誤發生，但 data 變數內含的是伺服器 404 錯誤訊息頁面，而不是我們想要的資料。

在 closure 中，我們先檢查是否有錯誤發生。如果有的話，我們會執行完成 closure 並將錯誤傳給它。如果沒有錯誤發生，我們會試圖取得下載的資料，取得後就儲存它、解析它並回傳它。如果以上任何步驟失敗的話，我們透過完成 closure 將錯誤回傳。最終，我們不是將疊加圖資料交給完成處理函式，就是回傳錯誤。

你可能注意到所有 URL 都是 HTTPS 而不是 HTTP。這是因為 HTTP 有很多安全性問題和漏洞，而 HTTPS 修復了其中一些（但不是全部），所以 Apple 預設上是使用 HTTPS。而這一點也包含在 Apple 稱為 ATS（*https://developer.apple.com/library/content/documentation/General/Reference/InfoPlistKeyReference/Articles/CocoaKeys.html#//apple_ref/doc/uid/TP40009251-SW33*）技術中。如果你想要透過 HTTP 去和伺服器溝通，你必須要在 *info.plist* 檔案中設定一個特殊的旗標，告訴 iOS 在你的 app 中使用 HTTP 是沒問題的。

這個方法的最後一部分，是呼叫開始下載資料，這個呼叫會要求 URL 工作階段開始下載資料。資料工作要被告知開始工作時，才會去消耗資源（在範例中，指的是網路資源）。

經常會發生忘了叫工作開始的錯誤，如果你發現自己寫的工作怎麼都不開始動作時，有可能就是因為你忘了叫它開始。

下載疊加圖片

我們要建的最後一個方法，是負責下載用來製作疊加圖的圖片的方法。每個疊加圖都有三張圖片：預覽圖、左眉毛圖和右眉毛圖。這表示對每張疊加圖，我們都要執行三張圖片的下載工作，那麼我們就需要一個方法來協調一下這些下載工作。在此處，我們要用的是 *dispatch group*。

dispatch group 是一個將多種不同工作合併成一個批次工作的方法，可以依它們的工作方式做同步和控制。我們的 dispatch group 將會含有多種不同的下載任務，每個工作都會被執行，並在完成後通知 dispatch group。一旦 dispatch group 內的工作全部都完成後，dispatch group 就會通知我們。使用 dispatch group 的一個優點就是，我們不用去擔心工作放進哪個佇列中，等待執行；dispatch group 會幫我們處理完這些事情。

將 loadOverlayAssets 方法以下面的程式碼取代：

```
// 一個用於協調多個同時下載工作的 group
private let loadingDispatchGroup = DispatchGroup()

// 下載所有疊加圖會用到的資產，如果重整 'refresh' 為 true 時
// 疊加圖清單會進行更新
func loadOverlayAssets(refresh: Bool = false,
                       completion: @escaping () -> Void) {

    // 如果我們被告知要重整的話就做重整，並將
    // 'refresh' 設定為 false 後，再次執行本函式
    if (refresh) {
        self.refreshOverlays(completion: { (overlays, error) in
            self.loadOverlayAssets(refresh:  false, completion: completion)
        })
        return
    }

    // 為我們每個已知的疊加圖下載資產
    for info in overlayInfo {

        // 每個疊加圖都有三個資產；我們都要下載
        let names = [info.icon, info.leftImage, info.rightImage]

        // 我們需要設定每個資產：
        // 1. 從哪裡取得
        // 2. 要放到哪裡去
        typealias TaskURL = (source: URL, destination: URL)
```

```
// 為這些 tuple 建立一個 array
let taskURLs : [TaskURL] = names.flatMap {
    guard let sourceURL
        = URL(string: $0,
              relativeTo: OverlayManager.downloadURLBase)
    else {
        return nil
    }

    guard let destinationURL
        = URL(string: $0,
              relativeTo: OverlayManager.cacheDirectoryURL)
    else {
        return nil
    }

    return (source: sourceURL, destination: destinationURL)
}

// 現在知道要做什麼了，就開始做吧
for taskURL in taskURLs {
    // 呼叫 'enter' 會讓 dispatch group 註冊一個未完成的工作
    loadingDispatchGroup.enter()

    // 開始下載
    URLSession.shared.dataTask(with: taskURL.source,
        completionHandler: { (data, response, error) in

            defer {
                // 這個工作現在已完成，通知 dispatch group
                self.loadingDispatchGroup.leave()
            }

            guard let data = data else {
                NSLog("Failed to download \(taskURL.source): \(error!)")
                return
            }

            // 取得資料並放入 cache
            do {
                try data.write(to: taskURL.destination)
            } catch let error {
                NSLog("Failed to write to \(taskURL.destination): \(error)")
            }
    }).resume()
}
```

```
    }

    // 等待所有的下載完成，然後執行完成程式碼區塊
    loadingDispatchGroup.notify(queue: .main) {
        completion()
    }
}
```

程式碼的第一行，是建立一個新的屬性，也就是我們的 dispatch group。

接著我們要跳到方法本身中，它和下載疊加圖資訊的工作方法是類似的，透過完成處理函式將資料回傳。另外有一個 refresh 參數；當它為 true 時，我們要重整疊加圖資訊。

這個方法的第一部分，是看 refresh 參數的值，去重整疊加圖資訊，然後我們開始用迴圈迭代所有已知資訊的疊加圖。每張圖我們都要知道它是儲存在線上，還是儲存在 cache 中。我們會將這裡的資訊打包放進一個 tuple 中，並用一個 array 回傳所有的 tuple。

現在我們確切的知道每張圖片身在何處，也知道它們該在哪裡，可以開始下載，並儲存它們。用迴圈跑過所有我們必須做的工作，和之前在 refreshOverlays 做的差不多。其中值得注意的三個地方是，呼叫 loadingDispatchGroup.enter()、defer 區塊以及 loadingDispatchGroup.leave()。這些是我們將一個工作放入 dispatch group，還有如何在工作完成時發出通知的地方。

這個方法中的最後一個部分是呼叫 loadingDispatchGroup.notify() 處，這是個我們可以撰寫程式碼的地方，這些程式碼會在整組工作都完成之後被呼叫。這裡有個要注意的是它的 queue 參數，這個參數代表我們想要這個 closure 在哪一個 dispatch queue 中被執行。在我們的範例中，我們選的是 main queue，但你也可以依你 app 的需求選擇其他的 queue。

全都做完之後，我們可以再度執行測試，現在你就可以通過所有測試了（圖 14-1）！

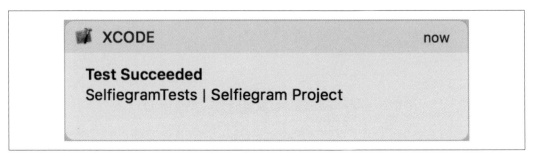

圖 14-1　測試成功！

在下一章中，我們會開始把新的疊加圖 model 和 UI 結合在一起，並看看如何將眉毛圖疊加到自拍照上面。

第十五章

疊加 UI

到現在為止,我們已經擁有通過測試且功能正常的疊加管理以及 model 了。現在該把它們拿來用了!我們接下來將會加入一個 editing view controller,它可以讓我們選取想要用在自拍照上的疊加圖(如果有的話)。在使用流程上 editing view controller 會放在 capture view controller 後面,拍完一張照片之後,就會自動帶出 editing view controller。

 我們故意把編輯畫面做得很簡單,當然也可以加入更多額外功能,例如不同疊加圖、修圖、剪裁、改變色彩等等的功能。但這些功能都要花很多時間做,而且無法教你更多關於操作和繪製圖片資料的技術,所以我們將只使用眉毛疊加圖。

建立 UI

閒話少說,讓我們開始建立 UI:

1. 打開 *Main.storyboard*,並拖曳一個新的 view controller 進來。

2. 在 capture view controller 和新建的 view controller 中間,建立一個 *manual segue*:

   a. 從場景中選取 capture view controller。

   b. 按住 Control 將 capture view controller 拖曳到新的 view controller 上。

   c. 從出現的過場選單中,選取 Show 選項。

到目前為止，我們用的過場都是自動過場，由 action 觸發動作。而手動過場工作的原理和自動過場一樣，只差在它不是由 UI 的動作觸發，而是從你自己寫的程式碼中觸發。這代表你不用在 UI 上藏一顆按鈕，也可以發動過場。在本章後面，當使用者拍了一張照片後，我們將會呼叫我們的手動過場。

3. 選取該過場，並在 Attributes inspector 中，設定它的 identifier 為 showEditing。

4. 拖曳一個 image view 到新場景中，並將它延伸直到佔滿整個 view。

5. 在 Attributes inspector 中，將 image view 的 content mode 設為 Aspect Fill，以避免照片比例失真。

6. 使用 Add New Constraints 選單，將 image view 的四個邊界對齊它背後的 view，確保它永遠都會完全填滿主要 view。

7. 拖曳一個 scroll view 到場景中，並將它放在剛才 view 的靠下方處。

8. 使用 Add New Constraints 選單，將 scroll view 以下面的條件進行定位：

- 將左邊界設為距背後 view 0 點。
- 將右邊界設為距背後 view 0 點。
- 將下邊界設為距背後 view 0 點。
- 將 scroll view 的高度設為 128 點。

 UIScrollView 是 iOS 中，另外一個非常常見的 view 類別。它提供的功能如名稱的意義 —— 可以捲動的 view，精確一點來說，是讓 scroll view 裡面的 view 可以捲動（它是設計成為一個 view 的容器，裡面可以放其他的 view）。

你在用時要考慮到，不止是 scroll view 的尺寸和位置，還要考慮它裡面 view 的尺寸和位置。所幸大部分情況沒有那麼糟糕，而且也已經有很多現成的子類別可以使用。事實上，我們在沒有感知的情況下，已經使用過 scroll view 好幾次了——UITableView 就是 UIScrollView 的一個子類別。

9. 從 object library 中,搜尋 horizontal stack view,並將它拖曳到 scroll view 中。

stack view 是一種 view 的特製子類別,功能是顯示一疊的子 view,疊放的方向是水平或是垂直的都可以。stack view 的用法概念是,你將想要整齊放置的 UI 元件放到它裡面,然後它就會幫你處理布局、尺寸和位置。你可以指定軸的方向(可以水平放或垂直放)、對齊方法以及分布,也就是讓你設定主軸以及正交軸上子 view 的位置和尺寸,還有子 view 間的距離。

我們將在 stack view 上放置一個我們疊加圖的預覽圖。

幾乎所有 UI 都是由水平或垂直對齊的元素所構成,如果你的 UI 需要被逐個鄰接放置,但要手動每個去設定 constraints 又很麻煩時,此時就是使用 stack view 的最佳時機。你可以將 UI 全部放進 stack view 中,然後把 stack view 放在適當位置即可。

10. 將 stack view 延展,讓它可以填滿 scroll view 全部空間。

11. 使用 Add New Constraints 選單,將 stack view 的四個邊界,都設為距它背景 view 邊界 0 點。

12. 按住 Control 將 stack view 拖曳到 scroll view 上,從跳出的 constraints 選單中,選取 Equal Height。

13. 使用 Attributes inspector,設定 stack view 以下的屬性:

- **Alignment**:Center
- **Spacing**:8

14. 使用 Size inspector,將 stack view 的 intrinsic size 設為 Placeholder。

到目前為止,我們已經用 constraints 硬是去鎖定元素的大小和位置,但 stack view 和 scroll view 的組合,就沒這麼容易設定了。因為,我們想要 stack view 使用所有 scroll view 的空間,但又因為可能需要顯示大量的疊加圖,所以想要可以把尾端盡可能的延長。由於 stack view 的大小是由它內部的元素決定的,所以它的大小不一定是多大。即使我們正確地設定內部普通 view 的 constraints,它還是無法搭配 scroll view 一起使用,因為它無法適應 stack view 的寬度會改變這件事。因此,我們理解此時的 constraints 只是一個暫時的值,等 stack view 正式執行起來後,會由 stack view 裡面的東西決定 constraints。這樣的設定,也會讓 Xcode 原來要出現的警告消失。

做好了之後，我們就有個 stack view，它可以將它的子 view 做水平的擺放（對齊中心），子 view 間有 8 點的間隔，而且將會填滿所有 stack view 的可用空間。而且這個 stack view 是放在一個 scroll view 裡面，所以我們就有一個可以捲動的疊加圖清單，而且不論疊加圖有多少個，它都有能力管理。

和 UI 連結起來

前面已經將 UI 做好了，現在要把 UI 和程式碼連結起來。首先，我們需要做一個放程式碼的地方：

1. 建立一個新的 Cocoa Touch 類別。

2. 讓它繼承 `UIViewController`。

3. 將它命名為 `EditingViewController`。

4. 在 storyboard 中，選取上一節新建的 view controller，並在 Identity inspector 中，將 class 設為 `EditingViewController`。

5. 使用 Attributes inspector，將 editing view controller 的 title 設為 "Edit"。

6. 打開 assistant editor，並確認打開的檔案是 *EditingViewController.swift*。

7. 按住 Control 將 image view 拖曳到程式碼中，並建立一個名為 `imageView` 的 outlet。

8. 按住 Control 將 stack view 拖曳到程式碼中，並建立一個名為 `optionsStackView` 的 outlet。

現在已準備好可以開始寫程式囉，讓我們的 model 和 UI 動起來吧。

建立疊加 View

在我們可以顯示多個不同疊加圖之前，要先為它們準備一個 view，所以我們將要建立一個新的客製 view class，用來負責顯示一張疊加圖的內容，並處理它被點擊後的動作。

1. 在 *EditingViewController.swift* 檔案中，建立一個新的 `UIImageView` 子類別：

    ```
    class OverlaySelectionView : UIImageView {

    }
    ```

2. 在這個類別中建立一個 overlay 屬性，這個屬性會用來取得疊加圖內所需的圖片：

```
let overlay : Overlay
```

3. 建立一個新的 closure 處理屬性，用來處理使用者點擊疊加圖後的動作：

```
typealias TapHandler = () -> Void
let tapHandler : TapHandler
```

4. 為類別建立建構器：

```
init(overlay: Overlay, tapHandler: @escaping TapHandler) {

    self.overlay = overlay
    self.tapHandler = tapHandler

    super.init(image: overlay.previewIcon)

    self.isUserInteractionEnabled = true

    // 當點擊發生時，我們將會呼叫的方法
    let tappedMethod = #selector(OverlaySelectionView.tapped(tap:))

    // 建立並加入一個點擊手勢辨識器，並給定想要執行的方法
    let tapRecognizer = UITapGestureRecognizer(target: self,
                                                action: tappedMethod)
    self.addGestureRecognizer(tapRecognizer)
}
```

建構器有兩個參數，分別是這個 overlay view 要用的疊加圖，以及它被點擊時所要執行的處理函式。在這個建構器中，我們儲存了這兩個參數到內部的屬性中，然後拿著疊加圖的預覽圖片當參數，去呼叫父類別的建構器，然後建立一個新的手勢識別器。由於一般的類別並不支援使用者互動，而加入點擊手勢識別器，是讓一般的類別能支援手勢最簡單的方法。

 在前面程式碼中的 self.isUserInteractionEnabled = true 非常重要，預設的 image view 不會去處理使用互動，所以也不會接收到事件通知。如果沒有將它設為 true 的話，就無法接收到使用者生成的事件了，點擊也一樣收不到。

5. 撰寫用來處理點擊的程式碼：

```
@objc func tapped(tap: UITapGestureRecognizer) {
    self.tapHandler()
}
```

當點擊發生時，我們要執行的是被傳入建構器的點擊處理函式。之後會在點擊處理函式中寫實際會畫眉毛到圖片上的程式碼。

6. 最後，實作被要求要存在的建構器：

```
required init?(coder aDecoder: NSCoder) {
    fatalError("init(coder:) has not been implemented")
}
```

為了要成為 image view 的子類別，而且符合所有它必須要有的協定，所以要做這個建構器，但只有從 storyboard 中做類別初始化時才會被使用，而我們並不會走過這個流程。不會的原因是因為，我們要在程式碼中動態建立這個 view，建立時需要疊加圖和一個處理函式，所以不會用到這個建構器；我們只會做必要的動作，保持類別簡單。

> 確認你自製的子類別有正確地符合它們父類的要求，不要因為這種原因導致 app 當掉。由於你無法預期其他專案中會怎麼去使用你的程式碼，所以如果你的程式碼會在其他專案中被使用的話，更是要注意這件事。在我們的情況中，最簡單的確保的方法是，把疊加圖和點擊處理函式做成 optional，但由於我們知道這段程式碼永遠不會被執行，所以並不需要在類別中四處去處理這兩個 optional，因為事實上它們其實並不是 optional。

顯示疊加圖

現在到了要在圖片上畫眉毛的部分了，由於有好幾個步驟，所以我們將會分區逐步進行。

初始設定

首先，我們需要準備好要用的型態和屬性：

1. 匯入 Vision framework：

```
import Vision
```

Vision framework 提供我們臉部辨識程式碼，我們會用臉部辨識來識別圖片中眉毛的位置。之後開始使用 Vision framework 時，會再講到更多它的工作流程；現在，我們只要確認匯入它即可。

2. 在 EditingViewController 類別中，加入以下程式碼：

```
// 眉毛有兩種：左眉毛和右眉毛
enum EyebrowType { case left, right }

// 一個眉毛是由它的型態和位置組成的
typealias EyebrowPosition = (type: EyebrowType, position: CGPoint)

// DetectionResult 代表辨識成功或失敗
// 它用 associated values 裝載額外資訊
enum DetectionResult {
    case error(Error)
    case success([EyebrowPosition])
}
// 我們的錯誤型態只有一種：找不到任何眉毛
enum DetectionError : Error { case noResults }

// 偵測的完成處理是由一個 closure 負責，在這個 closure 中
// 會查看偵測結果
typealias DetectionCompletion = (DetectionResult) -> Void
```

這些是訂立一堆之後會用到的型態和別名宣告，只是先準備好。

這段程式中，最有趣的部分是眉毛型態和位置。眉毛型態是一個普通的 enum 型態，用來指出眉毛是左邊還是右邊的。而位置是個 tuple，這個 tuple 包裝了剛才的眉毛型態，以及眉毛中心點。這些資訊於之後講到在自拍照上擺放眉毛圖片時會用到。我們做這樣的結構設計，是方便之後可以分別定位左眉毛和右眉毛。

3. 建立兩個圖片屬性：

```
// 從 CaptureViewController 處得到的圖片
var image : UIImage?

// 畫完眉毛以後的圖片
var renderedImage : UIImage?
```

這兩個屬性中的第一個，會在 capture view controller 過場到這個 view controller 時收到值。這個屬性會裝載從相機來的圖片。第二個屬性會裝載放編輯完眉毛的圖片，當需要回傳已加上眉毛的圖片時，就會將這個屬性回傳，但若使用者放棄編輯的話，就會回傳原始的圖片。

4. 建立眉毛屬性：

```
// 偵測出的眉毛位置 list
var eyebrows : [EyebrowPosition] = []
```

這是我們偵測出來所有眉毛的位置的 list，會從利用疊加管理器中取得的疊加圖層，去動態建立這個 list。

5. 建立疊加屬性：

```
var overlays : [Overlay] = []

var currentOverlay : Overlay? = nil {
    didSet {
        guard currentOverlay != nil else { return }
        redrawImage()
    }
}
```

第一個屬性是個 list，這個 list 含有所有我們能用的疊加圖層，這些疊加圖層是從疊加管理器處取得的。第二個屬性裝載目前選取的疊加圖。預設值會是 nil，在任何疊加圖被選取後，這個值會被重新設定。後面呼叫一個方法，用來依選定的眉毛重新繪圖。在這幾步準備工作結束之後，我們馬上就會去寫 redrawImage 方法了。

 你經常會碰到需要一個方法去幫你做事，但這個方法卻又還沒有實作出來的時候，而且你也不想要在程式寫到一半，就切換另外一個腦袋去寫那個函式。在這種情況下，快速寫一個虛擬函式是非常有用的，這樣 Xcode 就不會再繼續警示你，你也可以繼續把目前的東西完成了。

6. 建立完成處理屬性：

```
var completion : CaptureViewController.CompletionHandler?
```

這將會和 capture view controller 中用的完成處理函式一樣，我們將會利用過場傳遞這個函式。

準備好屬性和型態以後，我們仍有幾個小東西要設定。我們需要設定這些屬性值，並為 image view 和疊加圖 stack view 提供可以顯示的東西：

1. 將以下的程式碼加到 viewDidLoad 方法之後：

```
guard let image = image else {
    self.completion?(nil)
    return
}
self.imageView.image = image

// 準備好疊加圖資訊
overlays = OverlayManager.shared.availableOverlays()

for overlay in overlays {

    let overlayView = OverlaySelectionView(overlay: overlay) {
        self.currentOverlay = overlay
    }

    overlays.append(overlay)

    optionsStackView.addArrangedSubview(overlayView)
}

// 加入一個 done（完成）按鈕
let addSelfieButton = UIBarButtonItem(barButtonSystemItem: .done,
                                      target: self,
                                      action: #selector(done))
navigationItem.rightBarButtonItem = addSelfieButton
```

首先，我們做了一個圖片是否存在的檢查，如果圖片沒有傳過來的話，就沒有繼續執行的意義了，此時就將參數設為 nil，執行完成處理函式，並離開函式。

這個動作會使我們以及 capture view 退出，並將控制權還給自拍照 list view controller。不過，由於 capture view controller 必定會傳來一張圖片，所以這個情況也就永遠不會發生。一旦我們拿到圖片之後，就讓它顯示在 image view 中。接著，我們會為所有現有疊加圖，建立個別的 overlay view，然後它這些 overlay view 加到 stack view 中，等待被使用者選取。最後，我們加入一個完成按鈕到 navigation bar 上；這個按鈕是讓使用者告訴程式說，她對於出現的圖像表示滿意可接受了。

2. 建立 done 函式：

```
@objc func done(){
    let imageToReturn = self.renderedImage ?? self.image

    self.completion?(imageToReturn)
}
```

在使用者點擊 done 按鈕以後，就會執行這個函式。在此處我們會知道要回傳的是編輯過眉毛的圖片，還是原始圖片。一旦知道要回傳哪種圖片以後，就呼叫完成處理函式，並將圖片傳進去。這個動作也會讓 editing 和 capture view 退出，控制權會回傳自拍照 list view controller，然後用新到手的圖片建立一張新的自拍照。

我們的 editing view controller 準備工作已完成，現在要來開始編輯圖片了。

畫眉毛

我們畫眉毛的程式碼，幾乎全部都在 redrawImage 方法中，我們現在就要來寫這個方法。這個方法負責取得現有的圖片，並將眉毛圖疊上去，放在正確的位置。

 UIImage 資料是 immutable 的，所以技術上來說，我們完全不能改變現有的值。取而代之，我們將會建立一個新的圖片，這個新的圖片會合併原始圖片，以及在原始圖片上疊加眉毛圖，完成的結果會被儲存在本地端。

建立 redrawImage 方法：

```
func redrawImage(){
    // 確認我們有要畫的疊加圖層，也有可在上畫東西的原始圖片
    guard let overlay = self.currentOverlay,
        let image = self.image else {
        return
    }

    // 開始繪圖，在畫完之後要確認明確的停止繪圖
    UIGraphicsBeginImageContext(image.size)

    defer {
        UIGraphicsEndImageContext()
    }

    // 先把原始圖畫上去
    image.draw(at: CGPoint.zero)

    // 分別畫上左右眉毛
    for eyebrow in self.eyebrows {

        // 依眉毛的位置，選擇適當的圖片
        let eyebrowImage : UIImage

        switch eyebrow.type {
```

```
    case .left:
        eyebrowImage = overlay.leftImage
    case .right:
        eyebrowImage = overlay.rightImage
    }

    // 我們收到的這個座標是鏡向上下倒過來的（0,0 不是在左上方，而是在右下方）
    // 所以我們要把座標翻過來
    var position = CGPoint(x: image.size.width - eyebrow.position.x,
                           y: image.size.height - eyebrow.position.y)

    // 以原始圖的左上角為準，畫圖
    // 由於我們想要圖片是置中對齊位置點
    // 所以將寬度和高度調整 50%
    position.x -= eyebrowImage.size.width / 2.0
    position.y -= eyebrowImage.size.height / 2.0

    // 現在終於要畫眉毛了！
    eyebrowImage.draw(at: position)
}

// 畫完眉毛了，取得圖片並儲存它
self.renderedImage = UIGraphicsGetImageFromCurrentImageContext()

// 也將圖片顯示在 image view 中
self.imageView.image = self.renderedImage
}
```

這個方法中做了一大堆事情，首先，確認我們拿到使用者所選取的疊加圖，以及要用來畫的原始圖，缺一不可。

然後建立一個新的 *image context*，你需要設定它的大小（我們此處採用和原始圖片一樣的大小）。image context 其實就是呼叫 draw 時，它進行繪圖的記憶體。

 UIGraphicsBeginImageContext 是一個方便函式，用來簡化我們對更複雜的 UIGraphicsBeginImageContextWithOptions 的呼叫。在這個函式的完整版，你不只是可以設定大小，也可以設定縮放比例，以及圖片是否透明等。我們採用的方便函式，會假設縮放比例為 1.0，由於我們是既有的圖片當作底下的畫布，所以使用這個比例沒有問題。但若你從頭開始做自己的圖片時，將縮放比例設定為 1.0，將會造成高縮放比例的裝置上的影像顯示失真——例如 iOS 裝置。

iOS 有一個 graphics context 堆疊，最上層的 context 就是 draw 命令使用的那個。工作做完之後，我們可以要求從 context 中取出圖片。這個要求取出圖片的動作，將會使所有的 draw 命令動作，施作在一張圖片上面。此處我們用了 defer 去關閉影像 context，如果不關掉的話，所有的 draw 命令還是會對該層做動作，所以可想而知，我們也必須在某處建立和拆除那層 context。

關閉圖片 context 失敗的話，可能導致很多奇奇怪怪的事情發生。由於 iOS 有事沒事就會畫點陣圖，所以不收拾掉你的 context 的話是很危險的一件事，請確認你已關閉你的圖片 context。

我們做的第一件事，就是將現有的原始圖畫在 context 上，設定它從位置（0, 0）開始畫，也設定 graphics context 和圖片的大小一致，所以圖片和編輯後的圖片也是一樣大的。

接下去，我們要依使用者選定的眉毛，畫出各張眉毛圖片（左眉毛和右眉毛），並算出它們在圖上的位置。我們必須翻轉圖片的座標，因為繪圖時原點是在右下角，而不是左上角，並且還要計算出眉毛的中心點在何處。做完這些之後，我們就可以在合適的位置畫眉毛了。

為了保持簡單，所以只把影像偵測系統告訴我們的眉毛位置取中心點，這個作法導致眉毛們不會隨圖片放大縮小，位置也不全然正確。並不是影像偵測做不到這些（我們之後會再談到這部分），而是經過深思熟慮後，決定避免在書中花大量的時間，去討論如何正確地調整和扭曲影像，以及點座標轉換等問題。

最後，我們呼叫 `UIGraphicsGetImageFromCurrentImageContext` 去從 context 中取得新圖片，將它儲存到已編輯圖片屬性中，同時令 image view 顯示這張圖片。以上都做完後，我們的繪圖程式碼也就完成了，接下去要做眉毛偵測的部分。

視覺和圖片偵測

我們的眉毛偵測流程，將會被拆解為三個主要動作。實際的偵測工作將會由 Apple 的 Vison framework 完成，我們在第 268 頁 "初始設定" 時已經匯入這個 framework 了。

我們將會有一個叫做 detectEyebrows 的方法，這個方法是拿來和影像偵測系統做互動的主要介面。這個方法會去呼叫更複雜的程式碼，並將偵測眉毛位置的結果以清楚的介面呈現。Vision framework 不止是可以用來找眉毛，還可以做更多事，所以會有一個方法用來偵測臉部特徵。最後，將會有一個專門的函式，用來在臉部特徵結果中找到眉毛，取出眉毛的位置，並回傳位置資訊。

這部分聽起來可能會有點複雜，但一旦你知道 Vision 是怎麼工作的，可能就會比較明白了。Vision 並不只是一個用來找臉部特徵的偵測系統 —— 雖然它足以做到，而且還帶有內建的輔助工具，但這本不是它主要的功能。Vision 是一個影像偵測系統，它用一到多個圖片做機器學習，並可依要求找出圖片中的相關資訊。你可以將一張圖傳給 Vision，然後要它在這張圖中找出眉毛和椅子（如果你有能做到這種偵測的模組的話）。

 Vision 是被設計用來搭配 Core ML 機器學習模組一起用的，這部分已超過本書討論的範圍，但如果你有興趣用 Vision 做更多事的話，請查看 Apple 的 Vision 使用及 Core ML 文件（*https://apple.co/2HPUHOW*）。

所以在我們範例中，我們將會用一個呼叫，去請求在圖片中找到臉部特徵。這個請求將會附帶一個處理函式，在找到臉部特微之後，就呼叫這個處理函式，然後處理函式會接著在所有找到的特微中找出眉毛。

Vision 的用法之所有要設計成這樣，是因為它必須保持彈性，以在許多不同的圖片上，支援多種不同偵測模組，而這些動作處理都需要時間。所以，有這樣的工作方法是經由設計而來的，不過在一開始看會覺得有點奇怪。

為配合 Vision 的工作方法，所以我們將會從下往上寫程式。首先，建立 locateEyebrowsHandler 處理方法：

```swift
private func locateEyebrowsHandler(_ request: VNRequest,
                                   imageSize: CGSize,
                                   completion: DetectionCompletion) {

    // 如果找不到任何臉的話，就沒有眉毛可以偵測了
    // 認為是錯誤並離開
    guard let firstFace = request.results?.first as? VNFaceObservation else {
        completion(.error(DetectionError.noResults))
        return
    }

    // 特微區域包含很多點，這些點用來描述特微的輪廓
```

```
// 在這個 app 中，我們只想知道要把眉毛貼在圖片的哪裡
// 所以我們不需要用上全部的輪廓，只要知道眉毛在何處就可以了
// 我們可以將所有的點做平均，以取得眉毛的位置
// 有內建的函式可以做平均
func averagePosition(for landmark: VNFaceLandmarkRegion2D) -> CGPoint {

    // 取得圖像中所有的點
    let points = landmark.pointsInImage(imageSize: imageSize)

    // 將所有的點加總
    var averagePoint = points.reduce(CGPoint.zero, {
        return CGPoint(x: $0.x + $1.x, y: $0.y + $1.y)
    })

    // 將加總除以點個數，產生平均點 point
    averagePoint.x /= CGFloat(points.count)
    averagePoint.y /= CGFloat(points.count)

    return averagePoint
}

// 此處開始建立眉毛清單
var results : [EyebrowPosition] = []

// 試著去取得每道眉毛，計算它的位置，並儲存在 results 中
if let leftEyebrow = firstFace.landmarks?.leftEyebrow {
    let position = averagePosition(for: leftEyebrow)
    results.append( (type: .left, position: position) )
}

if let rightEyebrow = firstFace.landmarks?.rightEyebrow {
    let position = averagePosition(for: rightEyebrow)
    results.append( (type: .right, position: position) )
}

// 完成了！將帶有產出結果傳出去，並表示作業成功
completion(.success(results))
}
```

一旦出現要找眉毛的要求，`locateEyebrowsHandler` 將會負責取得眉毛的位置。這個方法有三個參數。第一個參數是最重要的參數，這個參數就是我們要處理的 request——在我們範例中，這個 request 就是要做臉部偵測的要求，我們將會從這個 request 中取得臉部偵測的資訊。另外兩個參數分別是圖片的尺寸，以及一個完成處理函式。我們將會用圖片尺寸來做眉毛在圖片中的相對位置，而完成處理函式會在找到眉毛位置之後被呼叫。

這個方法中，我們做的第一件事情，是取得圖片中第一張被偵測到的臉上的特徵。Vision 可以在單一圖片中偵測多張臉的特徵；在這裡我們假設對自拍 app 來說，圖片裡只有一張臉。

> 如果我們要處理多臉的特徵偵測的話，就必須改變我們 app 中的 overlay 結構，或是讓使用者在選取圖片中特定的臉，只對選定的臉去套用搞怪眉毛。

接著，內部有一個函式，這個函式接收一個 **VNFaceLandmarkRegion2D** 物件（對我們來說就代表眉毛），然後利用圖片大小，將眉毛特徵的所有點做平均，去計算出一道眉毛的中心位置在哪。特徵其實是由一堆描述眉毛的點所集合而成，如果我們要做更進階的疊加圖的話，我們就不會把這些點濃縮成一點，而是會保留所有的資訊。

> 如果你想把 Selfiegram 功能加強，擁有更好的眉毛定位功能的話，這裡就是你開始著手的函式。

這些都設定好了以後，我們就可將特徵中取出的左眉毛和右眉毛收集起來，算出它們的中心點，將這些資訊放入 `EyebrowPosition` tuple 組成的 array 中，我們會將這個含有眉毛位置的 array 傳給完成處理函式。

做完之後，下一個要做的是要在圖片中偵測特徵，請建立 detectFaceLandmarks 方法：

```
// 傳入一張圖片，偵測眉毛並將它們回傳給完成處理函式
func detectFaceLandmarks(image: UIImage,
                         completion: @escaping DetectionCompletion) {

    // 準備一個 request，這個 request 用來偵測臉部特徵
    // （臉部特徵指的是像鼻子、眼睛、眉毛…等）
    let request =
        VNDetectFaceLandmarksRequest { [unowned self] request, error in

        if let error = error {
            completion(.error(error))
            return
        }

        // 這個 request 現在已含有臉部特徵資料了，將它傳給我們的
        // 處理函式，處理函式會從這些資料中取出本 app 想要的特定資訊
        self.locateEyebrowsHandler(request,
```

```
                                imageSize: image.size,
                                completion: completion)
    }

    // 為我們的圖片建立一個處理器
    let handler = VNImageRequestHandler(cgImage: image.cgImage!,
                                        orientation: .leftMirrored,
                                        options: [:])

    // 試著在處理器上執行 request，並 catch 所有錯誤
    do {
        try handler.perform([request])
    }
    catch {
        completion(.error(error))
    }

}
```

在這個方法中，我們首先做的是建立一個新的臉部特徵 request，這是一個特定的 Vision request，專門用來找臉部特徵用，例如可以找眼睛、嘴巴、眉毛等等。request 執行完畢以後，會執行一個 closure；這個 closure 就會去呼叫我們前面做的，用來從特徵中取出眉毛的方法。

接著，我們要建立一個需要取得圖片的 handler 類別，這個類別就是實際用來處理臉部特徵分析需求的類別。

我們前面建立處理函式，是設計用來處理一張圖片。如果你要一次處理多張圖片的話，你要使用另一個類別 VNSequenceRequestHandler。

這個處理函式需要我們給它一張圖片，設定方向和選項。由於我們不需設定選項，所以選項部分就傳一個空的 dictionary，但我們還是要傳圖片（CGImage 物件），並將方向設定為左翻鏡像（譯按 left mirror：逆順時鐘轉 90 度，然後再水平翻轉）。

Vision 使用的是 CGImage 而不是 UIImage，CGImage 是 UIImage 內部的圖片結構，UIImage 類別是設計用來顯示圖片用，而不是設計用於圖片分析上。UIImage 是用來代表圖片的高階物件，而 CGImage 則是更底層的東西，它包含構成圖片的點陣圖資料。因此，它也比 UIImage 更適合用在像 Vision 這種系統上，因為它們會把圖片當成像素的矩陣看待。

最後，我們讓處理函式去執行臉部特徵偵測 request。

 這個方法接受一個 request 的 array 作為參數 —— 我們只有單一個 request，但我們其實可以傳很多個。這個特性我們之前在不同的類別上看過幾次，Cocoa 通常會希望一次把工作做完，而不是執行多次呼叫。

現在到了最後一個步驟：寫 detectEyebrows 方法，這個方法用來呼叫前面的方法，並將結果以比較好的介面呈現。請建立以下的 detectEyebrows 方法：

```
func detectEyebrows(image: UIImage,
                    completion: @escaping ([EyebrowPosition])->Void) {
    detectFaceLandmarks(image: image) { (result) in
        switch result {
        case .error(let error):
            // 就直接回傳原始圖片
            NSLog("Error detecting eyebrows: \(error)")
            completion([])
        case .success(let results):
            completion(results)
        }
    }
}
```

這個方法的參數，是我們想要分析的圖片，以及在分析工作完成時要呼叫的完成處理函式。在這個方法中，我們呼叫了 detectFaceLandmarks 方法，並依 Vision 以及該方法的執行結果，若該方法執行失敗時以空 array 當參數，呼叫完成處理函式，若該方法成功時以眉毛位置 array 當參數，去執行完成處理函式。

完成上述方法之後，我們的影像偵測程式碼也就完成了 —— 但我們仍然需要找個地方去呼叫它，請將以下程式碼加入 viewDidLoad 結尾處：

```
self.detectEyebrows(image: image, completion: { (eyebrows) in
    self.eyebrows = eyebrows
})
```

這裡會去呼叫偵測眉毛的程式碼，然後將得到的位置儲存到屬性中。

連結到 App

我們的 editing view controller 現在已經完成了，但仍然需要將它加到我們現有的 app 架構中。第一步是要在 capture view controller 拍完一張照片後，不要退出，改為過場到 editing view controller 中：

1. 打開 *CaptureViewController.swift*。

2. 將 photoOutput(didFinishProcessingPhoto: error:) 中的內容換成以下的程式碼：

```
func photoOutput(_ output: AVCapturePhotoOutput,
                didFinishProcessingPhoto photo: AVCapturePhoto,
                error: Error?) {
    if let error = error {
        NSLog("Failed to get the photo: \(error)")
        return
    }

    guard let jpegData = photo.fileDataRepresentation(),
        let image = UIImage(data: jpegData) else {
        NSLog("Failed to get image from encoded data")
        return
    }

    self.captureSession.stopRunning()
    self.performSegue(withIdentifier: "showEditing", sender: image)
}
```

除了一點之外程式碼幾乎和原來內容一樣，之前完成處理函式是叫影像擷取工作階段停止執行，而現在改為呼叫我們稍早建立的手動過場，接下去是要讓這個過場發生。

3. 將 prepare(for segue:, sender:) 方法加到 CaptureViewController 類別中：

```
override func prepare(for segue: UIStoryboardSegue, sender: Any?) {
    guard let destination =
        segue.destination as? EditingViewController else {
        fatalError("The destination view controller"
    + "is not configured correctly.")
    }

    guard let image = sender as? UIImage else {
        fatalError("Expected to receive an image.")
    }
```

```
// 把剛抓取的圖片以及完成處理函式交給該 view controller
// 這裡的完成處理函式是使用者完成圖片編輯工作後執行的函式
destination.image = image
destination.completion = self.completion
}
```

這裡，我們要先確認取得了正確的 view controller 類別以及圖片資料。只要兩者都正確的話，就可以開始準備 editing view controller。將圖片設定為剛拍的照片，並將處理函式設定為 capture view controller 裡的函式。這樣一來，當使用者完成的編輯圖片的動作時，他就可以執行在第 239 頁 "處理互動" 中的完成處理函式。

4. 將 viewWillAppear 方法加到 CaptureViewController 類別中：

```
override func viewWillAppear(_ animated: Bool) {
    super.viewWillAppear(animated)

    if !self.captureSession.isRunning {
        DispatchQueue.global(qos: .userInitiated).async {
            self.captureSession.startRunning()
        }
    }
}
```

viewWillAppear 方法會在 view controller 的 view 將要在裝置上顯示時被呼叫。由於我們現在可以讓使用者回到 capture view controller 頁面上，所以必須確定擷取工作階段要能被重新打開。如果沒有做這個確認的話，一旦我們拍了照，跑到編輯畫面，但又改變主意想要重拍的話，相機預覽畫面就不會出現了。

> 如之前提到過的，要開始擷取工作階段需要一段時間。因為這個原因，所以我們要在另外一個佇列執行，而不是在主要佇列執行，以避免拖慢 UI 的反應速度。由於我們不想要在回到工作階段時等很久，所以我們仍然用高重要性去執行擷取工作階段（.userInitiated）。

我們的下一步是確認我們的疊加圖可以用，雖然我們已經測試過疊加圖管理器的功能，並在 editing view controller 裡使用了來自疊加圖管理器所提供的疊加圖，但我們還沒告訴它何時去下載疊加圖：

1. 打開 *AppDelegate.swift*。

2. 在 application(didFinishLaunchingWithOptions:) 方法中，將以下的程式碼加到套用
   佈景主題程式碼的後面：

   ```
   OverlayManager.shared.loadOverlayAssets(refresh: true, completion: {})
   ```

   這行程式碼會讓疊加圖管理器開始去下載疊加圖資料，並將下載後的東西放入 cache
   供以後使用。

現在我們可以執行 app，並在自拍照裡加入一些惡搞的眉毛了！圖 15-1 是呈現出來的
樣子。

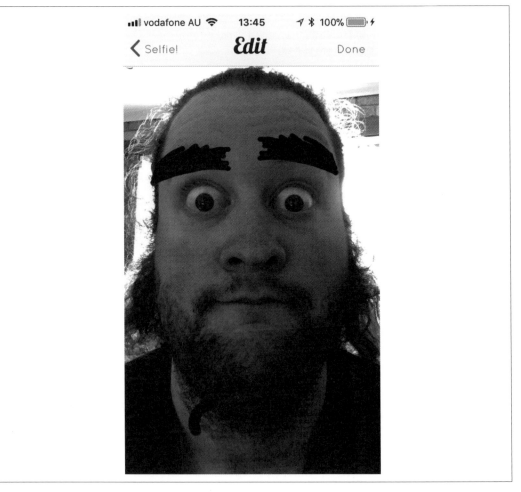

圖 15-1　客製眉毛

第十六章

本地化和國際化

Selfiegram 現在已被打造成一個漂亮好用的小 app 了——有很多功能，如果加入更多測試的話，測試程式碼也會很完整，還有一些讓它突出的客製外觀。不過，我們還沒有支援英語以外的語言。

由於這本書所有的作者都會說英語，所以 app 在開發時用英語是合理的，但如果只能支援英語的話，就不合理了。雖然英語是世界上最多人使用的語言之一，但語言還有很多種——事實上還有數十億人並不會說英語。而且，即使地球上所有的人在母語之外，都能把英語當作第二種語言，那也不代表他們不想要自己的 app 使用自己的母語。

Apple 十分注重本地化和國際化，並且提供大力的支援。國際化（*Internationalization*）是一種流程，這種流程是指把一個 app 本地化的過程，要做到這件事，你要先從 app 中取得你 app 裡面要用的文字，然後依使用者語言偏好設定來決定要載入哪種語言文字，並調整你的使用者介面以搭配不同的文字長度。另外，你的 app 也要妥善處理使用者顯示語言是從左到右（如英文和法文）或是右到左（例如希伯來文或阿拉伯文）。一旦你完成 app 的國際化之後，你就可以將它本地化（*localize*）到任何指定的語言，本地化主要的動作是為已國際化過的字串，提供新的文字。

在這一章中，我們將會為 app 做完整的國際化，然後再將它本地化到法語。這一堆動作會修改到 app 幾乎所有的部分，但是流程本身（大部分）都不難。Apple 投入大量的時間和精力做這件事，而且為我們做完很多工作——舉例來說，作業系統常會用到的名詞，例如按鈕上的文字，都已經做完翻譯了。即使法語和英語一樣都是由左寫到右的語言，若我們決定將 app 本地化成的阿拉伯語或希伯來語的話，Apple 也支援提供自動將左右邊界的 constrains 換邊。

這也是為何左右 constraints 在技術上被稱為"開頭"和"結尾"的原因。

在這個作業流程中,我們主要要做的,就是為我們自己的字串準備要顯示的文字。

雖然我們對翻譯出來的法語正確性做了最大努力,但畢竟是由不會說法語的人用盡千方百計做出的翻譯。所以,如果你本身是說法語的人,可能會覺得翻譯的有點怪。

我們知道有些法語句子可能會有錯,這一點我們感到很抱歉——如果你發現錯誤的話,麻煩通知我們好讓我們做修正!即使我們這些語言宅居人在本書中做出一些錯誤的翻譯,本地化 Selfiegram 的流程仍然是正確的。

國際化

我們國際化流程的第一步,是要設定 Selfiegram 去支援多種語言。這表示我們要修改所有的使用者會看到的字串。

Selfiegram 中有很多使用者看得到的字串,任何其他的專案應該也很多。這也是你在建造一個 app 時,即使你還沒有支援其他語言的打算,也最好一開始就把國際化做進去的原因。

透過 NSLocalizedString 方法,做出本地化可用的字串。這個函式參數是一個 key,還有一個註釋:key 代表我們要把字串本地化成哪個版本,而註釋是我們開發者用來寫一些額外訊息,這訊息用來幫助翻譯者理解文字的意義。這個方法將會依字串表格和裝置目前的地區,決定要回傳哪個本地化過後的字串。

由於在我們 app 中要國際化的不同字串實在太多了,所以我們不會將它們全部都列出來,雖然我們只用一個範例展示做法,但整個 app 裡只是重複地一直做同一件事:

1. 打開 *SelfieListViewController.swift*,並進到我們建立新自拍照的地方。

2. 找到建立一個新的 Selfie 物件的那行程式碼，它長得像：

```
let newSelfie = Selfie(title: "New Selfie")
```

3. 將該行用以下的程式碼取代：

```
let selfieTitle = NSLocalizedString("New Selfie",
    comment: "default name for a newly-created selfie")
let newSelfie = Selfie(title: selfieTitle)
```

當我們加入法語支援後，只要是執行到這幾行時，iOS 就會到字串檔中找對應的文字，並回傳它的法語版本。如果我們對整個 app 都做完這個流程的話，我們最後就會得到這個 app 的法語版本…如果沒有意外的話。

我們後來確實把 Selfiegram 中的所有字串都做完本地化，如果你好奇做完以後是怎樣的話，請查看我們的範例 repository（*https://github.com/ thesecretlab/learning-swift-3rd-ed*）看看做完的樣子。

之前在第 11 章，在我們建立 settings view controller 時，當時加上了提醒通知的功能。這個提醒通知中存在使用者看得到的字串。現在我們可以再次透過 NSLocalizedString 函式來做這個字串的轉換，但這樣的做法有個問題。如果我們這麼做完之後，接著去改變裝置的地區的話，通知跳出來時它仍然是錯誤的語言。

所以，這個字串我們將要使用不同的方法做本地化：

1. 打開 *SettingsTableViewController.swift*。

2. 找到我們設定通知文字的那一行。

3. 用下面的程式碼取代那一行：

```
content.title = NSString.localizedUserNotificationString(
    forKey: "Take a selfie!",
    arguments: nil
)
```

這裡呼叫了 NSString 類別的一個方法，這個方法由 Objective-C 提供。這個呼叫的動作流程和 NSLocalizedString 幾乎一模一樣，但它會等到通知訊息要傳送以前，才去字串表裡做查找字串的動作。

如果忽略了這些小細節，將會使你的 app 看起來比別人的差。當你把事情做對的時候，可能沒有人會發現，但是當你把事情做錯的時候，你的使用者就會注意到了。

在我們的 app 中，印出的 log 訊息和過場識別不需要做本地化，因為它們不是使用者會看到的字串，所以也不用去翻譯它們。

產生字串表

之前我們有解釋過，iOS 將會使用字串表來找出要顯示哪句文字，但我們還沒有建立這張表，讓我們現在來建它吧。如果我們想要的話，我們可以手動寫一個純文字的字串檔案，但這麼做既慢又麻煩，而且可能產生很多錯誤。所以我們要使用 Apple 提供的命令列工具 genstrings，幫我們自動產生字串表檔案，這個工具可以幫助我們看過整個專案，並建立含有所有相關項目的字串表：

1. 打開 *Terminal.app*。

2. 用以下的命令，切換到 Selfiegram 專案目錄下（切換目前路徑）：

   ```
   cd /path/to/selfiegram/project/folder
   ```

3. 用以下的命令，切換到專案目錄中的程式碼目錄：

   ```
   cd Selfiegram
   ```

4. 對整個專案執行 genstrings 工具：

   ```
   find . -name \*.swift | xargs genstrings -o .
   ```

   我們在此處用了一些命令列技巧，但基本上在前半段我們是去找出所有 *.swift* 檔案，後半段我們要求 genstrings 對所有找出的檔案，去找尋本地化過的字串，並且依找尋的結果產生字串表。

   這個動作做完後，會建立一個叫做 *Localizable.strings* 的新檔案，這就是我們的字串表。

5. 將該子串表檔案拖曳到 Xcode 專案 navigator 中，就會將它加入 Xcode 專案了。

6. 在跳出的對話框中按下 Finish。

現在已經將字串表檔案載入專案中，我們可以看到它裡面含有已本地化的字串，其中包括我們新自拍照標題文字：

```
/* default name for a newly-created selfie */
"New Selfie" = "New Selfie";
```

不過，這裡有個問題——你可能已經發現我們的通知字串不在這個表裡面，這是因為 genstrings 只會找到有呼叫 NSLocalizedString 的字串，所以我們得手動將其他的加入。

7. 打開 *Localizable.strings*。

8. 將以下的內容加到檔案最後：

```
/* Notification title */
"Take a selfie!" = "Take a selfie!";
```

字串表檔案存在的意義，是讓你可以將這個檔案複製一份寄給你的翻譯，翻譯的人就有足夠的資訊可以進行翻譯了——不會阻礙你繼續開發下去。現在我們可以開始做 Selfiegram 本地化到法語的工作了！

本地化

把 app 的國際化做好了以後，現在要在專案中加入另外一種語言的支援了——現在要做的是支援法語。

預設上來說，你新建專案後唯一支援的語言將會和系統設定使用的語言一樣，在我們的範例來說就是英語。

只要幾個步驟就可以完成這件工作：

1. 打開專案並選取專案本身，如圖 16-1（不是選取 TARGETS 下的 Selfiegram）。

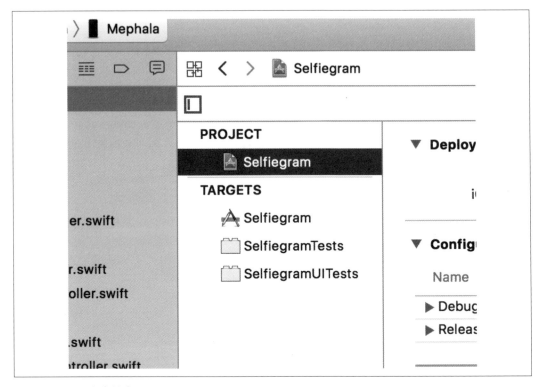

圖 16-1　選取專案檔案

2. 在 Info 分頁中，在 Localization 選項點擊 + 按鈕，並加入另外語言的支援。

3. 從跳出的選單上，選取 "French (fr)"。

你可能已注意到某些語言有很多種變形，這是因為某些語言雖然有共同的
發源，但是彼此間差異卻很大。舉例來說，在 Costa Rica 的西班牙語，
和西班牙講的西班牙語就不一樣，而美國講的英語和澳洲講的英語也不一
樣（我們澳洲的比較好），這表示你可以為你 app 指定的不止是哪種語言
的本地化，還可以指定它要本地化到哪種變體。

如果使用者所用的方言沒有被支援的話，iOS 也很聰明的會去找相關語言
來用──所以當我們加了法語支援後，即使沒有加入各地變體版本，例如
塞內加爾版，iOS 也不會去使用開發時的語言（英語），而是會為該地區
的使用者選用法語版本。

4. 跳出一個視窗，問你是否想要本地化兩種 storyboard 檔案，請確認兩者都勾選，並按下 Finish。

乍看之下並不會覺得有很多東西被改掉了，但其實 Xcode 在底下做了很多變更，特別是針對 storyboard 檔案。如果你從專案 navigator 中查看 *Main.storyboard* 的話，你會看到一個小的展開箭頭記號，如果你點擊這個箭頭的話，你會看到底下有個新檔案，這個檔案叫做 *Main.string*。如果你打開這個檔案的話，你會發現一個長得像我們之前做出來的字串表格，但是它的 key 和我們的 *Localizable.strings* 中的 key 不一樣，這裡的 key 看起來亂七八糟的。這裡的 key 代表的是 storyboard 中每個 UI 元件的唯一識別。舉例來說，"lex-nC-JFD.text" 這一個 key 代表的就是 capture view controller 中，上面寫著 "Tap to take a selfie" 那個 label。不過通常，你是無法找出 storyboard 中的元件和哪個 label 或標題相關，此時就是註釋派上用場的時候——Xcode 會生成一個註釋，這個註釋能給你一些線索。但即使有了這個線索，也不是所有的東西都找的到，在這種情況下，我們可以利用註釋中 key 開頭處的 ObjectID 來找。拿我們的 "lex-nC-JFD.text" 當例子來看，如果我們打開 storyboard，並選取寫著 "Tap to take a selfie" label，然後打開 Identity inspector 的話，我們就可以看到裡面的 object ID 和我們的 objectID 是一樣的。

你的 object ID 和我們的看起來會不一樣，所以如果你在 storyboard 裡找不到 "lex-nC-JFD.text" 的話也不用擔心。

知道了這件事之後，我們現在可以開始翻譯這個檔案中的所有文字了，當 app 載入 storyboard 時，它會將寫在 storyboard 中的文字即時切換到正確的版本。但在我們做這件事情之前，還有幾件事情要處理一下。Selfiegram 現在已支援基本的開發語言（英語）以及法語，不過，實作上如果可以本地化到開發所用的語言的話，你就可以將開發的語言和用來本地化顯示的語言分開了：

1. 選取 *Localizable.strings* 檔案。

2. 在 File inspector 裡的 Localization 節區中，勾選 French 和 English。

3. 選取 *Main.storyboard* 檔案。

4. 在 File inspector 裡的 Localization 節區中，勾選 English。

Xcode 將會自動地建立另外一個字串表，現在 Selfiegram 可以本地化到英語和法語，可以開始翻譯工作了。

翻譯字串

如果你想要看到完整的字串表，請到程式碼的 repository 上取得（*https://github.com/thesecretlab/learning-swift-3rd-ed*）。我們不列出每個字串的翻譯，只會拿幾個當作例子：

1. 打開 *Main.strings*（*french*）。

2. 將字串 "Tap to take a selfie" 換成 "Appuyez pour prendre une photo"。

   這一步將會換掉我們自製的 capture view controller 的標題文字。

3. 打開 *Localizable.strings* （*french*）。

4. 將 `"New Selfie" = "New Selfie";` 這一行用以下的程式碼取代：

   ```
   "New Selfie" = "Nouvelle photo";
   ```

   現在當拍好一張新自拍照後，預設的名稱就會顯示成法語。

5. 將 `"Take a selfie!" = "Take a selfie!";` 這一行用以下的程式碼取代：

   ```
   "Take a selfie!" = "Prendre un selfie!";
   ```

現在當提醒通知出現時，它也會顯示法語。請對所有使用者看得到的字串重複這個流程，做完以後 Selfiegram 就將會全面支援法語了！

 即使字串表看起來很像是 Swift 檔案格式，但它其實不是。如果忘了在每行結尾加上分號的話，將會導致檔案解析失敗。

測試本地化

Selfiegram 現在變成法語的了──但你要怎麼進行測試呢？現在我們說 app 本地化工作已完成，你也只能相信我們所說的。

一種測試方法是將你的系統語言變更為法語，但除非你本人會法語，否則這只是讓事情變得更複雜而已。你可以做的是設定 Selfiegram 在法語執行：

1. 在模擬器選擇器（simulator selector）旁邊，選取目前建置 target 並從下拉選單中選取 Edit Scheme（圖 16-2）。

圖 16-2　編輯 Scheme

2. 選取 Run 節區。

3. 在 Options 分頁下，將 Application Language 的值從原來的 System，改為 French（圖 16-3）。

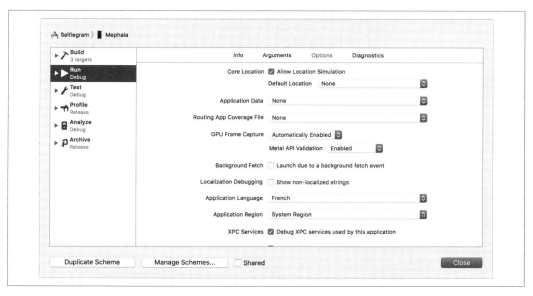

圖 16-3　scheme 編輯器

現在你可以再次執行專案，Selfiegram 將會以法語顯示了！請看圖 16-4。

圖 16-4　法語版 Selfiegram

你也可以開一個新的 scheme，將這個 scheme 的語言設為法語。這樣一來你就可以在想要測試不同語言的時候，切換不同的 scheme 就好。若你的 app 有各式設定的客製 scheme 的話，對測試來說很方便。

偽語言

雖然法語和英語是兩種不同的語言，但它們相似之處也不少──它們都是由左寫到右的語言，每個字的長度都一樣。確實，這是我們為何選用法語來做本地化語言的其中一個原因；因為我們不用去擔心句子變得太長或產生對齊問題。但還有很多種語言，和我們的開發語言並不是那麼相像。像是阿拉伯語就是從右寫到左，而德語的句子通常明顯的比英語版的長很多。我們怎麼證明我們的 app 在這些語言下仍然運作良好呢？

雖然我們可以為每種不同語言做本地化，並對它們做測試，但這個方法花費的力氣實在太大，在我們能看到結果以前，又要做一大堆的翻譯的工作。所以，這裡還有另一種做法可選：使用**偽語言**（*pseudolanguages*），偽語言是假的語言，可以有你指定的特性。Apple 提供兩種偽語言：兩倍長度以及右到左兩種（見圖 16-5）。這兩種偽語言以測試為目的，簡單的修改了開發語言（所以，兩倍長度偽語言，就是把開發語言文字再重複一次）。你可以用將專案改成法語的同一個方法，在 scheme 編輯器設定在 app 中使用偽語言。

圖 16-5　Selfiegram 以右到左偽語言（左側）以及兩倍長度偽語言（右側）執行

偽語言是被設計來幫你測試畫面布局，在你將 app 本地化到其他語言後，幫助你測試用的。你不應該只把 app 用兩倍長度偽語言測試，然後調一調就假定德語看起來不會有問題，你仍然必須為每種本地化語言做常規測試。

預覽本地化

如果只是要看 constraints 是不是正常，特別是你只是想看使用兩倍偽語言時布局是不是正常，每次都要重新建置並執行 app，實在是有點煩。為解決這個問題，Apple 在 assistant editor 中提供了一種**預覽模式**（*preview mode*），這個模式讓你可以看到 storyboard 中特定的 view controller，在不同的語言設定，不同的裝置上會怎麼顯示（見圖 16-6）。

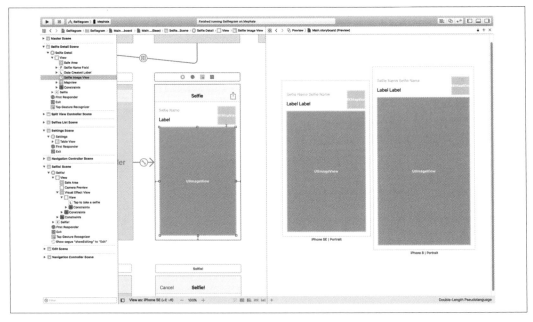

圖 16-6　assistant editor 預覽模式

讓我們看一下它要怎麼使用：

1. 打開 *Main.storyboard*，並選取任一個你想預覽的 view controller。

2. 打開 assistant editor。

3. 使用 assistant editor 中的 jump bar，選取 Preview → Main.storyboard（圖 16-7）。

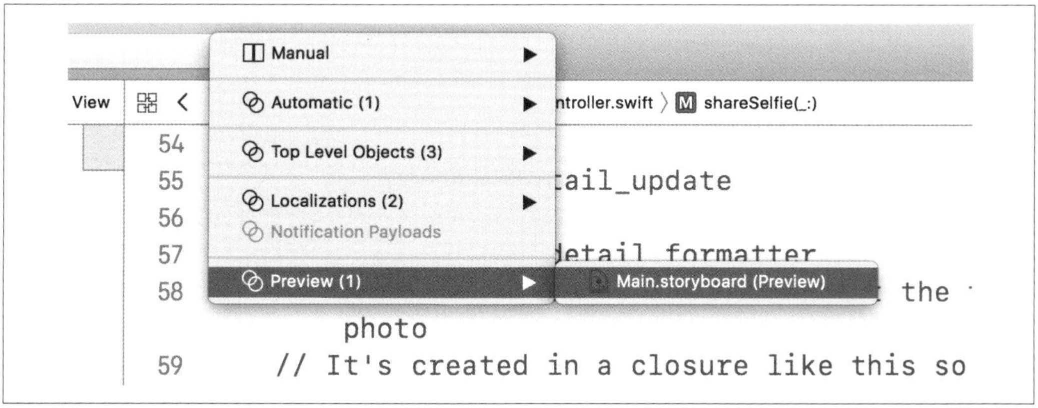

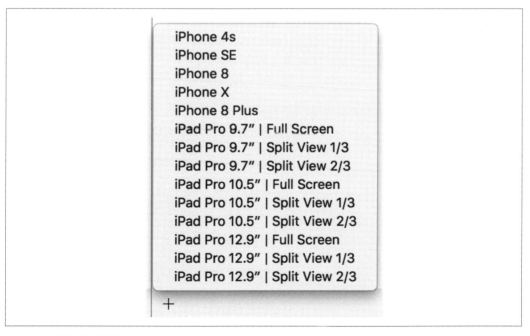

圖 16-7　選取預覽模式

現在 assistant editor 中將會顯示預覽畫面，畫面中 view controller 看起來就像它實際在執行中的樣子。你可以藉由 assistant editor 左下角的裝置選單，設定你想預覽的裝置是哪一個（見圖 16-8）。

圖 16-8　選取預覽裝置

你也可以從右下角的選單中選取你想要預覽的語言（圖 16-9）。

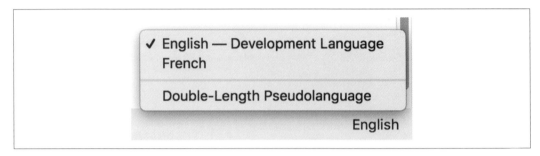

圖 16-9　選取預覽語言

　雖然預覽模式是個很棒的功能，但它無法取代在實際裝置上進行的完整測試。

本章總結

現在 Selfiegram 已經完成了國際化和本地化到法語的功能了，我們的開發到此結束，從 iOS 樣板開始，一路到做出一個完整的 app。在本書的下一部分中，我們將會看一下在完成 app 開發之後還要做些什麼，才能讓它發行到這個世界上。

第四部分

開發 Selfiegram 之外

第十七章

除錯

Selfiegram 已經做好了，所以現在我們要將它傳送給測試的人員了，對吧？但如果我們程式碼裡面發現有錯誤怎麼辦？我們要如何找到錯誤並解決錯誤呢？Selfiegram 的執行效能如何呢？app 能夠快速回應嗎？我們有沒有記憶體洩露或資源載入太久的問題呢？在這一章中，將要看看如何使用 Xcode 的除錯器去找到錯誤，以及利用 Instrument app 去監看以及對 app 做效能測試。

除錯器

沒有人是完美的，特別是人在撰寫程式碼的時候。由於程式是由許多小區塊拼起來的，在茫茫程式碼中很容易就有個小錯誤存在。而最終這種小錯誤可能造成真正的問題，而且你得把它修好 —— 不過這些錯誤可能埋在你的程式碼深處，你要如何找到它們呢？

這時候就要使用除錯器了，除錯器可以讓你逐行執行程式，一個動作接著一個動作，檢查正在執行的程式。

 依你之前使用除錯器的經驗來說，這個章節可能有點多餘。Xcode 除錯器（LLDB）和其他除錯器的設計和功能上非常地相似。

不論你要對什麼東西進行除錯，除錯器基本的操作是一樣的。也就是你透過除錯器執行 app，然後它會讓 app 執行起來像一般狀態一樣，但它會在特定的地方暫停執行，讓你可以查看程式碼，並讓你可以控制要如何繼續執行。

中斷點

除錯器的使用上，重點就是使用**中斷點**（*breakpoint*），在你的程式碼中加入中斷點，就是告訴除錯器在這裡暫停執行，並等待進一步指令。

若要在 app 中加入中斷點，你只要在 Xcode 中程式碼左方的行號欄點擊一下即可。當你點擊後，會出現一個藍色的五角形，代表程式執行到此處會暫停（如圖 17-1）。

```
163     /// - Throws: `SelfieStoreObject` if it fails to save to disk
164     func setImage(id:String, image : UIImage?) throws
165     {
166         // Figure out where the file would end up
167         let fileName = "\(id)-image.jpg"
168         let destinationURL =
169             self.documentsFolder.appendingPathComponent(fileName)
170
171         if let image = image
172         {
```

圖 17-1　加入中斷點

 Xcode 會在該行執行前暫停程式執行，而不是該行執行完以後才暫停。

你可以在行號欄的五角形上再點一次，就可以取消中斷點功能，讓它留在那裡，但是 Xcode 接下來將不會在這個地方暫停執行（見圖 17-2）。你也可以在程式碼正在進行除錯之際，取消或啟用中斷點。

```
163     /// - Throws: `SelfieStoreObject` if it fails to save to disk
164     func setImage(id:String, image : UIImage?) throws
165     {
166         // Figure out where the file would end up
167         let fileName = "\(id)-image.jpg"
168         let destinationURL =
169             self.documentsFolder.appendingPathComponent(fileName)
170
171         if let image = image
172         {
```

圖 17-2　取消中斷點

通常會取消中斷點的原因，是你知道這個中斷點會被觸發，但你現在主要不是在看這一塊程式碼。所以，寧可暫時取消它的功能，也不要在執行到該中斷點時，還要一直告訴除錯器請繼續執行下去，除錯器會當作沒看到這個中斷點。所以，你可以為多個問題，或為一個問題的多種可能肇因設定中斷點，但只啟動你目前感興趣的中斷點就好。

你可以在 breakpoint navigator 中看出程式所有的中斷點在哪裡（navigation selector bar 上的右邊第二個），它會顯示出所有中斷點的清單、它的位置，以及目前的狀態是啟動還是取消的（見圖 17-3）。

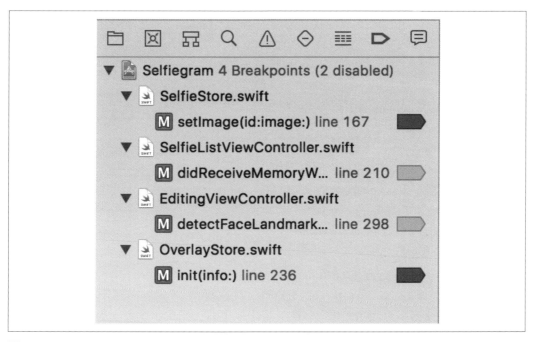

圖 17-3　breakpoint navigator

在 breakpoint navigator 中，你可以選取一個中斷點，並直接在編輯器中跳到它標示的那一行。你也可以點擊五角形去啟動或取消它的功能，這是在測試進行當中，一個簡便可以啟動或取消中斷點的方法。

你也可以在 breakpoint navigator 裡編輯中斷點，如果你在 breakpoint navigator 或編輯器中，以滑鼠右鍵點擊一個中斷點，並選取 Edit Breakpoint 的話，你可以設定 condition，condition 可控制這個中斷點會不會被觸發。這個 condition 可以是 Swift 條件句，必須可以被評估成 true 或 false。當執行到該中斷點位置時，Xcode 會去檢查 condition；如果結果為 true，就會在中斷點處暫停執行。你也可以在一個中斷點發生時，指定要做的 action，例如播放一段聲音、印出一個訊息或是執行自訂命令（見圖 17-4）。最後，你可以將中斷點設定為不要暫停執行——除錯器仍然會感知到這個中斷點，而且在此中斷點上設定的 action 會被執行，但程式不會暫停執行，和沒有那個中斷點時一樣。

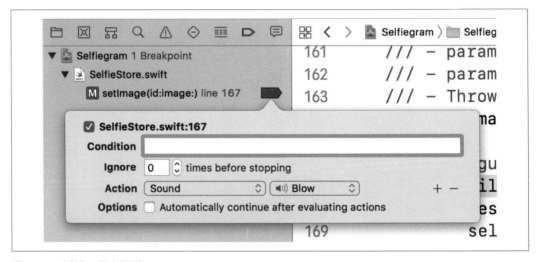

圖 17-4　編輯一個中斷點

 如果你要的話，中斷點 condition 可以用 Objective-C 去寫。

在你編輯完中斷點之後，藍色的五角形會長得稍微不一樣，用以表示它曾經被修改過，不再是一個普通的中斷點了（見圖 17-5）。

```
163    /// - Throws: `SelfieStoreObject` if it fails to save to disk
164    func setImage(id:String, image : UIImage?) throws
165    {
166        // Figure out where the file would end up
167        let fileName = "\(id)-image.jpg"
168        let destinationURL =
169            self.documentsFolder.appendingPathComponent(fileName)
170
171        if let image = image
172        {
```

圖 17-5　一個編輯過的中斷點

把播放音效的 action 和自動繼續執行合併起來一起用，是一個用來檢查特定程式碼有沒有被執行的好方法。如果你沒有聽到預期中的音效，那就表示你的邏輯出了問題。你可以為不同的中斷點設定不同的音效。

你也可以為特定事件發生時，設定中斷點。在 breakpoint navigator 的下方有一個 + 按鈕；按下這個按鈕後，可以讓你依所選的事件，建立事件發生時的中斷點（見圖 17-6）。

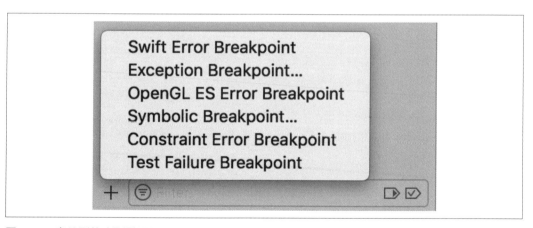

圖 17-6　事件型態中斷點選單

這些中斷點在指定的事件發生時會被觸發，即使不是發生在你寫的程式碼也一樣。所以請確定你所追蹤的中斷點，確實是你想看的問題。

若要刪除一個中斷點，你可以將它從行號列拖曳到編輯器裡面；在你放開拖曳的時候，Xcode 就會刪除它了。你也可以在 breakpoint navigator 或編輯器上，按右鍵點擊一個中斷點，並選取 Delete Breakpint。

 如果你之前有用過 Xcode 舊版的除錯器，你也許會記得當時在刪除一個中斷點時會出現一個可愛的冒煙動畫，現在這個動畫不知道跑到哪裡去了。不幸地，Apple 在 Xcode 9 中移除了這個動畫；中斷點仍然會被刪除，即使你再也看不到這個確認動畫了。

檢查程式碼

現在我們知道中斷點怎麼用以後，讓我們看一下中斷點觸發以後可以做什麼吧。由於除錯器暫停了程式的執行，所以中斷點給我們充足的時間去檢查程式碼，而不用擔心它會執行到其他的地方去。

為了要展示這些功能，我們要在 SelfieStore 類別中的 setImage(id:, image:) 裡加一個中斷點：

1. 將中斷點加到 if-let 那一行，那行用來檢查我們是否有圖片可以儲存：

   ```
   if let image = image
   ```

 由於在該行執行前程式就被暫停了，所以我們不需要去看 if-let 那一行做了什麼，而是在它前面的程式碼做了什麼。

2. 和平常一樣地執行 Selfiegram。

3. 試著去拍一張自拍照。

當程式碼執行到這個中斷點時它會被觸發，除錯器會暫停程式執行。即使用手點擊 app 上的按鈕，也不會繼續動作；它看起來就像是 app 被凍結了一樣（事實上也是）。

 不用擔心在發布到 App Store 以前要清掉所有的中斷點。中斷點只會在透過除錯器執行你的程式時才會被觸發，也就是只有在你透過 Debug scheme 執行專案時才會被觸發。任何在 App Store 上（或 TestFlight）的程式都是 Release 模式，Release 模式會自動地去除像中斷點這種除錯資訊和狀態。你的使用者不會因為你有中斷點沒清掉，導致 app 凍結不能動的情況。

現在執行已經被暫停了，我們可以開始看專案目前的情況了。一旦中斷點被觸發，Debug 區域就會自動地出現；如果它沒有出現的話，你可以用 Xcode 視窗右上角（見圖 17-7）的按鈕將它叫出來。

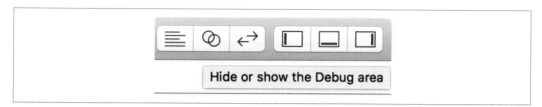

圖 17-7　隱藏及顯示 Debug 區域

Debug 區域被分做兩個主要部分，就是 Variables view 和 Console view。我們的程式被凍結之後，可以在 Variables view 中看到此時所用的變數（圖 17-8）。

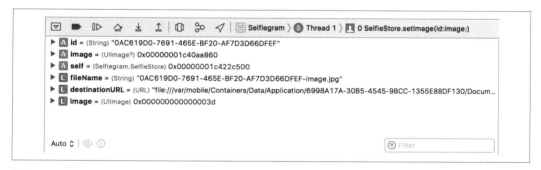

圖 17-8　Variables view

這個變數可以再被展開，看到變數內部的詳情（圖 17-9）。

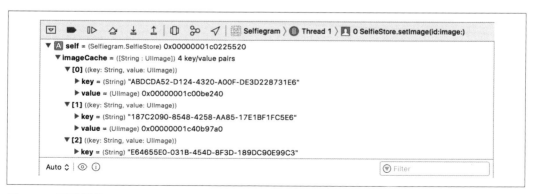

圖 17-9　展開變數

Variables view 的一個好功能，是我們可以用 macOS 的 Quick Look 功能，看到變數內部的值。這個功能可以搭配例如 String 這種簡單變數使用（圖 17-10），也可以搭配像 UIImage 這種複雜一點變數使用（圖 17-11）。

圖 17-10　對 String 使用 Quick Look

圖 17-11　對 UIImage 使用 Quick Look

而 Console view 則是用來直接對除錯器輸入命令，並從除錯器取得命令的輸出。大部分 Variables view 的功能，以及你控制程式流程的功能（下一節將會討論）都是由 Xcode 代替你發命令給除錯器才有的，但如果你想要的話，你也可以在 Console view 中自己輸入命令，然後除錯器就會執行你所下的命令。舉例來說 po 命令會印出命令後方物件的名稱（見圖 17-12），如果你想看的是目前檔案中全域變數有哪些的話，你可以輸入 target variable。

```
(lldb) po fileName
"0AC619D0-7691-465E-BF20-AF7D3D66DFEF-image.jpg"

(lldb)

Debugger Output ◇                              Filter
```

圖 17-12　在除錯器中執行命令

> LLDB 除錯器是一個非常複雜的軟體——我們只能稍微描述它的功能，它能做的事情可以寫成一整本書。若想知道它有哪些詳細功能及命令的話，請看 Apple 的除錯器文件（*https://apple.co/2HOX0BM*），或是官方的 LLDB 專案網站（*https://lldb.llvm.org*）。

程式流程控制

最後，我們要看一下一旦中斷點觸發之後，要怎麼控制程式流程。畢竟，如果我們卡在一行程式碼上的話，想要追蹤出問題是很難的。

為了要展示除錯器控制程式流程的功能，我們要和之前一樣進到 setImage(id:, image:) 方法中：

1. 將中斷點上移到我們宣告 fileName 變數的地方：

       let fileName = "\(id.uuidString)-image.jpg"

2. 和平常一樣執行程式。

3. 試著去拍一張自拍照。

和之前一樣，程式會被暫停在中斷點處，我們可以從這裡看到程式流程控制要怎麼做，我們可看到在 debug bar 上有四個相關的按鈕（見圖 17-13）：

- 繼續或中斷程式執行（continue 或 pause）
- 單步跳過（step over）
- 單步進入（step into）
- 單步跳出（step out）

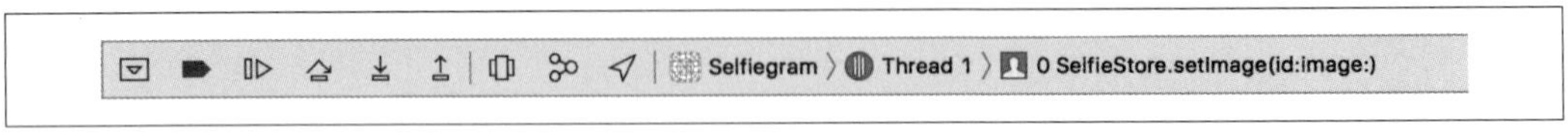

| ▽ | ▶ | ⏸▷ | ⏏ | ↧ | ↥ | ⑂ | ✈ | 🕮 Selfiegram 〉 ⏸ Thread 1 〉 👤 0 SelfieStore.setImage(id:image:) |

圖 17-13　debug bar

繼續或中斷的動作就和它的名字一樣：它可以繼續程式執行，或是暫停程式執行。從一個中斷處繼續執行的話，並不會阻止其他中斷點暫停執行。單步跳過將會執行目前這行程式碼，並繼續下一行；它會被稱為"單步跳過"，是因為如果該行是個函式的話（或是一行可以跳進去執行的程式），除錯器不會跳進該函式。單步進入會執行目前的程式碼，而且跳進裡面（如果它可以跳進去的話）。而單步跳出會離開已跳入的子程式，例如一個函式。透過這些按鈕，我們可以在程式碼中逐行或逐函式移動，看看當時程式到底在做什麼。

控制按鈕中的最左邊按鈕，是全域的中斷點啟用 / 取消。這個按鈕和繼續執行按鈕合併起來時很實用。

4. 按下單步跳過按鈕以移動到下一行。

除錯器會執行我們剛才所在的那一行，並在下一行暫停執行，下一行是用來取得儲存自拍照的 URL。這一行比前一行多做了一些事，讓我們用它來當作一個跳躍點。

當我們在程式中移動時，Variable view 會一直持續的更新。舉例來說，fileName 變數現在就有值了。

5. 按下單步進入按鈕，會移動到這行所呼叫的程式碼中。

    除錯器將我們移動到該呼叫的第一個部分，也就是 `documentsFolder` 變數之中，並且也會把 Xcode 移到這裡。我們可以選擇再跳進 `fileManager` 類別之中，但由於這是個 Apple 做的東西，所以並沒有打算要繼續看下去。

6. 按下單步跳出按鈕，並回到我們跳進來之前的那個地方。

    現在我們回到跳躍前的那行程式碼了，讓我們繼續執行下去。

7. 按下單步跳過按鈕以繼續執行。

    繼續執行後會到 `if-let` 述句，此時我們可以使用除錯器逐行執行，藉一次點擊來控制程式執行。

8. 按下繼續執行按鈕，讓程式回到正常執行。

效能

使用除錯器是一個可以讓我們進到程式碼，查看程式正在做什麼的好方法，但它不是萬能，有時跑的很慢或程式當掉並不是因為程式或邏輯出錯，可能是由程式碼效能問題所導致的。

> Donald Knuth 說過一句古老的銘言：過早進行優化是萬惡之源。人類天生就不善於去猜測哪裡要進行優化，以及何時要進行優化。我們就是太喜歡解決問題，而浪費太多時間去為其實不會真的發生的問題，去優化程式碼。
>
> 只有在需要的地方，只有在需要的時候，才去進行程式碼優化。越簡單的程式永遠都比聰明的程式碼好。

即使在一個像 Selfiegram 這種功能簡單易懂的 app 中，也有數個地方可能產生效能瓶頸。我們用了網路、檔案 I/O、相機存取和 CPU、電池和記憶體，但幸運的是 Xcode 有多種工具，被設計來幫助我們查看 app 的執行效能。

當透過除錯器執行一個應用程式時，debug navigator（從右邊算來第三個按鈕，如圖 17-14）會為我們顯示多種應用程式的**除錯器儀表板**（*debugger gauges*）。

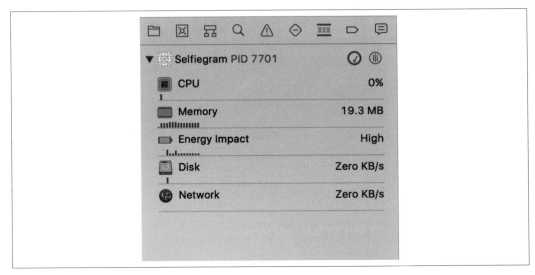

圖 17-14　除錯器儀表板

這個儀表板將目前 app 正在使用的資源簡單顯示出來（CPU、記憶體、能源、磁碟和網路）。它們也會顯示各自的小時間軸，讓你可以看出用量的尖峰在何處。點擊這些儀表板中的任何一個，就會在編輯器視窗中顯示該種資源更大更詳細的儀表板（見圖 17-15）。

圖 17-15　記憶體儀表板

若要知道 app 效能大致如何時，看這些儀表板就很有幫助，但若是要精確的看出哪裡有效能問題，它們缺少了更仔細的資訊。此時你就要使用 *Instruments* 了。

Instruments

Instruments 是隨著 Xcode 一起下載的另外一個 app，用來查看你的 app 確切是在幹嘛的工具。

一個最簡單啟動它的方法，就是從 Xcode 除錯儀表板啟動，在編輯器的右上方角落，你會看到一個小小的 "Profile in Instruments" 按鈕，點擊它以後就會執行 Instruments 了，現在讓我們試一下：

1. 按下 "Profile in Instruments" 按鈕。

這並不是唯一一個對你 app 使用 Instruments 的方法，但這是最簡單的一種。

會跳出一個對話框，請你確認要將工作階段從 Xcode 轉移到 Instruments。

2. 按下 Transfer 以啟動 *Instruments.app*，並開始做效能側寫。

Instruments 工作的方式，是為目前的工作階段加入 *profile*，profile 是一種工具，這種工具用來測量你應用程式的特定面向，例如記憶體或 CPU 的使用量。由於我們是從記憶體除錯器儀表板啟動 Instruments，所以它現在執行的是記憶體使用與記憶體洩露的 profile（見圖 17-16）。

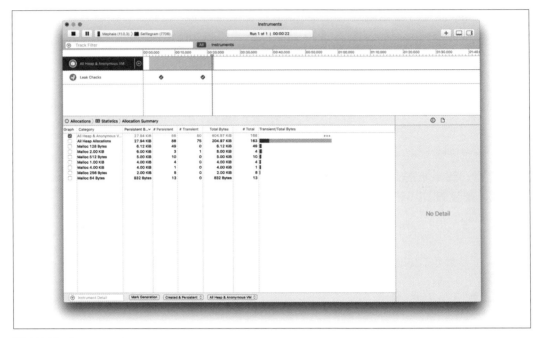

圖 17-16　Instruments app

Apple 把 profile 稱為 "instruments"，但是我們覺得稱做 Instruments 的話會和 Instruments app 混淆，所以我們將稱它為 profile。

由於我們按一般正常操作執行 app，所以我們可以從選定的 profile 中看到更多資訊，在 Instruments 上半部的視窗是時間軸；我們可以點擊時間軸上的任何地方，Instruments 會在視窗的下半部顯示當時的資訊。這讓我們對當時的情況有一個比較清楚的理解，在記憶體用量 profile 中，就會顯示程式中用了多少記憶體的細節資訊，而對照前面 Xcode 在儀表板上顯示的則是整體用量。

若要在 Instruments 中加入新的 profile，我們首先要停止目前工作階段：

1. 按下 Instruments 中的 Stop 按鈕（左上角的方塊）。

 這個按鈕停下的是 profile 的動作，不是 Instruments app。

2. 按下 Library 按鈕（Instruments 視窗右上角的 +）。

   按下以後會帶出 Instruments 所支援的 profile 清單，Xcode 除錯器儀表板只支援了其中幾種而已（也是最常見的幾種），Instruments 所支援的 profile 幾乎已包含了所有你會想看的項目了。

3. 選取 Activity Monitor profile。

   這個 profile 會追蹤 CPU 使用量，而且它會被放在記憶體洩露之後。

 你可以拖曳 profile 以改變它們的先後次序，這並不影響它們的功能，只會影響它們的顯示方法而已。

4. 按下 Record 按鈕（紅色圈圈）以開始 profile 工作階段。

   Instruments 將會開始一個新的工作階段，當你如往常使用 app 時，現在記憶體和 CPU 都會被側寫並記錄下來。一旦你結束 Instruments 後，你可以儲存這個工作階段；儲存下來的工作階段之後可以拿來做分析，或是分享出去。

Instruments 和除錯器都是很強大的工具，可以有很多用法，遠遠比我們在這裡講的多太多了。在下一章中，我們將會看 Xcode 中另 個不同的工具，這個工具是 UI tests，可以幫助我們做測試。

第十八章

UI 測試

在第 130 頁的"測試 SelfieStore"中講過單元測試,但在 Xcode 中還有另外一種測試,它叫做 *UI 測試*。UI 測試是在 UI 上執行測試的一種方法,到目前為止,當我們想對我們的 UI 測試,例如設定開關的狀態切換,或是測試我們自訂 capture view controller 的 UI 流程時,都只能手動進行測試。手動進行測試的問題在於,它顯然很難有效率的擴展,而且對開發人員來說,很快就會覺得這個工作很無聊。UI 測試可以解決這個問題:基本上,它就像是提供你一隻虛擬手,你可以撰寫 script,向這隻手發出命令,然後期待它可以完成。這就像你擁有自己的測試團隊一樣,你可以要求這個團隊做所有點擊或滑動的動作。

 在本章中,我們將修改一些 Selfiegram 的權限和設定。一般來說你不會做這些修改,你會提供設定程式碼,用於確認要測試的所有東西都已到位,但由於我們關注的是如何撰寫 UI 測試,而不是一般的測試方法論,所以我們跳過了其中一些東西。不過在你自己的 app 中,請確認你有正確地執行測試設定!

UI 測試類別

做 UI 測試時,我們會用到的類別主要有三種:

XCUIApplication

受測 app(在我們的範例中,指的就是 Selfiegram)的代理物件。

XCUIElement

　　我們可以進行互動的一個 UI 元件，幾乎可以代表所有的型態，包括按鈕。

XCUIElementQuery

　　一個類別，用於找尋並識別我們要用的特定元件。

礙於 UI 測試的工作方法，所以我們無法直接測試 Selfiegram，一切都要透過應用程式代理進行。這代表告訴 UI 測試系統的要求，不會像是 "點擊那個會讓 settings view 出現的按鈕"；會比較像是 "點擊在 navigation bar 中那個標示著 *Settings* 的按鈕"。

一開始會覺得有點怪，但既然不能去假定使用者可洞悉 app 背後的動作，所以也不能假設你的測試程式能。而且，這個概念在 UI 測試中的主要測試之一 **"功能測試"** 也適用。相對於單元測試是用來檢查程式碼個別區塊的正確性，而功能測試則是可以確保各區塊連在一起時，仍然可以做出符合預期的動作。所以在設計思考時，基本上是要先查詢 app 中的特定元素，然後再和該元素做互動或是從該元素取得資訊。

撰寫 UI 測試

在第 115 頁的 "建立專案" 中，當我們建立 Selfiegram 專案時，我們要 Xcode 同時建立 UI 測試，所以當時 Xcode 盡責地為 UI 測試產生了 *SelfiegramUITests.swift* 檔案，這個檔案就是我們將要放置測試程式碼的地方。UI 測試的工作流程和單元測試很相似：一開始是一些準備工作，接著測試，最後會做清理工作。

基本測試

為了要展示 UI 測試的工作流程，所以讓我們先實作一個基本測試。舉例來說，假設我們想要確認 app 在不同次執行時，自拍照的數量和清單內容要能保持一致：

1. 打開 *SelfiegramUITests.swift* 檔案。

2. 用以下程式碼取代 testExample 測試：

```
func testExample() {
    let app = XCUIApplication()
    let currentSelfieCount = app.tables.element(boundBy: 0).cells.count

    app.terminate()
    app.launch()
}
```

```
        let tables = app.tables.element(boundBy: 0)
        XCTAssertEqual(currentSelfieCount, tables.cells.count)
    }
```

這個測試開始時先取得受測試 app 的應用程式代理，然後算一下 table view 中有多少個單元（cell）。這個計算的工作由數個子動作集合而成。一開始我們先查詢 app 中所有的 table view（app.tables），然後要求要使用第一個（element(boundBy: 0)）。找到我們想要的 table view 後，就詢問它內含單元的數量是多少個。

3. 然後中斷 app 的執行，接著再重新啟動它一次。

> 使用應用程式代理讓你擁有在一般測試時，所無法擁有的功能。它可以讓你啟動 app 以及關閉 app，iOS 一般是不會允許這些動作的。

4. 好了以後，我們就一樣取得 table view 的參照，然後查看單元的數量是否一致。

如果我們執行這個測試的話，Selfiegram 將會被執行，接著被關閉，然後會再被執行一次，最後測試會成功通過。

錄製 UI 動作

現在知道怎麼查詢和取存元素的基本方法後，讓我們看看怎麼使用 UI 測試照一張相片。這個動作需要和多種元素做互動，雖然我們可以自己寫出多個查詢來完成這個動作，不過這樣看起來不是很高明。所以，我們將要改為錄下 UI 的動作，然後儲存起來。錄下動作讓我們取代查詢和互動，直接將想要做的動作插入到測試中，然後我們在有需要時，還可以編輯或播放這些動作。

為了要做這個測試，所以我們要修改 Selfiegram 中的設定。在第一次執行時，我們將會需要相機使用授權——雖然可以同樣用錄下 UI 動作的方法解決這個設定，但由於之後的執行就不再需要做了，所以會產生一堆問題。所以現在請你在要進行測試的裝置上，先設定好允許相機存取。

> 在第 323 頁的 "處理 UI 中斷" 中，我們將會說到更多如何處理授權的方法。

現在請跟著以下步驟來拍攝一張照片：

1. 建立一個新的測試，將它取名為 testPhotos：

   ```
   func testPhotos () {


   }
   ```

2. 點擊並進入該測試函式中。

   在 Xcode 視窗的下方，你將會看到一個紅色的圓圈，這個圓圈就是錄製按鈕（見圖 18-1）。

圖 18-1　錄製按鈕

當你在一個測試函式中時，Xcode 會知道這件事，並將這個按鈕功能打開讓你使用。當你在測試函式外面時，這個按鈕是無法被使用的（見圖 18-2）。

圖 18-2　無功能的錄製按鈕

3. 按下該錄製按鈕以開始錄製。

 Xcode 有時可能需要過一下子，才會感知到一個新寫的測試函式，在感知到以後才能進行錄製的動作。一般來說，先點擊離開測試函式，然後再重新回到測試函式，可以修正這個問題。

Xcode 將會執行 app，並開始錄製你所有的動作，當你和 app 互動時，你的動作會被錄下，並在測試函式中以程式碼形式呈現，我們現在將要做的是拍照必需的幾個動作。

4. 點擊 + 按鈕。

5. 點擊照片預覽。

6. 點擊 done 按鈕。

7. 回到 Xcode 中，點擊正在錄製中的按鈕，讓它停止錄製你的動作。

圖 18-3　有功能的錄製按鈕

 錄製系統是一個好用的小功能，但它有點小問題，有時候它在錄製互動動作時會失敗──此時，最簡單的排除方法，就是停止 app 以及錄製動作，然後再重新做一次。

Xcode 將會產生以下的程式碼：

```
let app = XCUIApplication()

let currentSelfieCount = app.tables.element(boundBy: 0).cells.count

app.navigationBars["Selfies"].buttons["Add"].tap()

app.children(matching: .window).element(boundBy: 0)
    .children(matching: .other).element.tap()

app.navigationBars["Edit"].buttons["Done"].tap()
```

在此處的動作一開始是取得 app，然後點擊 navigation bar 上的加號按鈕，下一段程式碼是我們用來點擊相機預覽。這裡操作一般的 view 的方式，和 table view、按鈕或 navigation bar 不同，沒有一個簡單乾淨的介面可用，以致於 Xcode 要向下挖過層層 view 才能點擊到相機預覽。最後，我們點擊 navigation bar 上面的 done 按鈕。

這段程式碼以 Xcode 可以重複執行的型式，把我們前面做的事清楚描述出來了，我們之後不用再手動做這些動作了。

 若想執行單一動作有很多種方法；所以在你那裡 Xcode 產生的程式碼可能稍有不同。如果你那裡的程式碼也能做出一樣的動作，那就安心的使用吧，否則的話你可以複製我們的程式碼取代掉你那邊的。

把動作準備好了之後，現在我們就可以開始寫測試檢查了，現在我們要確定前面的動作拍了一張照片，而且清單中會多一張自拍照。

8. 在我們取得應用程式代理的程式碼下方,請加入以下程式碼:

```
let currentSelfieCount = app.tables.element(boundBy: 0).cells.count
```

這一行會取得自拍照清單中的正確自拍照數量。

9. 在測試函式的最後面,加上以下程式碼:

```
let tables = app.tables.element(boundBy: 0)
XCTAssertEqual(currentSelfieCount + 1, tables.cells.count)
```

此處我們會取得 table view 的參照,並檢查它是否比之前多一個單元。

檢查元件是否存在

我們的下一個測試,是要檢查看看 UI 元件是否如我們預期地存在著。在我們的範例中,我們預期的是自拍照要帶有地點資訊,在我們看 detail view 時,地點資訊要顯示在地圖預覽中。為了要做到這個測試,我們要先設定兩個先決條件:

• 授權使用地點。

• 自拍照清單中的第一張自拍照,必須包含地點資訊。

我們可以寫程式來確保這些條件已滿足,但這樣就無法示範如何確定 UI 元件是否存在,而如何確定 UI 元件是否存在是此處的重點:

1. 加入一個新的測試,取名為 testExistence:

```
func testExistence() {

}
```

2. 將以下的程式碼加入到測試中:

```
let app = XCUIApplication()
app.tables.element(boundBy: 0).cells.element(boundBy: 0).tap()

let mapView = app.maps.firstMatch
```

這段程式碼一開始會選取自拍照清單中的第一個元素,並取得在自拍照 detail view controller 中的地圖 view 參照。我們在找地圖時用了 firstMatch 變數,這個變數會回傳第一個地圖元件給我們。在範例中由於我們知道要找的就是第一個,所以可以這麼用,但在你自己的程式中,可能會需要做更多的查詢動作,才能確認你拿到的是你要的那個。

3. 現在我們要在測試函式結束前，加入兩個 assertion 檢查：

```
XCTAssert(mapView.exists)
XCTAssert(mapView.isHittable)
```

這裡的 assertion 做了兩個檢查，第一個是查看元件是否存在，由於我們的程式碼有可能沒有正確的設定，造成地圖 view 沒有被載入，或是因為地圖 view 不存在，造成根本拿錯 view 參照，所以這個檢查很重要。後面則是去檢查地圖 view 是不是在使用者可以使用的地方。這兩個檢查寫好之後，我們就可以執行測試了。

若 table view 中的第一個元素是帶有地點資訊的自拍照的話，這個測試就會通過了。

處理 UI 中斷

先前我們跳過了如何取得相機和地點授權，以及怎麼處理彈出警示對話框的部分。一般寫程式的經驗上來說，要謹慎地使用警示對話框，而且在 UI 測試中很難處理彈出警示對話框，所以更要小心地使用它。我們寫一段程式，在警示對話框出現時負責點擊它們，但這看起來不是很高明。在 Selfiegram 第一次執行後，相機權限對話框就不會再出現了，所以這也代表我們的程式碼在第一次執行後，不會再次執行。這樣一下子從想要測試 app 的功能，變成反正要測試我們測試程式碼的功能了。不過，還有另外一種更好的方法：就是使用**中斷處理**。中斷處理是 Xcode 偵測到 UI 被中斷時，例如相機授權對話框出現時，會去執行的一段程式碼。藉由使用中斷處理，我們可以確保中斷只在適當的時機當被處理，而不去影響其他時候的動作。在我們的範例中，適當的時機點就是 app 首次執行時，處理授權對話框的時候：

1. 將以下的程式碼加到 testPhotos 測試函式的開頭處：

```
addUIInterruptionMonitor(withDescription: "Camera Permission Dialog")
{ (alert) -> Bool in
    alert.buttons["OK"].tap()
    return true
}
```

2. 從你的測試裝置上移除 Selfiegram。

3. 執行測試。

你會看到授權對話框跳出來，並被妥善的處理完畢。如果你再次執行測試的話，對話框將不會出現，處理中斷的函式也不會執行，測試的行為會和之前一樣。

這些做好了之後，我們就完成了 UI 測試。我們可以寫更多的測試，來完整的測試整個 app 的功能，但這樣做並沒有示範到測試 framework 其他新功能。在下一章中，我們要將 app 從 Xcode 中取出，並讓我們使用者進行一些測試以及如何自動化此處很多棘手的部分。

第十九章

用 Fastlane 自動化

當我們在做開發的時候，很大部分的工作都不是在建立軟體本身。寫新功能是很有趣的，除去 bug 也很有趣（樂趣稍微少一點），但在這些有建設性的工作之上，還有一堆雜事要做：例如管理 app 在 App Store 上架情況、建置及程式碼簽章、將建置結果發布等等。如果你在開發的過程中的話，大部分的時間可能都是在做這些事。

Fastlane 是一堆工具的集合，這些工具用於自動化上述的工作。這些工具剛開始時，只是一些用來加速工作的 script，後來它們成長為一個巨大的專案，這個專案可以執行非常複雜的工作。

 Fastlane 不 是 Apple 提 供 的，它 目 前 是 一 個 Google 的 開 源 專 案。Fastlane 的開發者持續地讓這些工具能配合最新的版本，但如果你使用的是舊版 Xcode 的話，Fastlane 可能無法支援你的環境。對於我們前面講的那些自動化工作，Fastlane 並不是唯一的一種解法，但在我們的評價中，它是最好的一種。Apple 的 Xcode Server，有很多的功能和 Fastlane 重疊。如果你不想用 Fastlane 的話，可以去看看 Apple 的 Xcode Server。

在這一章中，我們將會介紹 Fastlane 這個工具，並說明如何安裝和使用它們。過程中我們會講到它們可以用來做什麼，以及你在哪裡可能會用的上它們。

Fastlane

很多人不知道除了透過原來的 macOS UI 控制 Xcode 之外，還可以透過命令列控制 Xcode。這也就是說，你可以在命令列中執行 xcode build 命令，只要將專案的 *.xcodeproj* 檔案傳入，Xcode 就會建好專案，和你在 Xcode 中按下 Command-B 後會做的事情一模一樣。

使用命令列控制 Xcode 時，有一個問題，就是命令列的參數和選項太多了，在專案開發期間若你想要做多次建置，想要記住所有的東西非常困難。所以大家常做的，就是寫一個小的 script，透過它去執行 Xcode 的命令列工具。但最終，開發者可能會發現自動化的東西越來越複雜，如果你持續的一直去改良你的自動化 script，最終你會發現做出來的東西會像 Fastlane。

Fastlane 是一組 Ruby script 所成的集合，這些 Ruby script 可以和 Xcode 以及 App Store 互動，這個集合能幫你做的事情有：

- 建置你的 app
- 管理它的程式碼簽章
- 擷取你的 app 畫面
- 將簽章後的建置結果送到 App Store
- 將 metadata 送到 App Store
- 將建置結果送給審查
- 管理你的 beta 測試者

Fastlane 是一組程式的集合，這些程式被稱為 *action*，這些 action 統一被一個中央 script 管理，每一個 action 都有自己的專案，但它們被設計為可以互相搭配使用。

重點是 Fastlane 讓你可以將多個 action 串起來，變成一個 *lane*。你可以在專案中同時使用多個 lane：例如一個 lane 用來將 beta 版本送去做測試，另外一個 lane 則將建置好的 app 傳送給 App Store 等等。關於你打算怎麼使用 Fastlane，它並沒有多做什麼假設，它就是提供各種功能讓你自由組合使用。

為了要更有效率，Fastlane 儲存了你想要自動化的相關資訊到一個名為 *Fastfile* 的檔案中，這個檔案被放在你的專案檔案結構裡，可以被一起存放到版本控制 repository 中，如果你是和其他人一起開發專案的話，這代表其他人也可以使用到你的自動化設定。

> Fastlane 是透過命令列工作的，所以你對命令列工具要有一點熟悉度；如果你不熟的話，Tania Rascia 寫了一篇非常好的介紹（*http://bit.ly/2HPTIOq*）。

安裝 Fastlane

你得先在你的電腦上安裝 Fastlane 後，才能使用它。

安裝的方法有三種：透過 Homebrew 套件管理器、透過 RubyGems 或是直接下載。

> 這三種方法中，我們建議你使用 Homebrew。Homebrew 是一個第三方專案，和 Fastlane 無關，它類似 macOS 上套件管理器。它做得非常好，是一種安裝命令列工具集以及開發函式庫很棒的方法，而且還可以持續更新安裝版本。它很好用，事實上 Homebrew 最初的開發者 Max Howell，原來就是受僱於 Apple，負責開發 Swift Package Manager 的人。
>
> 你可以用 Homebrew 網站（*https://brew.sh*）上的指令來取得 Homebrew。

在你安裝 Fastlane 之前，你應該要檢查看看 Xcode 命令列工作是不是已可以使用，照下面的步驟做檢查：

1. 打開 Terminal app，並輸入以下命令：`xcode-select --install`。

2. 執行以後，會發生的結果可能有兩種。如果你已經安裝好該軟體的話，你會看到它告訴你已安裝過了，接下去的步驟可以直接跳過。如果還沒裝過的話，請繼續做下去。

3. 出現一個警示，要求你確認是否要下載並安裝 Xcode 命令列工具，請點擊安裝按鈕。

4. 接下去，你會被要求要閱讀並同意這個工具的授權條款。請仔細閱讀，如果你接受的話，請按下 Accept。（要不要接受這個授權條款決定權在你，若你選擇不接受的話，就無法使用 Xcode 命令列工具，也無法使用 Fastlane。）

5. macOS 會下載並安裝命令列工具。

透過 Homebrew 安裝

若要透過 Homebrew 安裝 Fastlane 的話，請跟著做以下步驟：

1. 打開 Terminal app，輸入以下命令：`brew cask install fastlane`。

2. 就這樣，沒有第二步了。

透過 RubyGems 安裝

若要透過 RubyGems 安裝 Fastlane 的話，請跟著做以下步驟：

1. 打開 Terminal app，輸入以下命令：`sudo gem install fastlane -NV`。

2. 如果跳出對話框，請輸入你的密碼，Fastlane 就會被下載並安裝好了。

直接下載安裝

若要手動下載安裝 Fastlane 的話，請跟著做以下步驟：

1. 下載 installer（*https://download.fastlane.tools*），下載的 ZIP 檔案中有 Fastlane 以及用來安裝這個專案的 script。

2. 解壓縮這個檔案，並將解開的目錄打開。

3. 雙擊 *install* 檔案，會跳出一個終端機視窗，Fastlane 會自己開始安裝。

 如果做手動安裝的話，Fastlane 將會把自己安裝到你的 home 目錄下，而不是 */user/local* 這樣的系統目錄。如果你將你的電腦分享給其他人使用，他們就得自行再安裝，不然無法使用。

Fastlane 安裝好以後，你就可以對你的專案使用它了。

設定專案

由於你的每個專案都會有一點獨特的需求，所以對於你的每個專案，Fastlane 都需要一點設定才能開始使用。

當你為一個專案設定 Fastlane 時，它會偵測 *.xcodeproj* 檔案的位置，並在旁邊建立一個名為 *fastlane* 的新目錄，Fastlane 將會把所有相關的檔案放在這個新目錄中。

如果你有使用版本控制系統的話，應該要將 *fastlane* 目錄加到版本控制中，這樣其他人在使用你的專案時，使用 Fastlane 的方法就可以和你一樣了。

若要為你的專案設定 Fastlane，請依以下步驟：

1. 打開 Terminal 視窗，並 cd 到含有你專案 *.xcodeproj* 檔案的目錄中。

2. 執行以下命令：`fastlane init`。

3. 照著出現的提示資訊做。

   在設定的流程中，Fastlane 會問你用來開發的 Apple ID 密碼，它會用這個資訊來登入 Apple Developer Portal 以及 iTunes Connect 以及為 app 設定好相關設定。

    Fastlane 將會將密碼儲存到你 Mac 的鑰匙圈中，這代表下次你再使用時，就不用再輸入 Apple ID 的密碼了。

4. 做好之後，你的專案主要目錄下會出現一個目錄，這個目錄中會有一些檔案，這些檔案都是純文字格式，可以在編輯器編輯，包括 Xcode。值得注意的是裡面有一個 *Appfile*，這個檔案含有在 App Store 中你 app 的所有相關資訊、用來存取 Apple 開發者服務的 Apple ID 等等資訊。

做一次建置

如前面所提過的，Fastlane 是由多種稱為 action 的工具所組成，action 被設計成可以串連動作，但它們也可以獨立執行。這代表你可以查看 Fastlane 每個不同的部分，而不用等到全部弄好以後才可以開始工作。

我們要看的第一個 action 是 gym，它可以自動地建置你的 app，明確地說，它可以使用你 Xcode 中設定好的建置設定，觸發一次 app 的建置。使用 gym 的時候，你也可以產生出簽章過的 *.ipa* 檔案，這個 *.ipa* 檔案是建置出來的最終產出成本，用來傳遞給裝置，並且傳送給 App Store 進行發布用。

gym 在設計上可供開發團隊中的多人使用，所以，它只能使用標記為共用 "shared" 的 scheme。預設上來說，你在 Xcode 中建立新 scheme 時 scheme 並不是標記為共用的，這也表示 gym 看不到這個 scheme。

若要解決這個問題,請做以下步驟:

1. 打開你的專案,並打開視窗左上角的 scheme selector。

2. 選取 Manage Scheme,然後會出現 scheme management sheet。

3. 預設上來說,你的 app 只有一個 scheme,在視窗的最右側你將會看到 Shared 核取方塊,請勾選起來並關閉該 sheet。

當你照著做完以上的步驟後,就可以用 gym 建置你的 app 了。若要試一下的話,請做以下步驟:

1. 在 Terminal 中,輸入含有你 .xcodeproj 檔案的目錄。

2. 執行命令 fastlane gym --skip_package_ipa。

3. 此時你的 app 就開始建置了,假設你的程式碼沒有任何錯誤的話,這個動作將會成功完成。

 參數 --skip_package_ipa 是告訴 gym 只要做建置,不要將建置完的 app 匯出發布。我們在這裡指定這個參數的原因,是因為預設上來說,從 gym 中將建置結果匯出發布的話,不能和自動程式碼簽章一起使用。在第 20 章中,我們將會利用 match 做更進階的程式碼簽章動作。

恭禧!你剛執行完了你第一個命令列建置。當你執行 gym 時,沒有指定任何參數的話,它將會自己選取一個比較合理的建置來做。不過,你可以在進行建置時,指定更清楚的參數,下面是一些常用的選項:

選用 *scheme*

如果你的專案中有多個 scheme 的話,你可以用 --scheme 選項來指定要用哪一個。

做 *clean* 工作

藉由指定 -c 選項,你可以要求 gym 做 clean 的工作,這個 clean 工作會移除掉上次建置所產生的所有暫存檔。

指定輸出

利用 -o 選項,你可以指定 gym 產生出來的檔案要儲存在哪個目錄中。

設定 Fastfile

只用 gym 的話，只能做到和你在 Xcode 中按下 Build 按鈕差不多的事情。Fastlane 好用之處，就是可以將 gym 和其他同一個 lane 中的 action 串連在一起使用。

lane 被定義在你專案的 *Fastfile* 中，它是一連串的 action 組成。*Fastfile* 檔案是你在設定 Fastlane 時，在你專案的 *fastlane* 目錄中建立的一個檔案。*Fastfile* 是一個由 Ruby script 寫成的腳本檔案，定義你的專案中可以使用的所有 lane；預設上來說，它的內容中含有 Fastlane 可以使用的各種 lane 的範例。

Fastfile 檔案的內容長得像這樣：

```
platform :ios do
  before_all do
    # Any actions you want to run before all lanes are put here
  end

  desc "Runs all the tests"
  lane :test do
    # Perform all of the tests in the project
    scan
  end

  desc "Submit a new Beta Build to Apple TestFlight"
  desc "This will also make sure the profile is up to date"
  lane :beta do
    # Build the app
    gym

    # Submit the app to TestFlight
    pilot
  end

  desc "Deploy a new version to the App Store"
  lane :release do
    # Build the app
    gym

    # Submit the app to the App Store
    deliver(force: true)
  end

end
```

若是要執行一個 lane 的話，你可以輸入命令 fastlane [name of lane]，舉例來說，若要執行 beta 這個 lane 的話，你就執行命令 fastlane beta。執行這個命令時，所有定義在該 lane 中的 action 都會被執行，如果中間有 action 失敗了，那整個 lane 的執行也會停下來。

 你也可以定義自己的 lane，或是將既有的 lane 改名字，你也可以各別執行裡面的 action；雖然像 gym 這種重要的 action，可以直接用自己的名稱執行，但你可用 fastlane actions 來取得其他數十種可以獨立執行 action 的列表，若要執行這些 action 的話，你可以使用命令 fastlane action [name of action]。

知道了這些以後，你現在可以開始探索 Fastlane 的強大功能了。在下一章中，我們將會看 Fastlane 套件中其他的一些工具，並看看怎麼將它們應用在現實世界開發工作及發布上。

第二十章

使用 Fastlane 附加工具

Fastlane 含有一堆好用工具可用在自動化發布，在這一章中，我們將會仔細的看看 Fastlane 中最重要的元件，以及它們的使用方法。

詳細來說，我們將會看以下的工具：

- match，用來管理你的程式碼簽章設定，讓它在多電腦和多團隊成員的情況下更好用。

- snapshot，自動地建立 App Store 中要用的預覽畫面。

- deliver，將你的應用程式傳送給 App Store，以及管理你的 app 頁面內容。

在本章的範例中，我們將利用本書第二及第三部分建立的 Selfiegram app 來看看這些工具實際上要怎麼用；不過，如果你要用自己專案的話，這些範例一樣也適用。我們假設你已經用第 328 頁的 "設定專案" 中的步驟，為你的專案設定好 Fastlane 的使用。

用 match 做程式碼簽章

match 是一個用來管理你應用程式中，程式碼簽章設定的工具。為了要說明 match 能做什麼，我們先要簡單說明一下什麼是程式碼簽章，還有你要怎麼利用 match 做簽章。

Match 解決了什麼問題？

為了要在裝置上執行 app，你的程式必須經 Apple 認可過的證書簽章才行。如果程式碼沒有經過這樣的簽章動作，Xcode 將會拒絕安裝它——即使透過其他的手段安裝在裝置上了，iOS 的核心也會拒絕執行它。

只要你的專案有被正確的設定，程式碼簽章會在 Xcode 建置時期自動完成。

只使用 Xcode 的話，你有兩種方法可以設定程式碼簽章。第一種是藉由將專案設定中的 "Automatically manage signing" 設定打開，告訴 Xcode 幫你做簽章（圖 20-1），當這個設定被打開時，Xcode 會在 Developer Portal 中設定好應用程式，並幫你產生證書（如果你還沒有的話），並且為你產生一個設定文件，這個設定文件（provisioning profile）用來告訴簽章系統，使用你的證書去簽章要跑在裝置上的程式碼。

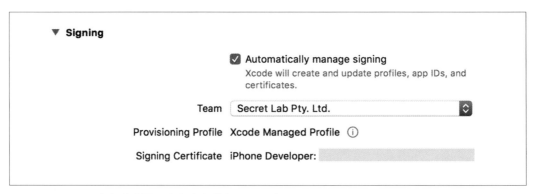

圖 20-1　Xcode 專案設定頁面中啟動自動程式碼簽章

這個功能真的很方便，而且絕大部分時間都可以正常執行。然而，這個方法同時也剝奪了你的控制權，不能讓你在設定文件中設定更細節的功能——當你的 app 需要存取某些 Apple 提供的功能時，這就會是個問題，有些特定的功能必須在設定檔中設定。

在這種情況下，你可以手動做程式碼簽章，它並不是非常麻煩的一項工作；基本上這個工作包括了手動產生 Certificate Signing Request 檔案，將這個檔案上傳到 Apple，下載生成的證書檔，建立一個設定檔案，下載設定檔案以及最後在 Xcode 專案中設定要使用下載的設定檔案（圖 20-2）。

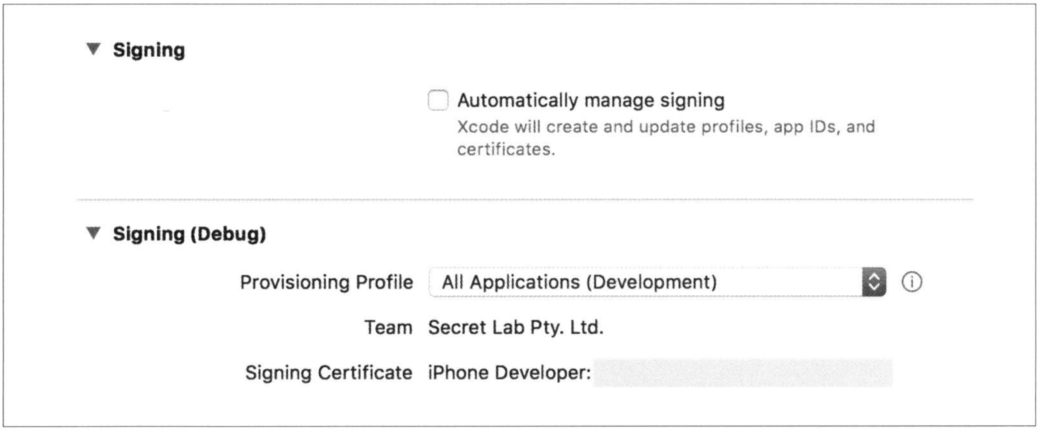

圖 20-2　Xcode 專案設定頁面中關閉自動程式碼簽章，並手動提供一個設定檔案

不管是自動或是手動程式碼簽章，用來簽章用的證書和私有鑰匙都會被保存在你電腦受保護的鑰匙圈中。這一點非常重要，因為任何只要有證書和私有鑰匙的人，就可以產生有你簽過名的程式碼，所以如果有人入侵你的電腦，複製了你的證書和私有鑰匙的話，他們可能會製造惡意軟體，並將責任嫁禍給你。

然而，這同時也代表了，如果你想要在另外一台機器上面做程式碼簽章的話，你就必須要將證書和私有鑰匙轉移到另外一台機器上的鑰匙圈上，這個轉移的動作有點複雜，包含匯出證書和私有鑰匙到一個加密容器檔案中，再將它們匯入到目標電腦。

如果你的 app 是多人一起開發的話，那情況就更複雜了。每個你團隊的人都要建立它們自有的簽章證書；而且，你還要確認用於你程式碼簽章的設定檔案中，有團隊中所有人的證書。除此之外，每個人最後可能還有一個以上的證書──一個開發用，另外一個發布用──這些都增加了管理上的負擔。

另外，不同的人會使用到不同的設定檔案，假設你的專案被設定成使用一個你沒有的設定檔案的話，你就會得到簽章錯誤。最終，這個簽章的流程會變得相當地混亂。

Match 的解決方法

match 工具用了一個不同的解決方法，與其讓每個團隊成員都用自己的證書，match 改為建立**共享證書**（*shared certificate*），這種共享證書是加過密並儲存在一個私有的 Git repository 中。所有團隊成員都必須取得這個證書，以及裡面加密過的密碼。當 match 被呼叫時，它將會從該 repository 中下載證書，解密它，並將它安裝到鑰匙圈中。另外，match 將會建立必要的證書以及設定檔案，並確認 Xcode 在專案中有使用這些證書和檔案。

要開始使用 match 的話，你必須先有一個 Git repository。這個 repository 應該設定為只有你的團隊成員才能使用；雖然證書和私有鑰匙都加密過，但把 repository 對全世界開放還是給自己找麻煩。

你可以多個專案都使用同一個 repository，要注意的一個重點是，**不要**把程式碼也放在這個 repository 裡，程式碼應該放在另外的 repository。

> 你可以使用的第三方 Git repository 有很多個，我們最近使用的是 BitBucket（*https://bitbucket.org*），它的免費 Git repository 至多可以提供 5 個使用者使用。
>
> 如何建立 Git repository 的方法已超過本書範圍，但 *Pro Git* 上這篇由 Scott Chacon 和 Ben Straub（Apress）的說明文章很棒，它在正式的 Git 網站上免費提供閱讀（*https://git-scm.com/book*）。

使用 match 的步驟並不多，你只要執行 `fastlane match` 命令即可：

- 如果你想要為 App Store 設定程式碼簽章，請執行 `fastlane match appstore`。
- 如果你想要為發行設定程式碼簽章（ad hoc 或傳送到 App Store），請執行 `fastlane match distribution`。

每次你執行上述命令時，match 會從你私有的 Git repository 上 check out 一份複製，並檢查有沒有你 app 可用的證書和設定檔案。如果有的話，它會到 Developer Portal 上檢查，看看證書和設定檔是否仍在有效狀態，如果仍然有效的話，那證書和設定檔案就會被安裝到你的鑰匙圈中，如果兩者中有缺少的話，match 會為你建立缺少的東西，並將它加到 Git repository 中。

你通常不會需要手動去管理那個私有 Git repository 上的東西，match 會為你做好管理。

一旦 match 完成了它的工作後，你必須要設定你的專案使用 match 提供的設定檔案。要做這個設定的話，你要打開專案的設定頁面，將 "Automatically manage signing" 選項關閉，並選取 match 提供的設定檔案。這種設定檔案的名稱永遠都是以 "match" 開頭，讓人比較好找；檔名中還會含有設定檔的型態（例如 "Development" 或 "AppStore"），以及 app 的 bundle identifier。

做好了以後，就可以開始使用你的程式碼簽章了，從現在開始，你（以及你一起工作的人）將會使用同一份證書；如果它不能用了，你可以再次執行 fastlane match，以確保你本地端的證書和設定檔是正確的。

用 snapshot 擷取畫面

畫面圖對於你放在 App Store 上的 App 是很重要的東西，這些畫面是你用來告訴使用者你的 app 是做什麼用的主要方法，許多使用者主要就是根據他們看到的這些畫面圖，去決定要不要購買或下載你的 app。

然而，app 的畫面圖要有多種尺寸的版本（適用於不同 iOS 畫面尺寸），如果你的 app 可被本地化成某種其他語言，你也要為每種語言準備畫面圖。這表示你為了拿到正確比例的畫面圖，要做很多次重複的截圖動作，你可以想像的到這是一件多麼單調乏味的工作。

snapshot 藉由 UI 測試（在第 18 章有討論過）不斷地讓你的 app 變成不同的比例，自動地建立要用的畫面圖。snapshot 會依你想要的 app 尺寸和支援的語言回傳畫面圖。

若要開始使用 snapshot，首先你需要確保你的專案含有一個 UI 測試目標（UI test target），預設上在開新應用程式時就會有了，但如果你的 app 沒有的話，你可以加上去，請依以下的方法執行：

1. 打開 File 選單，選取 New → Target。

2. 向下捲到 Test，選取 iOS UI Testing Bundle，點擊 Next。

3. 幫新的測試目標取個名字，確認它的 "Target to be Tested" 是你的應用程式（如圖 20-3）。

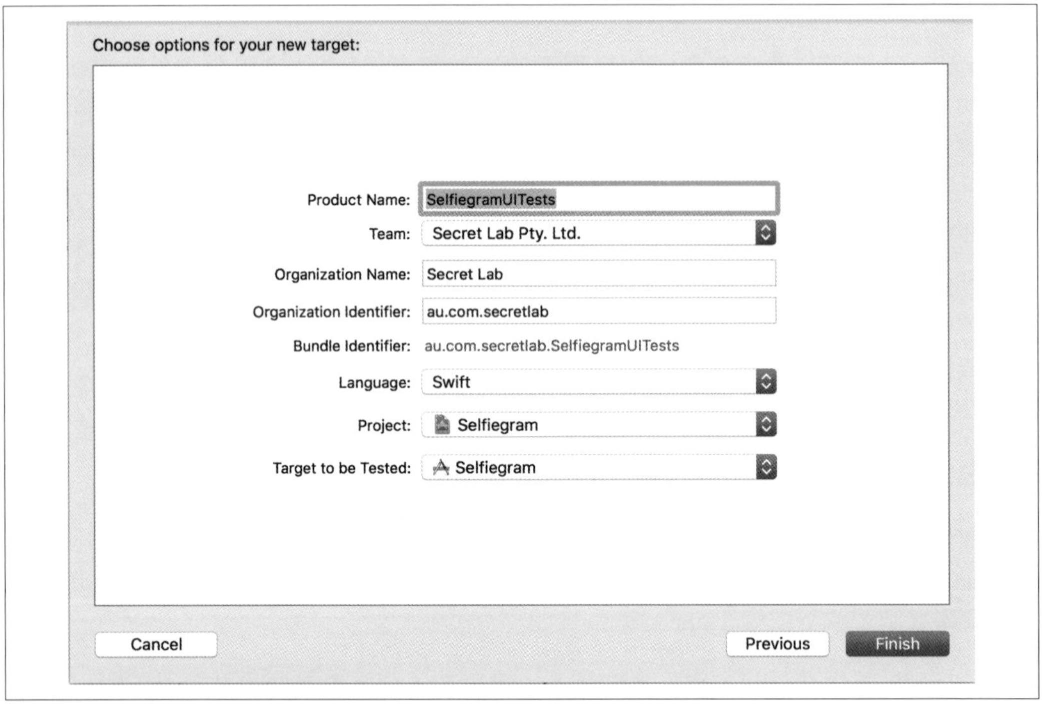

圖 20-3　設定一個新的 UI 測試目標

好了以後，你就可以開始使用 snapshot 了，使用方法如下步驟：

1. 執行 `fastlane snapshot init` 命令。

   這個命令會建立一個叫做 *Snapfile* 的新檔案，snapshot 會用這個檔案來控制它要建立哪種畫面圖，另外還有一個叫 *SnapshotHelper.swift* 的 Swift 檔，這個檔案含有實際用來觸發擷取畫面的程式碼。這兩個檔案會被存放在 *fastlane* 目錄中，和 Fastlane 其他的設定檔案放在一起。

2. 接著，你會需要將剛才的 Swift 檔案加到你的 UI 測試目標中，用以下的命令可以讓該 Swift 檔在 Finder 中出現：

   ```
   open -R fastlane/SnapshotHelper.swift
   ```

3. 拖曳 *SnapshotHelper.swift* 到 Xcode 的 UI Tests group 中。

4. 在跳出來的表格中，選取目標選單中的 UI Tests target，並確認其他的 target 沒有被選取，關閉 "Copy items if needed"（見圖 20-4）。

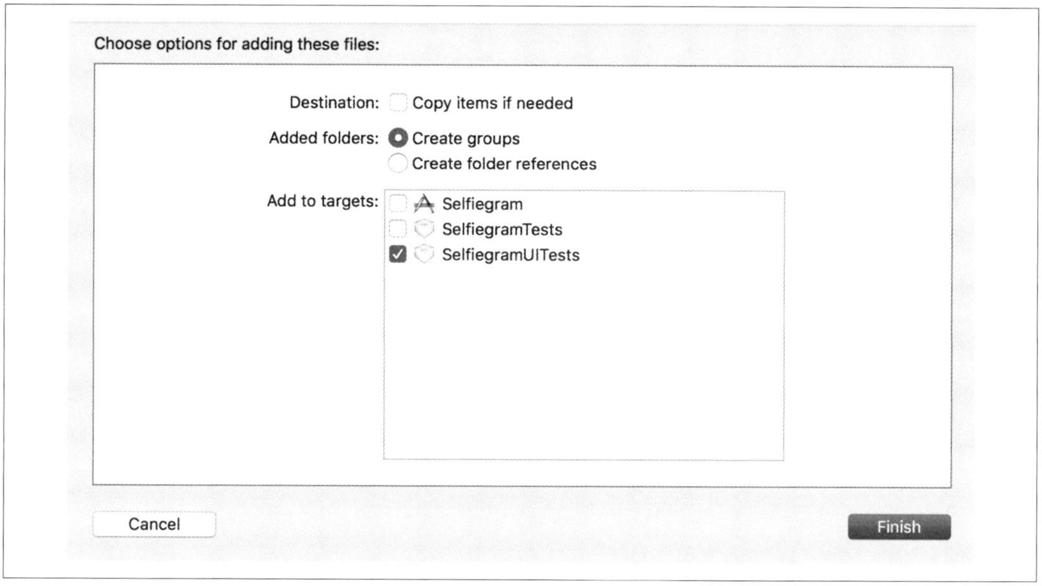

圖 20-4　將 *SnapshotHelper.swift* 檔案加到 UI 測試目標

5. 打開你的 UI test Swift 檔案，並將 setUp 方法中的內容用以下的程式碼取代：

```
let app = XCUIApplication()
setupSnapshot(app)
app.launch()
```

6. 你現在終於可以開始做擷取畫面的動作了，在你的 Swift 檔案中建立一個叫做 testScreenshots 方法：

```
func testScreenshots() {

}
```

7. 將滑鼠游標移到方法中，點擊編輯視窗左下方的 Record 按鈕。你的 app 將會出現；當你操作 app 時，testScreenshots 方法中會出現程式碼。

8. 好了以後，再次點擊 Record 按鈕以停止錄製。

依你剛才在 app 中做了什麼，testScreenshots 方法中的程式碼會不一樣。不過，你應該可以讀懂這些程式碼，並理解它們是做什麼用的。下面是一些點擊 navigation bar 上按鈕，以及點擊 back 按鈕（標示著 "Photos" 的按鈕）的程式碼範例：

```
func testScreenshots() {

    let app = XCUIApplication()

    app.navigationBars["Photos"].buttons["Settings"].tap()

    app.navigationBars.buttons["Photos"].tap()
}
```

9. 執行 UI 測試，並驗證它可以重複執行你剛才所做的動作。

10. 在 snapshot 函式中在你想要拍照的地方，加入呼叫以取得畫面圖。這個函式需要一個參數，該參數是畫面圖的名稱：

```
func testScreenshots() {

    let app = XCUIApplication()
    snapshot("MainApp")

    app.navigationBars["Photos"].buttons["Settings"].tap()
    snapshot("Settings")

    app.navigationBars.buttons["Photos"].tap()
}
```

snapshot 方法會叫 snapshot 工具去拍一張 app 目前狀態的畫面圖，並將該圖的名稱設定好。

11. 最後你需要做一點在 *Snapfile* 中的設定，列出你想要在哪些裝置和語言上拍畫面圖，下面是 *Snapfile* 的示範設定：

```
# Put the list of devices you want screenshots for here.
# The names should be the same as they appear in the
# list of simulators in Xcode.
devices([
  "iPhone 7",
  "iPhone 7 Plus",
  "iPhone 8",
  "iPhone 8 Plus",
  "iPhone X",
```

```
    "iPad (5th generation)",
    "iPad Pro (9.7-inch)",
    "iPad Pro (12.9-inch)",
    "iPad Pro (10.5-inch)"
])

# Put the list of languages you want screenshots for here.
languages([
    "en-US",
    "fr-FR",
])（譯按：設定檔內原註釋不譯）
```

12. 終於，你可以開始叫 snapshot 工作了，請執行 fastlane snapshot 命令，snapshot 將會編譯你的 UI 測試並在模擬器上執行 UI 測試，產出的畫面圖將會被存在 *fastlane/screenshots* 目錄中。

> 如果你將 *Snapfile* 中的內容全部刪除的話，snapshot 將會使用所有可用的模擬器，以及目前的地區設定進行截圖。

使用 Boarding 將測試人員加到 TestFlight 中

Apple 的 TestFlight 服務讓你可以把 beta 版本的 app 發布給測試人員。在我們寫書的這個時刻，至多你可以發布給 1,000 個測試人員；不過，每個測試人員都必須通過 iTunes Connect 手動邀請才行。

boarding 是一個 web 服務，這個 web 服務藉由讓人們註冊為測試者，來加速這整個流程。

由於 boarding 需要你的 iTunes Connect 帳戶，所以它並不是一個可共享的 web 服務。相反地，你自己會擁有自己的一個系統，要得到這個系統最簡單的方式就是透過像 Heroku 這樣的平台。

> 如果你不要求服務的流量很大的話（在我們的使用情況來說是這樣沒錯），使用 Heroku 不用付費。

請照著以下的步驟做：

1. 要確認在 iTunes Connect 中有一個你 app 的項目。你可以到 iTunes Connect web app 上，切換到 My Apps，然後按下左上角的 + 按鈕。

另外一個方法是，你可以使用 fastlane produce，這個 action 可以幫你透過命令列設定好 app。

2. 到 Heroku 網頁上（*http://bit.ly/2p4XzzL*），在這個網頁上你會開始整個程序，這個程序會將一份複製的 boarding 軟體放到你可以控制的 Heroku 裡。

3. 註冊 Heroku 帳號，或登入你既有的 Heroku 帳號。

Heroku 把執行在其上的服務視為 "apps"，但這種 apps 和我們 iOS 上的軟體是不一樣的東西。為了避免混淆，在接下來的內容中，*app* 代表 "Heroku 上執行的 boarding 複本"。

4. 幫 app 取個合適的名字，拿 Selfiegram 舉例的話，我們將 app 取名為 "selfiegram-boarding"，這個名稱將會被包含在 app 的 URL 中。

5. 為主機所在地選個地區，在撰寫本書之時，Heroku 支援兩個地區選項："美國 United States 和歐洲 Europe"。

6. 最後，你將必須提供你的 iTunes Connect 帳號資料以設定 app，還有你想加入測試人員到哪種 iOS app 的資訊：

   a. 將 `ITC_USER` 設為你的 iTunes Connect 使用者名稱。

   b. 將 `ITC_PASSWORD` 設為你的 iTunes Connect 密碼。

   c. 將 `ITC_APP_ID` 設為你 app 的 bundle ID。

   d. 如果你想要未來的測試者可以在註冊時必須輸入密碼的話，請將 `ITC_TOKEN` 設為你想要他們輸入的密碼。

使用者不會看到你的 iTunes Connect 密碼，但你在設定頁面輸入的時候會看到密碼顯示出來，而且 Heroku 中密碼並不會被加密儲存，這一般來說不會造成問題，但你心裡知道這件事就可以了。

7. 按下 Deploy 按鈕，Heroku 將會為你建立並發布應用程式。

 如果發生了錯誤，請再次檢查你的使用者名稱、密碼以及 bundle ID，並
確認你在 iTunes Connect 上有正確地建立該 app。

8. 按下 View App 按鈕，你會被帶到 app 中，這裡你可以輸入名稱及密碼，把自己加入
成為一個測試者（圖 20-5）。

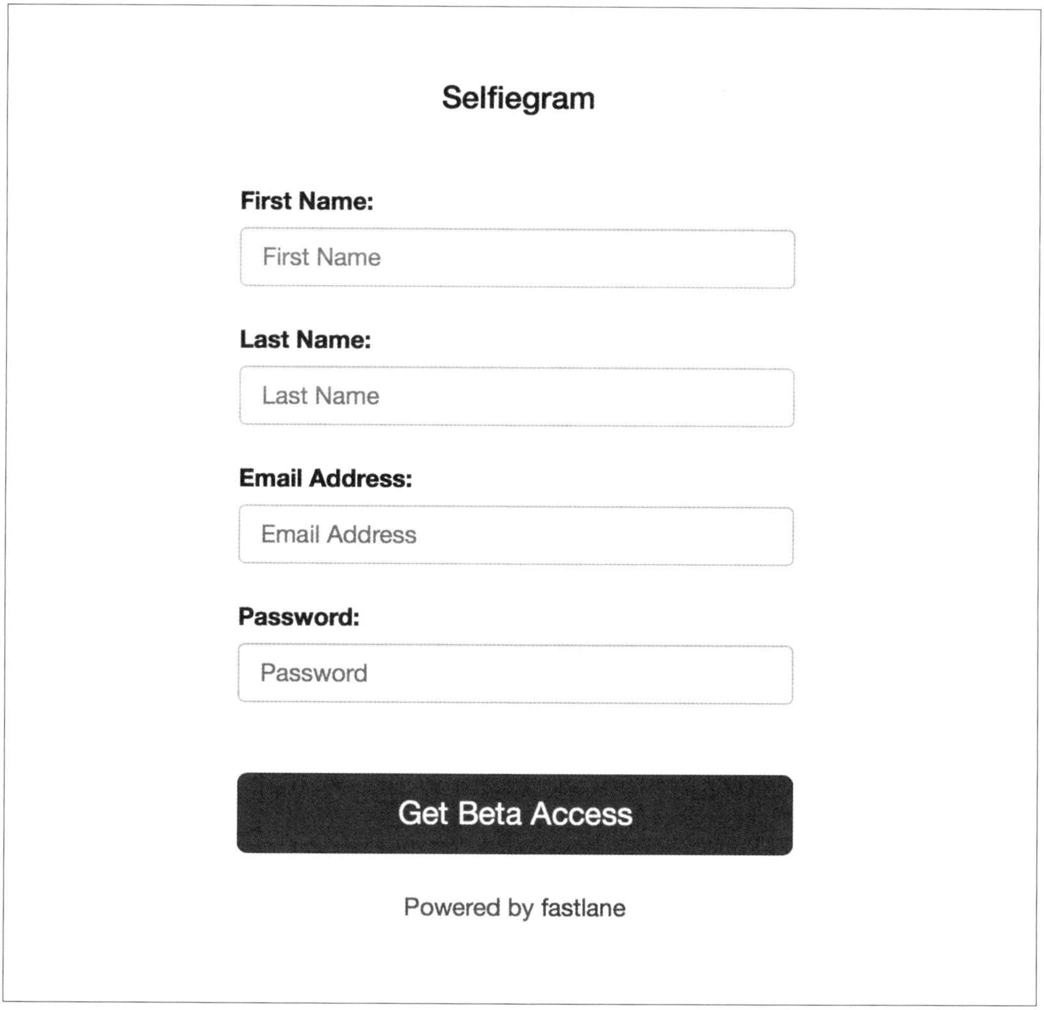

Selfiegram

First Name:

First Name

Last Name:

Last Name

Email Address:

Email Address

Password:

Password

Get Beta Access

Powered by fastlane

圖 20-5　成為測試者的介面

現在你可以把這個頁面的連結傳給任何你想邀請的人；他們輸入完自己的資訊後，boarding 告訴 iTunes Connect 傳遞邀請函給他們。

用 deliver 管理 App Store 中的 App

deliver 工具能管理 App Store 中你的 app 頁面，你可以使用 deliver 上傳要發布的 app，以及應用程式名稱、描述和畫面圖等描述資料。

雖然 deliver 原本的設計，是要用來傳送 app 到 Apple 審查，但我們發現自己不想將它用於這個功能。

由於 app 會被送到 TestFlight，而 TestFlight 也能將 app 送出去審查，所以我們的 app 發布流程比較傾向是上傳一到多個 app 版本到 TestFight，然後對這些版本做我們想做的外部測試，然後再用 iTunes Connect 將我們滿意的那個版本送出去審查。（另外一個這麼做的理由是，由於 deliver 將描述資訊儲存在本地端，拆分在多個文字檔案中儲存，但在 iTunes Connect 中卻可以看到完整的 app 描述資訊，所以在 iTunes Connect 中看較為方便。）

然而，deliver 在管理描述資料這部分真的做的很好，因為這個理由，所以我們將會示範如何使用 deliver 來管理描述資料，以及如何發布描述資料。

取得描述資料

若想用 deliver 來管理你 app 的話，首先你要叫 deliver 去下載 app 現有的資料。若想要做到這件事，請執行 fastlane deliver download_metadata 命令。deliver 就會從 iTunes Connect 上，取得你 app 最新的描述資料，並將它儲存在一群文字檔案中，這些檔案位於 *fastlane/metadata* 目錄中。

這些檔案每一個都代表 iTunes Connect 中 app 的一個可編輯欄位，你可以任意的編輯它們；當你完成編輯後，你就可以將這些描述資料傳到 iTunes Connect 中了。

傳送新的描述資料

若要傳送新的描述資料到 iTunes Connect 的話，就執行 `fastlane deliver` 命令。`deliver` 將會開始將本地儲存的描述資料上傳到 iTunes Connect。本地儲存的資料包含前面說的那些文字檔，還有 snapshot 產出的畫面圖。

Fastlane 會將即將要送出去的描述資料收集成一個 HTML 檔案，並在瀏覽器上顯示給你看。它會問你是否要繼續後面的流程；如果你滿意目前的描述資料的話，它就會繼續做後面送出的動作。

> 如果你偏好不要做這個查看的話，請在命令後面加 `--force` 選項。另外，如果你想要送出描述資料，但不要上傳 app，你可以在命令後面加 `--skip_binary_upload` 選項。

當你用 `deliver` 傳送描述資料時，Fastlane 同時也會執行 `precheck` 工具，這個工具會查看你的描述資料，如果資料中含有可能讓你審查失敗的東西，它就會向你提出警示。這包括了像是描述中含有髒話、引用了尚未實作的功能或是表示這是一個展示或測試版本。

未來展望

Fastlane 相關套件中有許多工具，如果你想要加速瞭解的話，可以閱讀 Fastlane 文件（*https://docs.fastlane.tools*）。另外，為了啟發更多將 Fastlane 於現實世界 app 的更多應用，請參考 GitHub 上的 `fastlane-examples` 專案（*https://github.com/fastlane/examples*），這個專案中有一些其他開發者所貢獻的 *Fastfile* 檔案範例。

索引

※提醒您：由於翻譯書排版的關係，部分索引名詞的對應頁碼會和實際頁碼有一頁之差。

關於作者

Jon Manning 博士是獨立遊戲開發工作室 Secret Lab 的共同發起人之一，他為 O'Reilly Media 寫過一大堆關於 iOS 開發和遊戲開發的書，靠研究人們如何操弄網路得到博士學位。他目前正在製作一款名為 "*Button Squid*" 的益智遊戲，以及一個大受好評的冒險遊戲 "*Night in the Woods*"，"*Night in the Woods*" 中含有它的互動式對話系統 Yarn Spinner。你可以透過 Twitter 的帳號 @desplesda（*http://twitter.com/desplesda*）或上 *http://desplesda.net* 找到 Jon。

Paris Buttfield-Addison 博士也是 Secret Lab（*https://secretlab.com.au*）的共同發起人之一，Secret Lab 是一間位於澳洲 Hobart 的遊戲開發工作室。Secret Lab 製作遊戲以及遊戲開發工具，包括多項大獎的 ABC Play School iPad 遊戲 "*Night in the Woods*"（*http://www.nightinthewoods.com*）、澳洲航空公司（Qantas airlines）的 *Joey Playbox* 遊戲，以及 Yarn Spinner 敘事遊戲 framework。Paris 之前在 Meebo（被 Google 收購）擔任手機產生經理，有中世紀歷史學位，以及電腦工程 PhD，為 O'Reilly Media 撰寫手機和遊戲技術書籍（目前超過 20 本）。Paris 喜歡設計遊戲、統計、區塊鏈、機器學習和以人為中心的技術研究。你可以透過 Twitter 的帳號 @parisba（*https://twitter.com/parisba*）或上 *http://paris.id.au* 找到他。

Tim Nugent 博士自稱自己是手機 app 的開發者、遊戲設計師、工作建造者、研究者與技術作家。在他不忙著避免被發現真實身分的時候，大部分時間他都忙著做一些不會被任何人看到的神秘小 app 和遊戲上。為了硬是要試圖加入一些機智的科幻片的橋段，Tim 為這個短短的簡歷撰寫花了不合比例時間，他最終放棄了。你可以透過 Twitter 帳號 @The_McJones（*https://twitter.com/the_mcjones*）或 *http://lonely.coffee* 找到他。

出版記事

本書封面的動物是彩石燕（*Petrochelidon ariel*），牠是澳洲的一種燕科生物，是種候鳥會穿越澳洲到新幾內亞或印尼避冬。

彩石燕平均身長是 12 公分，重量則是 11 克，體型矮胖還有方形的尾巴；成鳥背上是虹彩藍色，翅膀和尾巴則為棕色，內層毛為白色。牠白色的尾部使得牠和其他的澳洲燕有所區別。雄性和雌性的色彩相似，但未成年幼鳥則色彩不鮮艷，前額和頭頂也比較白，彩石燕的叫聲有高音以及 *chrrrr* 叫聲兩種。

每年的 8 月到 1 月是繁殖季，彩石燕會以幾十個巢群居，目前已知最大的群聚地大約有七百個巢。牠們天性將巢築在峭壁、乾枯樹上、水壩或石縫中，不過目前發現在人造的涵洞、管道、橋梁或建物上也漸漸多了起來。雌雄鳥都會築巢，巢至多上千個小泥丸交織乾草與羽毛而成。牠們一次會生四或五顆蛋，然後進行孵化。

彩石燕成群結隊進行捕食，通常抓取空中的昆蟲或水裡的小蟲為主食，這種喜好社交的鳥也會和苔紋燕成群出現。

O'Reilly 書籍封面上的許多動物都面臨了瀕臨絕種的危機，牠們都是這個世界重要的一份子，如果您想瞭解如何能在這方面貢獻自己的心力，請拜訪 *animals.oreilly.com* 以取得更多相關的資訊。

本書的封面圖片是由 *Wood's Illustrated Natural History* 提供。

Swift 學習手冊第三版

作　　　者：Jonathon, Paris Buttfield-Addison, Tim Nugent
譯　　　者：張靜雯
企劃編輯：蔡彤孟
文字編輯：江雅鈴
設計裝幀：陶相騰
發 行 人：廖文良

發 行 所：碁峰資訊股份有限公司
地　　　址：台北市南港區三重路 66 號 7 樓之 6
電　　　話：(02)2788-2408
傳　　　真：(02)8192-4433
網　　　站：www.gotop.com.tw
書　　　號：A558
版　　　次：2018 年 10 月初版
建議售價：NT$680

國家圖書館出版品預行編目資料

Swift 學習手冊 / Paris Buttfield-Addison 等原著；張靜雯譯. -- 初
　　版. -- 臺北市：碁峰資訊, 2018.10
　　　面；　　公分
　　譯自：Learning Swift : building apps for macOS, iOS, and
　beyond, 3rd Edition
　　ISBN 978-986-476-927-8(平裝)
　　1.電腦程式語言　2.物件導向程式
312.2　　　　　　　　　　　　　　　　　　　107015783

讀者服務

● 感謝您購買碁峰圖書，如果您
  對本書的內容或表達上有不清
  楚的地方或其他建議，請至碁
  峰網站：「聯絡我們」\「圖書問
  題」留下您所購買之書籍及問
  題。(請註明購買書籍之書號及
  書名，以及問題頁數，以便能
  儘快為您處理)
  http://www.gotop.com.tw

● 售後服務僅限書籍本身內容，
  若是軟、硬體問題，請您直接
  與軟體廠商聯絡。

● 若於購買書籍後發現有破損、
  缺頁、裝訂錯誤之問題，請直
  接將書寄回更換，並註明您的
  姓名、連絡電話及地址，將有
  專人與您連絡補寄商品。

● 歡迎至碁峰購物網
  http://shopping.gotop.com.tw
  選購所需產品。